学科建设工程系列丛书

网络安全概论

程　琳·主编

李　欣／秦　安·副主编

时事出版社

北　京

图书在版编目（CIP）数据

网络安全概论 / 程琳主编；李欣，秦安副主编. 北京 ：时事出版社，2025. 3. --（国家安全学学科建设工程系列丛书）. -- ISBN 978-7-5195-0619-3

Ⅰ. TP393.08

中国国家版本馆 CIP 数据核字第 2024GT2375 号

出 版 发 行：时事出版社
地　　　址：北京市海淀区彰化路 138 号西荣阁 B 座 G2 层
邮　　　编：100097
发 行 热 线：（010）88869831　88869832
传　　　真：（010）88869875
电 子 邮 箱：shishichubanshe@ sina. com
印　　　刷：北京良义印刷科技有限公司

开本：787×1092　1/16　印张：22　字数：367 千字
2025 年 3 月第 1 版　　2025 年 3 月第 1 次印刷
定价：140.00 元
（如有印装质量问题，请与本社发行部联系调换）

国家安全学学科建设工程系列丛书

《网络安全概论》

主　编

程　琳

副主编

李　欣　秦　安

编　委

袁得嵛　芦天亮　程　悦
韩　娜　张松海　申　荣

出版说明

国家安全是安邦定国的重要基石，是实现“两个一百年”奋斗目标和中华民族伟大复兴中国梦的重要保障。

进入新时代，我国国家安全内涵和外延比历史上任何时候都要丰富，时空领域比历史上任何时候都要宽广，内外因素比历史上任何时候都要复杂。内部安全和外部安全相互叠加，传统安全和非传统安全相互交织，“黑天鹅”“灰犀牛”事件时有发生，维护国家安全的任务更加艰巨。正是在对时代发展大势的科学准确把握中，在对中国特色国家安全道路的不懈探索中，总体国家安全观应运而生，为从党和国家工作全局上认识国家安全、定位国家安全、把握国家安全提供了强大思想武器。

总体国家安全观是系统完整、逻辑严密、相互贯通的科学理论体系，其顺应时代之变、满足理论之需、切合实践之要，科学回答了维护和塑造国家安全所面临的一系列重大问题，是马克思主义国家安全理论中国化的最新成果，是中国共产党和中国人民捍卫国家主权、安全、发展利益百年奋斗实践经验和集体智慧的结晶。总体国家安全观是习近平新时代中国特色社会主义思想的“国家安全篇”，是我们党深刻总结中外历史经验教训，在新时代创立并不断推动完善的中国特色国家安全理论，是新时代国家安全工作的根本遵循和行动指南。

在此背景下，2020 年 12 月国务院学位委员会决定设立交叉学科门类并下设国家安全学一级学科。国家安全学作为服务总体国家安全观的综合性、交叉性核心支撑学科，以统筹国家安全与发展的根本性、全局性重大风险安全问题及应对为研究对象，致力于培养具有宏观、全局和全球战略思维以及具备观大势、察风险、谋远略、控全局能力的国家安全复合型专门人才。国家安全学下设四个二级学科：国家安全思想与理论、国家安全战略、国家安全治理和国家安全技术。

为加强做好推动国家安全学学科建设，国家安全学学科评议组根据国务院学位办相关要求，认真学习贯彻总体国家安全观，为创建具有鲜明中国特色的国家安全学，切实加强和支撑国家安全学学科体系及教材建设，提高人才培养特色、质量和水平的力度，组织首批国家安全学博士和硕士学位授权点单位资深专家学者，集中精力，勠力同心，共同撰写国家安全学学科建设工程系列丛书。

该丛书的编写坚持以总体国家安全观为统领，以“四个二级学科”和国家安全“二十个重大领域”分别为研究撰写对象，从构建学科知识图谱入手，明确学科核心知识点及其演化与逻辑，兼具古今中外时空维度，学理性与实用性并重，理论阐释与实证分析并举，是国家安全学学科体系建设的一项基础性关键性工作，有助于构建好跨门类交叉的国家安全学知识体系和课程体系，探索闯出中国特色国家安全学学科建设新路径，为推进国家安全体系和能力现代化提供学理支撑及人才支持。

本套系列丛书可用于教材及科研、实务工作学习参考。

由于水平有限，书中难免有不当之处，欢迎读者批评指正。

国家安全学学科评议组

序

环顾四宇，两股时代潮流交相辉映、势不可挡。一股潮流，是和平、发展、合作、共赢；还有一股潮流，是信息化、数字化、智能化，简而言之，就是网络化。与此同时，还有一股霸权化逆流的冲击。在这个百年未有之大变局的关键时期，多因素、深层次、全方位聚合，风云激荡、数实融合，演化出前所未有的全球发展态势与安全格局。在这个新的历史方位，我们必须充分认识到：能否统筹中国特色社会主义的制度优势，在以信息网络为核心的产业技术革命中赢得领先地位；能否凝聚中华民族的先进文化，在网络空间战略博弈中最大限度地趋利避害；能否汇集各行业、各领域、各专业国家多元力量，在“和平崛起”过程中形成威慑能力乃至避免网络冲突，事关中华民族的复兴大业。遵循总体国家安全观，融入国家治理体系和治理能力现代化，践行网络强国战略思想，开拓国家安全现代化的新局面，成为中国式现代化的重要内容。

党的二十大强调，必须坚定不移贯彻总体国家安全观，把维护国家安全贯穿党和国家工作各方面全过程，健全国家安全体系，增强维护国家安全能力，提高公共安全治理水平，完善社会治理体系，确保国家安全和社会稳定。在步入下一个百年伟大历程的历史关口，关键性的会议和纲领性的论述，开拓了国家安全体系的战略性视野，夯实了国家安全体系的理论基础，将国家安全融入安全治理水平和社会治理能力。正因为如此，我们进一步认识到，网络安全既是国家安全体系的核心内容，又具有网络时代的鲜明特征，还与各领域安全具有“牵一网而促全局”的关系，需要在贯彻网络强国战略思想的历史性变革中，兼顾管理安全和技术安全深度交织的两个支柱，让网络安全融入国家安全体系。

为此，我们要遵循总体国家安全观的根本理念和基本论述，依据网络强国战略思想，在全面融入国家治理体系和治理能力现代化的基础上，紧紧围绕网络安全涵盖的技术安全和管理安全两大核心内容，聚焦下一个百年的国家安全，通过网络安全治理的综合手段，结合网络空间和网络社会新时代中国式现代化建设的伟大实践，全面提升国家网络安全整体水平，让数字立国崛起、网络主权完整、数字治理高效、数字经济强劲、网络文化繁荣、网络力量强大、网络文明涌现成为中华民族伟大复兴的全新标志，深度融入改革发展稳定、内政外交国防、治党治国治军等方方面面，全面、有效、高标准地保障国家安全的总体目标。

在这个过程中，尤其要认识到，根植于网络空间的网络社会，是现实社会的全新拓展和重要组成部分。随着网络空间成为生产新空间、治理新领域、精神新家园、经济新沃土、文化新载体、外交新途径、作战新阵地，网络社会应运而生，成为现实社会密不可分的崭新组成部分。网络安全是国家安全二十个领域之一，是国家安全的重要内容，自然从单纯的空间安全向社会安全延伸，涵盖网络空间安全和网络社会安全，通过技术安全和管理安全实现，包括关键信息基础设施安全、数据信息安全和内容安全等重要内容。

其中，类比于实体空间的土地，在网络空间一定要守住“网络土壤”，也就是把数据、大数据这些核心资源，切实掌握在自己手里。从总体国家安全观的视角看，数据在成为继土地、人才、技术、资本之后的第五大生产要素后，不仅在网络强国战略中具有举足轻重的地位，而且必须融入国家治理体系和治理能力现代化的格局，我们更需要持续提升其蕴含的新质生产力、文化力和国防力。

数据已经成为网络时代国家安全的新基础、网络安全保障的新资源，通过协调数据基础制度建设，统筹数字中国、数字经济、数字社会规划和建设，实现数据资源整合共享和开发利用，以“枪杆子里出政权兼顾大数据中稳政权”的高度，由“没有网络安全就没有国家安全”向“没有数据把控就危及执政地位”递进，是践行总体国家安全观的战略遵循，是网络安全保障的核心目标，必须纳入管理安全和技术安全融合的范畴，与国家数据局的设置，尤其是与建立国家数据基础制度结合起来，上升到中国式现代化的范式，全方位、多角度、深层次纳入国家安全和网络空间安全学科建设之中。

《网络安全概论》的编著工作，就是深入贯彻落实党的二十大后高质量发展任务的总要求，积极融入中国式现代化的伟大事业，突出体现以下重要的特点。其一，以总体国家安全观、网络强国战略思想、国家治理体系和治理能力现代化为思想理论指引，为网络安全理论和实践提供遵循思想和总体设计；其二，融合管理安全和技术安全，为网络安全治理乃至国家网络空间和网络社会安全治理体系和治理能力现代化提供基础理论支撑；其三，汇合实体空间和网络空间的社会形态，为完善网络安全治理体系提出网络政权、大数据稳政权等一系列新思考；其四，整合国家网络治理新成就，围绕“侦、攻、防、检、补、管、治”的网络安全治理方法，以及网络安全与舆情管理、关键信息基础设施、数据信息安全、打击网络犯罪、全民网络安全意识，形成网络安全治理大格局；其五，联合网络安全技术新成果，论述网络安全技术框架，构建攻防预警、管控处置、取证鉴定技术以及技术标准，提升国家安全各项内容之间的统一性与协调性；其六，组合网络安全法律法规与政策体系，管理体系和组织框架，突出网络犯罪治理和重点新兴、涉外领域的管理创新及法律法规创新，筑牢网络安全法制屏障；其七，契合网络空间一体化大趋势，突出网络安全与网络空间命运共同体、网络安全国际合作的原则与主张、网络安全国际合作实践，全面理解全球网络治理中中国方案的核心地位，拓展网络安全治理的共同价值；其八，适合网络空间安全创新发展的技术前沿，围绕5G、区块链技术、人工智能、无人机、无人驾驶、物联网、卫星系统以及元宇宙等新技术、新生态，探索对网络安全治理带来的新规则、新知识和新技术。

本书由程琳主编，李欣、秦安为副主编，参加编写人员分工如下：全书章节体系架构的撰写和编写的思想、主线及要求由程琳提出；第一章由秦安编写；第二章由张松海编写第一、第二、第四节，秦冠英编写第三节；第三章由申荣编写；第四章由芦天亮编写；第五章由李欣编写；第六章由程悦编写；第七章由韩娜和杨关生编写第一、第四节，秦安编写第二、第三节；第八章由袁得嵛编写。本书初稿形成后几经修改，最终由主编、副主编统一定稿。

由于编者水平有限，书中内容存在不准确之处在所难免，敬请读者和专家不吝赐教。

目　录

第一章　网络安全与国家安全

第一节　网络安全及相关概念　1

第二节　网络安全与国家安全　8

第三节　网络安全与网络安全治理　17

第四节　国家安全与网络主权　33

第二章　网络安全思想及基本理论

第一节　网络安全思想产生的时代背景　45

第二节　从维护信息安全到建设网络强国　58

第三节　攻防兼备的唯物辩证法　65

第四节　网络管理安全基本理论　70

第三章　网络安全战略、政策与法规

第一节　网络安全战略　83

第二节　网络安全政策体系　96

第三节　网络安全管理体制　108

第四节　网络安全法律法规　114

第四章　网络安全技术

第一节　网络安全技术基础　120

第二节　网络攻击技术　136

第三节　网络防御技术　144

第四节　网络安全取证技术　149
第五节　网络安全技术标准　159

第五章　网络安全管理
第一节　网络空间安全管理体系　167
第二节　网络安全管理技术与方法　175
第三节　网络安全与信息内容监管　182
第四节　网络安全与关键信息基础设施管理　190
第五节　网络主动防御理论与技术　209

第六章　网络安全与网络犯罪治理
第一节　网络犯罪的特征　215
第二节　网络犯罪的手段方法　220
第三节　依法处罚网络犯罪的困难　227
第四节　网络犯罪的危害　230
第五节　防控网络犯罪　240

第七章　网络空间国际合作
第一节　网络安全的全球化特点　257
第二节　网络安全与网络空间命运共同体　264
第三节　网络安全与网络空间国际合作战略　275
第四节　网络安全国际合作　285

第八章　网络安全治理面临的新挑战
第一节　网络安全治理与5G技术　292
第二节　网络安全治理与区块链技术　299
第三节　网络安全治理与人工智能　310
第四节　网络安全治理与无人机　318
第五节　网络安全治理与无人驾驶　322
第六节　网络安全治理与物联网　326
第七节　网络安全治理与卫星通信网络　331
第八节　网络安全治理与元宇宙　336

第一章　网络安全与国家安全

“没有网络安全就没有国家安全，没有信息化就没有现代化。”[①] 2014年2月27日，习近平在中央网络安全和信息化领导小组第一次会议上的战略警示，既阐述了网络安全与国家安全的关系，又指出了网络安全在国家安全中的重要地位和特殊作用。随着网络空间成为主权疆域，网络社会的出现，以及数据成为继土地、人才、技术和资本之后的第五大生产要素，网络安全对维护国家主权、安全和发展利益的作用日益凸显，打造网络空间新时代的中国式现代化，离不开强大的网络安全综合实力。

第一节　网络安全及相关概念

概念是研究问题的逻辑起点。在国家安全的视野中，结合网络空间与网络社会，在技术安全的层面，就是网络空间安全；在管理安全的角度，遵循总体国家安全观的概念，上升到国家治理高度，融入网络强国战略，就是网络安全。网络安全的概念，与计算机网络、互联网与网络空间和网络社会紧密相关，是数据信息安全、计算机网络安全、网络空间安全的递进。对网络安全的概念内涵，国内外有不同的解释。为此，本书用网络安全统一表述管理安全和技术安全两个层面，涵盖网络空间和网络社会安全。

---

① 《习近平：把我国从网络大国建设成为网络强国》，新华网，2014年2月27日，http：//www. xinhuanet. com/politics/2014 – 02/27/c_119538788. htm。

一、计算机网络、互联网与网络空间

计算机网络就是由大量独立的但相互连接起来的计算机共同完成计算机任务的系统。[①] 计算机网络也是用于高速计算的智能电子设备，可以进行数值计算，又可以进行逻辑计算，还具有存储记忆功能，从而可以处理大规模的数据，能够按照程序运行，自动、高速处理海量数据。最早的计算机网络，是美国国防部主导的阿帕网，目的是防范遭受核打击等导致的通信中断，最早在美国国防部和几所大学之间测试。

互联网是由计算机网络拓展形成的。美国国防部的阿帕网诞生后，起初仅仅是几个科研机构之间的计算机网络，之后分解为军方网络和商业网络两个分支。出乎预料的是，商业模式的介入产生了颠覆性的变化，社交网络的发展、商业利益的驱动和信息渗透的驱使，使互联网技术和相关应用如雨后春笋般涌现，并迅速在世界各国普及。1994 年，中国接入美国独家控制的所谓“世界互联网”体系。

事实上，我们俗称的互联网，并非真正的互联互通，而且存在极大的安全隐患。截至目前，依然是美国一家独大，13 个根服务器主要掌握在美国及其盟友手中。但随着世界主要国家网络主权意识的觉醒，互联网治理体系的变革呼声日益高涨，人类社会期待走向平等的互联互通时代，并由中国率先提出了构建网络空间命运共同体的倡议。但由于美国是互联网的缔造者和网络战的始作俑者，霸权逻辑在网络空间作祟，导致国家网络空间“巴尔干化”的出现。早在 2019 年，俄罗斯就在法制和技术准备的基础上，进行了针对美国控制互联网的“断网测试”，引起了世界的轰动。在美国和北约直接网络参战的乌克兰危机中，俄罗斯的这种未雨绸缪起到了至关重要的作用。

互联网技术在世界各国的迅速普及，深度改变了人类社会的生产生活方式。网络空间成为新时代的生存新空间、精神新家园、治理新领域、经济新沃土、文化新载体、外交新途径、作战新阵地、主权新疆域。

关于网络空间，有数十种定义。1976 年，希腊的汤姆 · 罗纳认为，网络空间指对控制过程进行研究的领域。2008 年，美国“第 54 号国家安全

---

① ［美］安德鲁 · S. 特南鲍姆、尼克 · 费姆斯特尔、戴维 · 韦瑟罗尔著，潘爱民等译：《计算机网络》（第 6 版），清华大学出版社 2022 年版，第 3 页。

总统令”中，网络空间是由信息技术基础设施组成的相互依赖的网络，包括互联网、电信网、计算机系统、重要行业中的嵌入式处理器和控制器等。2016 年 12 月 27 日中国《国家网络空间安全战略》[①] 出台，世界网民数量第一的网络大国有了战略标配。这个战略文本明确指出，伴随信息革命的飞速发展，互联网、通信网、计算机系统、自动化控制系统、数字设备及其承载的应用、服务和数据等组成的网络空间，正在全面改变人们的生产生活方式，深刻影响人类社会历史发展进程。网络空间是继陆海空天之后的第五维主权空间，《国家网络空间安全战略》从七个方面塑造了这个崭新的主权空间。一是信息传播的新渠道。网络技术的发展，突破了时空限制，拓展了传播范围，创新了传播手段，引发了传播格局的根本性变革。网络已成为人们获取信息、学习交流的新渠道，成为人类传播知识的新载体。二是生产生活的新空间。当今世界，网络深度融入人们的学习、生活、工作等方方面面，网络教育、创业、医疗、购物、金融等日益普及，越来越多的人通过网络交流思想、成就事业、实现梦想。三是经济发展的新引擎。互联网日益成为创新驱动发展的先导力量，信息技术在国民经济各行业广泛应用，推动传统产业改造升级，催生了新技术、新业态、新产业、新模式，促进了经济结构调整和经济发展方式转变，为经济社会发展注入了新的动力。四是文化繁荣的新载体。网络促进了文化交流和知识普及，释放了文化发展活力，推动了文化创新创造，丰富了人们精神文化生活，已经成为传播文化的新途径、提供公共文化服务的新手段。网络文化已成为文化建设的重要组成部分。五是社会治理的新平台。网络在推进国家治理体系和治理能力现代化方面的作用日益凸显，电子政务应用走向深入，政府信息公开共享，推动了政府决策科学化、民主化、法治化，畅通了公民参与社会治理的渠道，成为保障公民知情权、参与权、表达权、监督权的重要途径。六是交流合作的新纽带。信息化与全球化交织发展，促进了信息、资金、技术、人才等要素的全球流动，增进了不同文明交流融合。网络让世界变成了地球村，国际社会越来越成为你中有我、我中有你的命运共同体。七是国家主权的新疆域。网络空间已经成为与陆海空天同等重要的人类社会活动新领域，国家主权拓展延伸到网络空间，网络空间主权成为国家主权的重要组成部分。尊重网络空间主权，维护网络

---

① 《国家网络空间安全战略》，国家互联网信息办公室，2016 年 12 月 27 日。

安全，谋求共治，实现共赢，正在成为国际社会共识。

二、信息安全、计算机网络安全、网络空间安全与网络安全

（一）信息安全

国际标准化组织对信息安全的定义是：数据处理系统建立和采用的技术、管理上的安全保护，为的是保护计算机硬件、软件、数据不因偶然和恶意的原因而遭到破坏、更改和泄露。[①] 信息安全早于计算机网络安全，甚至在没有计算机之前，就有信息安全的问题，而随着计算机网络的普及，越来越多的信息承载其上，信息安全日益重要。

信息安全更多是考虑应用层各阶段的安全，在信息的产生、传递、存储、使用各个环节中，更多是各自孤立但又关联地实施安全保障。随着信息网络技术的普及，信息安全的内涵也不断拓展，具有保密性、完整性、可用性、可控性和不可否认性五个安全属性。

保密性是指网络中的信息不被非授权实体（包括用户和进程等）获取与使用。这些信息不仅包括国家机密，也包括企业和社会团体的商业机密和工作机密，还包括个人信息。人们在应用网络时很自然地要求网络能提供保密性服务，而被保密的信息既包括在网络中传输的信息，也包括存储在计算机系统中的信息。就像电话可以被窃听一样，网络传输信息也可以被窃听，解决的办法就是对传输信息进行加密处理。存储信息的机密性主要通过访问控制来实现，不同用户对不同数据拥有不同的权限。

完整性是指数据未经授权不能进行改变的特性，即信息在存储或传输过程中保持不被修改、不被破坏和丢失的特性。数据的完整性是指保证计算机系统上的数据和信息处于一种完整和未受损害的状态，这就是说数据不会因为有意或无意的事件而被改变或丢失。除了数据本身不能被破坏外，数据的完整性还要求数据的来源具有正确性和可信性，也就是说需要首先验证数据是真实可信的，然后验证数据是否被破坏。影响数据完整性的主要因素是人为的蓄意破坏，也包括设备的故障和自然灾害等因素对数据造成的破坏。

可用性是指对信息或资源的期望使用能力，即可授权实体或用户访问，并按要求使用信息的特性。简单地说，就是保证信息在需要时能为授

---

① 商书元主编：《信息技术导论》，中国铁道出版社 2016 年版，第 321 页。

权者所用，防止由于主客观因素造成的系统拒绝服务。例如，网络环境下的拒绝服务、破坏网络和有关系统的正常运行等都属于对可用性的攻击。

可控性是人们对信息的传播路径、范围及其内容所具有的控制能力，即不允许不良内容通过公共网络进行传输，使信息在合法用户的有效掌控之中。

不可否认性也称不可抵赖性。在信息交换过程中，确信参与方的真实同一性，即所有参与者都不能否认和抵赖曾经完成的操作和承诺。简单地说，就是发送信息方不能否认发送过信息，信息的接收方不能否认接收过信息。利用信息源证据可以防止发信方否认已发送过信息，利用接收证据可以防止接收方事后否认已经接收到信息。数据签名技术是解决不可否认性的重要手段之一。

（二）计算机网络安全

计算机连接起来之后，就形成了计算机网络。[①] 通过计算机网络，把分布在不同地理区域的计算机与专门的外部设备用通信线路互联成一个规模大、功能强的系统，从而使众多的计算机可以方便地互相传递信息，共享硬件、软件、数据信息等资源。

关于“计算机安全”，国际标准化组织给出的定义是：为数据处理系统建立和采用的技术和治理安全保护措施，以保护计算机硬件和软件数据免受意外和恶意原因和泄露。[②] 计算机安全包括物理安全和逻辑安全。其中，逻辑安全可以理解为前面所说的信息安全，指的是对信息的机密性、完整性和可用性的保护，而网络安全的含义是信息安全的外延，即网络安全是保护网络信息的机密性、完整性和可用性。

（三）网络空间安全

随着以计算机网络为主体的网络空间这一主权新疆域的出现，网络空间安全的重要性上升到前所未有的重要地位。基于传统信息系统的经典安全架构以及网络应用的多样性模式，[③] 从网络空间载体、资源、主体和操

---

① 刘红冰：《计算机应用基础教程 Windows 7 + Office 2010》，中国铁道出版社2015年版，第11页。

② 缪道期：《试论计算机安全学学科体系》，载《第三次全国计算机安全技术交流会论文集》，东南大学出版社1988年版，第5页。

③ 方滨兴：《定义网络空间安全》，《网络与信息安全学报》2018年第1期。

作出发，网络空间安全包括网络空间中电磁设备、信息通信系统、运行数据、系统应用中所存在的所有安全问题。既要保护包括互联网、各种电信网与通信系统、各种传播系统与广电网、各种计算机系统、各类关键工业设施中的嵌入式处理器和控制器等在内的信息通信技术系统及其所承载的数据免受攻击；也要防止、应对运用或滥用这些信息通信技术系统而波及政治安全、经济安全、文化安全、社会安全、国防安全等情况的发生。

网络空间安全具体反映在信息系统的四个层面：物理安全、运行安全、数据安全、内容安全，也就是信息流转的各个协议层环节，呈现为设备层、系统层、数据层和内容层的安全。

2015 年 6 月，国务院学位委员会、教育部决定在工学门类下增设“网络空间安全”一级学科，授予工学学位。2016 年 4 月，在网络安全和信息化工作座谈会上，习近平总书记指出：“网络空间的竞争，归根结底是人才竞争。建设网络强国，没有一支优秀的人才队伍，没有人才创造力迸发、活力涌流，是难以成功的。”为落实习近平总书记重要指示，实现网络强国建设、应对网络空间复杂形势的迫切需要，经中央网络安全和信息化领导小组同意，2016 年 6 月，中央网络安全和信息化委员会办公室、国家发展和改革委员会、教育部等六部门联合印发了《关于加强网络安全学科建设和人才培养的意见》①，提出加快网络安全学科专业和院系建设，创新网络安全人才培养机制，强化网络安全师资队伍建设，推动高等院校与行业企业合作育人、协同创新，完善网络安全人才培养配套措施。

（四）网络安全

结合网络空间与网络社会的出现，以及信息安全、计算机网络安全、网络空间安全的概念，统一到总体国家安全观的视野，我们提出网络安全的概念，包括技术安全和管理安全两个方面。技术安全，指的就是网络空间安全，以网络空间安全一级学科为支撑，包括密码学等重要内容；管理安全，涵盖技术安全之外的内容，坚持技术安全与管理安全“双轮驱动”的原则，在技术自主可控与不断创新突破的基础上，发挥管理科学的优势作用，依靠法规制度，建立保障网络安全的长效机制。本书用网络安全来涵盖技术安全和管理安全两个层面，融入网络安全治理乃至国家治理体系和治理能力现代化。

---

① 《关于加强网络安全学科建设和人才培养的意见》，中网办发文〔2016〕4 号。

三、总体国家安全观视野下的网络安全

总体国家安全观理论性、科学性、系统性和实践性等非常强[①]，以此指导国家安全的创新研究工作，这是我们必须学习并贯彻始终的指导思想及原则。中国共产党诞生于国家内忧外患、民族危难之际，对国家安全的重要性有着刻骨铭心的认识，我们要认真学习领会总体国家安全观的思想精髓，始终高度重视国家安全。习近平总书记提出的总体国家安全观，是对百年来党的国家安全思想的系统集成，也是立足于中华民族伟大复兴战略全局和世界百年未有之大变局的理论创新，标志着中国特色国家安全思想体系和理论体系最终形成。

习近平总书记指出，增强忧患意识，做到居安思危，是我们治党治国必须始终坚持的一个重大原则。我们党要巩固执政地位，要团结带领人民坚持和发展中国特色社会主义，保证国家安全是头等大事。[②] 国家安全是安邦定国的重要基石，是人民安居乐业的保证，是关乎国家发展稳定和社会长治久安的重大战略问题。国家安全工作是党治国理政的一项至关重要的工作，也是保障国泰民安的一项不可或缺的工作。维护国家安全，是全国各族人民根本利益所在。在新的征程上，我们必须增强忧患意识、始终居安思危，贯彻总体国家安全观，统筹发展和安全，统筹中华民族伟大复兴战略全局和世界百年未有之大变局。

因此，要全面准确把握网络安全形势，一定要牢固树立和认真贯彻落实总体国家安全观，防范和化解影响我国现代化进程的各种风险在网络空间聚合和蔓延。总体国家安全观关键在总体，突出的是大安全理念，涵盖政治、军事、经济、社会等方方面面。为此，国家安全学研究与学科建设必须坚持总体国家安全观，坚持国家利益至上，以人民安全为宗旨，以政治安全为根本，统筹发展和安全、外部安全和内部安全、国土安全和国民安全、传统安全和非传统安全、自身安全和共同安全，不断探索国家安全领域的认识活动、理论活动、实践活动和外部活动，不断增强国家安全理

---

① 程琳：《加强国家安全学学科建设及人才培养的几点思考》，《国家安全研究》2022 年第 1 期。

② 《中央国家安全委员会第一次会议召开 习近平发表重要讲话》，中国政府网，2014 年 4 月 15 日，https：//www. gov. cn/guowuyuan/2014 －04/15/content_2659641. htm。

论创新研究，不断推进我国国家安全体系与治理能力的现代化水平，坚决维护国家主权、安全和发展利益。

第二节　网络安全与国家安全

网络安全是国家安全的二十个重要领域之一，既是国家安全的新型领域，又全面渗透到国家安全的各个方面，并具有特殊的控制作用，其关系与网络空间现实社会“承载其上、融入其中、控制其内”一脉相承。尤其是随着总体国家安全观的确立、网络强国战略的实施，以及国家治理体系和治理能力现代化的不断迭代，网络安全在国家安全中地位的阐释解读和作用发挥不断深化。

2014 年 2 月 27 日，习近平总书记在中央网络安全和信息化领导小组第一次会议上明确指出：“没有网络安全就没有国家安全，没有信息化就没有现代化。”[①] 这是对国家安全思想体系的跨越式完善，既是应对新挑战，也是时代的进步，更是我们未雨绸缪、主动应变，开辟了中国国家安全的崭新阶段，抓住了凝聚各领域国家安全的内在脉络，开创了新时代国家安全的新格局、新模式、新内涵，成为国家安全现代化的里程碑事件。

一、网络安全与总体国家安全观

国家安全的概念由来已久，《中华人民共和国国家安全法》[②] 明确规定，国家安全是指国家政权、主权、统一和领土完整、人民福祉、经济社会可持续发展和国家其他重大利益相对处于没有危险和不受内外威胁的状态，以及保障持续安全状态的能力。在总体国家安全观理论体系下，国家安全就是一个国家所有国民、所有领域、所有方面、所有层级安全的总和。

国家安全包括政治安全、经济安全、军事安全、国土安全、文化安

---

① 习近平：《在中央网络安全和信息化领导小组第一次会议上的讲话》（2014 年 2 月 27 日），《人民日报》2014 年 2 月 28 日，https：//www. gov. cn/ldhd/2014 – 02/27/content_2625036. htm。

② 《中华人民共和国国家安全法》（主席令第二十九号），2015 年 7 月 1 日第十二届全国人民代表大会常务委员会第十五次会议通过，新华社。

全、社会安全、科技安全、网络安全、生态安全、资源安全、粮食安全、核安全、金融安全、太空安全、深海安全、极地安全、生物安全、人工智能安全、海外利益安全、数据安全等重点领域。其中，网络安全极为特殊，具有“牵一网而促全局”“无网而不胜”的特殊作用。一方面，随着网络空间新时代的到来，网络安全渗透到国家安全的各个领域；另一方面，随着美国霸权行径向网络空间的拓展，聚焦数据资源的网络空间攻防日益激烈。

当前，美国并不满足于现实社会的霸凌优势，作为所谓互联网的缔造者，基于技术优势和资源垄断，一直进行网络空间肆无忌惮的“跑马圈地”。“棱镜门”事件的爆发，惊醒了整个世界，美国从“普通网民到国家元首一网打尽”的行径触目惊心，揭露了人类社会有史以来，覆盖面最广、渗透最深、潜伏时间最长的国家安全事件。

2023 年 4 月 11 日，中国网络安全产业联盟发布《美国情报机构网络攻击的历史回顾——基于全球网络安全界披露信息分析》[①]（以下简称《报告》）。《报告》按照时间和事件脉络，共分为 13 篇，主要包括美国情报机构网络攻击他国关键信息基础设施，进行无差别网络窃密与监控，植入后门污染标准及供应链源头，开发网络攻击武器并造成泄露，所售商用攻击平台失控而成为黑客利器，干扰和打压正常的国际技术交流与合作，打造符合美国利益的标准及秩序，阻碍全球信息技术发展，制造网络空间的分裂与对抗等。

对此，我们既要从中看到美方网络空间霸权行径的劣迹斑斑，也要看到美国网络空间攻击行为的处心积虑，更要看到网络霸权长时间肆无忌惮的深层原因，从而以总体国家安全观的视野，在网络空间全面提升改革发展稳定、内政外交国防、治党治国治军等方方面面的网络攻防整体水平。为此，需要立足总体国家安全观，从以下角度看透美国网络空间霸凌行径对国家安全的深层次影响。

其一，美国打开了网络空间毁瘫现实社会的便捷通道，“震网”带给人类社会的安全威胁，依然是危害世界安全的“网络炸弹”。2010 年美国情报机构使用“震网”病毒攻击伊朗核设施，打开了网络战的“潘多拉魔

---

① 《美国情报机构网络攻击的历史回顾——基于全球网络安全界披露信息分析》，《工业信息安全》2023 年第 2 期。

盒”。其充分利用网络漏洞和西门子工业控制系统，让伊朗核设施1000多台离心机瘫痪，延迟伊朗核进程数年之久。随后爆出的“震网”连锁反应：“毒曲”“火焰”“高斯”相继浮出水面，说明美国已经在全球主要对手的关键信息基础设施不断“埋雷”，美国著名智库所言“网络战是信息时代的核武器”，确信当时就掌握在美国手中。2019年11月，美国和台湾地区举行了为期5天的“大规模网络攻防演练”，明确以中国大陆为目标，将对关键信息基础设施和经济社会的持久性进行混乱性的毁瘫攻击，作为超越“抢滩登岸”的置顶选项。这又一次提醒我们，美国过早已预置的“网络炸弹”是阻碍中国统一和危害世界安全的最大网络威胁。

其二，美国从普通网民到国家元首一网打尽，“棱镜门”事件揭开了“超级机器”的全貌，其网络监控的恶果铸就了世界安全的“双刃剑”。2013年6月5日，英国《卫报》率先报道美国中央情报局职员斯诺登爆料“棱镜”项目，微软、雅虎、谷歌、苹果等在内的9家国际网络巨头配合美国政府秘密监听通话记录、电子邮件、视频和照片等，甚至入侵包括德国、韩国在内的多个国家网络设备被曝光。2013年6月4日，《环球时报》刊发的《对美国“八大金刚”不能不设防》指出，作为世界第二大经济体的中国，几乎是赤身裸体地站在已经武装到牙齿的美国思科等“八大金刚”面前，并断言，危急时刻，美国“八大金刚”可能对中国带来的危害丝毫不亚于当年火烧圆明园的“八国联军”。① 10年过去了，网络监控已经成为“双刃剑”，与各国国家治理深度融合，深刻地影响着世界安全格局乃至中国式现代化的进程。

其三，美国出售网络军火、扩散网络武器，渗透测试平台成为黑客普遍利用的工具，网络武器管理失控成为网络犯罪的工具，遭受反噬成为必然。2015年2月，具有多平台攻击能力的“方程式组织”浮出水面，呈现出美国通过精细化模块实现前后场控制、按需投递恶意代码的作业方式；2017年5月12日，“想哭”（WannaCry）勒索软件利用美国中央情报局网络武器中的“永恒之蓝”漏洞，制造了一场遍及全球的巨大网络灾难。网络扩散猛于核扩散，美国毫无节制的网络空间军事化进程，在获得网络空间毁瘫能力的同时，也导致这种能力在全球范围内广泛扩散，不仅自己遭遇反噬，即同样处于网络攻击的威胁之下，而且很可能被恐怖组织掌握，

① 秦安：《对美国“八大金刚”不能不设防》，《环球时报》2013年6月4日。

使人类社会面临一种更大规模毁灭性的综合性安全风险。

其四，美国污染加密通信标准、泛化安全概念制裁他国网络安全厂商，网络空间成为科技霸凌主战场，“数字铁幕”与“芯片铁幕”割裂整个世界。2017 年 9 月 13 日，美国国土安全部以卡巴斯基可能威胁美国联邦信息系统安全为由，要求所有联邦机构 90 天内卸载所使用的卡巴斯基软件产品；同样的伎俩，对中国网络安全企业丝毫也不放过，不仅运用实体清单制约中国企业发展，而且对曝光美国网络攻击行为的他国安全企业施压，对中国网安企业另册排名并据此打压。美国不仅自己在网络空间劣迹斑斑，而且采用“双重标准”的霸凌行径，基于技术优势、管理权势、霸权强势，篡改污染加密通信标准、泛化安全概念，对中国和俄罗斯分别降下“芯片铁幕”和“数字铁幕”，成为网络空间极具危险的倒行逆施者。

与此同时，美国霸凌行径对自身和盟友的国家安全持续形成反噬效应，遭受其对手甚至盟友越来越多的反制。从“棱镜门”事件到维基解密，以及 2023 年发生的“五角大楼大规模泄密事件”，都说明其恶劣行径对自身国家安全的重大影响。这种时候，掌握网络空间资源和技术优势，作为互联网技术的缔造者和网络战始作俑者的美国，会不会启动网络空间先发制人、不宣而战的另类报复乃至网络战争，我们必须高度警惕。

“没有网络安全就没有国家安全，没有信息化就没有现代化”的战略警示和建设网络强国的国家战略，已经成为我国国家安全中具有划时代意义的里程碑事件，国家安全不可避免地刻上了网络时代的烙印。

总体国家安全观擘画了维护国家安全的整体布局，实现了对传统国家安全理念的重大突破，深化和拓展了我们党关于国家安全问题的理论视野和实践领域，标志着我们党对国家安全问题的认识达到了新的高度。在实现中华民族伟大复兴的新征程上，我们要始终坚持总体国家安全观，坚持走中国特色国家安全道路，把维护国家安全的战略主动权牢牢掌握在自己手中。

二、网络安全与治理观念

网络安全是最具新时代特征的国家安全内容，在总体国家安全观中具有特殊地位。坚持网络安全服从、服务于总体国家安全，是中国式现代化的重要内容，需要将网络安全融入国家治理体系和治理能力现代化的方方面面，尤为突出的是以下五个方面。①

一是“兼顾国内外两个大局”的整体观。网络时代，内外安全高度融合、交织转化。网络空间承载着新质生产力、文化力和国防力，已经成为对内求发展、求变革、求稳定、建设平安中国的根本依托；网络空间传播着中华文明、中国智慧和中国理念，是对外求和平、求合作、求共赢、建设和谐世界的便捷通道。

二是“网络安全为人民”的执政观。网络时代，网络空间成为国家主权的“新疆域”、人民生活的“新乐园”。坚持国家安全一切为了人民、一切依靠人民，真正夯实国家安全的群众基础，就离不开清朗的网络新生态，就必须坚定地防范滋生网络“雾霾”。

三是“无网而不胜”的时代观。网络时代，网络空间孕育非传统安全，关联传统安全，要构建集政治安全、军事安全、经济安全、文化安全、社会安全、网络安全等各领域安全于一体的国家安全体系，必然是“一网打尽”“无网不赢”。

四是“双轮驱动”的发展观。网络时代，强调网络安全和信息化“一体之两翼、双轮之驱动”，就是既重视发展问题，又重视安全问题。作为世界第二大经济体的中国，还不是网络安全能力上的强国。只有持续发展，提升网络安全综合实力，才能维护总体国家安全。

五是“利益共同体”的合作观。网络时代，网络空间成为迄今为止人类社会最大的利益共同体。我们需要认清“全球一网”的新形势，坚持开放发展的大格局，最大限度地融合自身安全与共同安全，形成依托网络空间的人类命运共同体。

透过网络空间，可以清晰地看到国家安全内涵外延、时空领域、内外因素的巨大变化。我们需要在国家治理的层面，把握好各领域安全问题相互依存、相互关联、相互传导的复杂关系，立足网络安全、面向总体安全，举全国之力、聚世界智慧，就能始终做到战略清晰、应对得当。

其中，网络攻击是网络安全的重要内容，是网络空间的最激烈对抗方式，与国家安全具有更加直接的关系，甚至可以上升为网络战乃至网络战争。2021 年 4 月 30 日，美国撤出阿富汗前夕，其国务卿布林肯和防长奥

---

① 秦安：《习近平“4·19 讲话”蕴含国家网络治理的“五观”》，人民网，2017 年 4 月 17 日，https：//cpc. people. com. cn/xuexi/n1/2017/0417/c385474 – 29215876. html。

斯汀就明确宣布，撤出阿富汗是为了整合资源准备下一场战争，即针对中俄这样国家的网络化战争。

事实上，早在 2009 年，恰是美国成立全球第一个网络空间司令部之时，美国政府著名智囊、世界知名智库兰德公司就表示，“网络战是信息时代的核武器”。这并非危言耸听，因为网络攻击直接威胁现代社会赖以运转的信息存储与控制机制，其威慑程度甚至远远超过原子弹。一是网络战威慑范围更大。目前一枚能量最大的核弹摧毁范围有限。但一次网络攻击，理论上可以瘫痪一个国家甚至整个世界。二是网络战威慑效果更强。网络战不仅可以在网络空间制造混乱，也可以通过控制攻击实体空间，其匿名性也将使威慑报复难以实施。三是网络战威慑实施更快。一个网络天才能够“一键敲击、全球到达”，瞬间发动一场致命的网络攻击，无须核弹打击需求的运载工具。四是网络战威慑方式更多。对一个国家政权来说，网络战不仅可以实施攻击瘫痪其民生基础，而且能通过思想殖民颠覆其国体政体，造成持续的社会动乱。

与此同时，恐怖分子在网络空间更容易利用“全球一网”的特性，匿名发起网络攻击，结果就如美国前国防部长帕内塔 2012 年 10 月 11 日所讲，可破坏载客火车的运作、污染供水或关闭全美大部分的电力供应，造成大量实体破坏与人员伤亡，使日常运作陷入瘫痪，制造新的恐惧感。而且相比于核扩散，超级网络战的横空出世，或许既不需要倾国之力，也不需要运载能力，一个恐怖分子的个人智慧就可能造出网络“超级武器”，一段恶意代码的杀伤力就可能胜过传统的任何武器。网络战扩散猛于核扩散，这是一种无差别威胁任何国家安全的超级安全不确定性。

这方面的例子不胜枚举。2010 年的“震网”病毒，可让 1000 多台与核泄漏相关联的离心机瘫痪，让我们感觉到网络武器的攻击之准；2017 年的勒索软件“永恒之蓝”，让我们感觉到网络武器的杀伤力之大；2020 年伊始的美伊对抗，让我们感觉到网络武器的参战之勇。

网络攻击具有毁灭性的威胁范式，概括起来：一是基于网络快速广泛传播，无论是社会网络还是信息网络。二是能够大范围产生网络冲击波效应。三是信息域、认知域、社会域的多域效果，能掀起海啸式非线性蝴蝶效应。四是一时很难迅速了解攻击机理，亦即攻击机理的不可知或后知性。五是造成大面积的恐慌甚至人员伤亡，导致社会混乱、生产停滞乃至国民经济迅速下滑。这正如 2019 年 11 月美国和台湾地区举行“大规模网络攻防演练”时，美方代表所讲，针对关键信息基础设施和经济社会的持久性、混乱性的毁瘫网络攻击，将超越“抢滩登岸”。2023 年 4 月 20 日，美国国会出台了所谓的“保护台湾与国家韧性法案”，要求五角大楼加强与中国台湾的网络外联和合作，并将其作为潜在的军事接管，企图利用网络技术把中国台湾“武装到牙齿”。

综合来看，国家安全内涵和外延比历史上任何时候都要丰富，时空领域比历史上任何时候都要宽广，内外因素比历史上任何时候都要复杂。这种时代背景下，高度重视网络安全在国际安全中的特殊地位，以总体国家安全观的视野，让网络安全“牵一网而促全局”，深度融入各领域安全的保障之中，在国家治理中已不可或缺、刻不容缓。

三、网络安全与网络社会

随着互联网技术的推广和普遍应用，人们已习惯于自由地游弋在网络世界之中，使世界各国和人类社会呈现出一体化，人们对陆地、海洋、领空的传统国家边界概念在新疆域中模糊化了，这种情况淡化了维护网络主权的思想和意识。但是，随着互联网不断地快速发展，尤其出现了在网络空间反对、颠覆国家政权，进行恐怖主义活动，进行违法犯罪活动等，越来越多的国家认识到网络空间也应作为国家疆域的一部分进行管理，互联互通不是无疆界的理由，网络空间应划入国家主权范畴，实现国家有效管辖。①

网络空间的划分，应与陆地、海洋和空间疆域划分的原则一致。与此同时，必须处理好网络空间与网络社会的关系。

空间是物质存在的一种客观形式，由长度、宽度、高度表现出来，是物质存在的广延性和伸张性的表现，即三维空间。从解释中可以看出，空间是以物质存在为基础的，那么网络空间就应该是由与网络相关的软、硬件基础设施设备等物质所构成的，包括网络有线线缆、无线网络的发射接收台站、塔及电波、传输设备、芯片、计算机、服务器、软件等客观存在的物质。

社会是指以共同的物质生产活动为基础而相互联系的人们的总体。社

---

① 程琳：《加强网络安全理论研究 维护国家网络主权安全》，《中国信息安全》2016 年第 7 期。

会是人类利用物质相互作用的一切活动，是以人的活动为主体的。以此类推，网络社会是指人们在网络空间和通过网络空间所进行的一切交流、交互、交换等活动，是以人在网上的活动为主体。比如，在网上交流思想和数据信息、网上互动、网上交换买卖商品等商务活动，利用网络进行学习、工作、生活，等等。

随着“互联网+”“数据要素×”等的不断推进，以及物联网、5G、元宇宙、人工智能等新兴技术的快速发展应用，网络社会越来越深度融入现实社会，网络社会不是“虚拟社会”，而是现实社会的重要组成部分。网络社会不仅越来越具有社会形态，而且形成了一种特殊的社会形态，深刻地改变着现实社会，也促使网络安全与网络社会的关系更加紧密。

网络安全的管理安全和技术安全，都是网络社会治理的重要内容。从保障范围来看，网络安全涵盖网络空间、网络社会和网络主权等方面。[①] 其中，网络空间安全包括计算机安全、网络系统关键设施设备安全、通信移动设施设备安全、操作系统安全、数据库安全等；网络社会安全涵盖网民安全、网络内容安全、网络秩序安全等；网络主权安全涉及国家网络界域管辖权、网络空间管理权、网络社会治理权、网络数据信息产权所有权等。

四、网络安全与数据安全

数据是网络空间的核心资源，数据安全及数据产权是网络安全的核心内容。尤其是随着网络社会的不断成熟，主权国家正从“枪杆子里出政权”进入兼顾“大数据中稳政权”的时代。[②] 我国新时代维护国家主权、安全和发展利益的网络安全工作，必须遵守习近平总书记在中国共产党第十九次全国代表大会上提出的“统筹发展和安全，增强忧患意识，做到居安思危”的原则，以更高质量推进发展。其中，围绕网络空间核心资源数据资源的攻与防，始终是网络安全的最核心领域，也是网络安全融入总体国家安全几乎所有领域的纽带。

---

① 程琳：《加强维护国家网络主权及数据产权安全研究》，宙飒天下网，2023 年 12 月 26 日，https：//www. zhousa. com/archives/34468. html。

② 秦安：《从枪杆子里出政权到大数据中稳政权——安全保密工作进入网络空间新时代》，《保密工作》2019 年第 10 期。

在这种背景下，从总体国家安全观的视野，我们需要更加深刻地认识到，在以数据为核心资源的网络空间，一组代码可能导致军事信息系统乃至国家基础设施瘫痪，小小的键盘后面隐藏着巨大风险。正所谓“网域有乾坤，键盘百万兵”，面对汹涌而至的数据浪潮和网络风险，数据安全已经成为驱动作战、左右战争的关键所在。维护网络空间国家主权、安全和发展利益必须聚焦“数据”这一核心资源，打造坚强可靠的数据安全能力刻不容缓。

然而，让人触目惊心的是数据“裸奔”现象极为严重。网络时代，军事信息系统和民用信息系统在技术、软件乃至数据方面的复用、合用、混用成为常态，大量的核心数据处于未加密状态；事关现代社会运行和国民经济发展的核心数据归档到云端，极易被窃取和破坏。存储设备物理损坏、操作失误、非法侵入、病毒感染、自然灾害、电源故障、电磁干扰等都对数据造成威胁。尤其让人担忧的是，重要的关键信息基础设施等“网络国门”处于建设和应用单位自行“守卫”状态。无孔不入的网络攻击，如果进入了“数据仓库”，就是突破了最后防线，面对的是毫无抵抗之力的“裸奔”数据。

硝烟四起的网络空间，正在成为陆海空天之外的第五维战场，孕育着毁瘫生产力、文化力、战斗力的混合风险。作战体系瘫痪、关键信息基础设施攻防、网络文化暗战、网络经济竞争，都在网络空间暗流涌动。美国 133 支全球作战的网络战部队早已部署到位。美国思科、微软等公司携技术优势，其全球存在本身就是战略威慑。面对美国目标明确的网络空间军事化布局，我们在意识、能力和体系等方面仍有不小差距。维护国家主权、安全和发展利益，必须从传统战场的对决向“新边疆”拓展，抓住数据驱动战争的本质，将保障乃至作战能力聚焦数据核心资源，并以此为牵引，全面发展包括网信产业在内的网络空间综合力量，军地联合维护数据安全。①

网络时代的交织态势，数据资源的激烈争夺，正促使我们深刻认识数据驱动战争、影响战争的必然趋势，把握传统战场和网络战场深度契合、高度关联、全面互动的客观规律，锤炼国家治理和军队建设数据共享、数据决策、数据驱动的高超智慧，形成以数据保障为核心，体现党政军企民、东西南北中融合的安全共同体。具体来看，一是打破思维惯性，结合

---

① 秦安：《数据保障，制胜网络空间的关键》，《解放军报》2017 年 10 月 31 日。

网络空间基础设施军民复用的突出特点，充分利用新技术、新模式、新理念，改革军工产品管理制度，降低“民参军”门槛，实现军事需求主导下的军地数据共享。二是打破路径依赖，统筹共建数据保障公共基础设施，统筹协调国家大数据中心业务纵横联动，尤其要注重数据加密存储，形成以自主可控技术壁垒为支撑的纵深防御，实现由分散建设向共建共享的模式转变。三是打破服务瓶颈，紧密围绕作战需求、数据存储、容灾备份等关键环节，升级装备保障队伍，加大数据安全队伍建设力度，切实推动数据安全成为能打仗、打胜仗的重要基础。

第三节　网络安全与网络安全治理

领导干部“懂网、学网、用网”是中国式现代化高质量推进的基本要求，“网络空间是亿万网民精神家园”的不忘初心、服务人民的根本定位，网络安全意识宣传以及全民数字素养的持续培养，是国家治理体系、网络强国以及总体国家安全观在战略层面融合的重要内容。网络空间新时代，国家要富强、人民要幸福、社会要安宁、创新要出奇、华夏要吉祥、复兴有希望，都离不开网络安全保障与网络安全治理，这是一件长治久安的大事情，是最具有时代特征的中国式现代化大抓手，是中国共产党执政为民，让 14 亿多人民有更多获得感、幸福感、安全感的超级工具。

一、网络空间治理与国家治理

网络空间作为“第二类”生存空间和全新作战领域，带来至少四种变化：一是科技的作用发生突变，从拓展人类社会实体空间的活动范围转变为构造虚拟生存空间；二是边界概念出现突破，从固化的实体空间边界线转变为弹性的网络“新边疆”；三是国家主权概念发生变化，从陆海空天实体空间的主权延伸到对虚拟空间的管辖；四是国防力量的承载体正在扩展，从传统的“飞船巨舰”加速向网络空间信息武器映射。

面对这些变化，我们既需要弥补技术缺口，又需要补充战略缺失，更不能治理缺位，典型性的网络威胁不断涌现，以现在进行时乃至一般将来时的模式，深层次危及国家安全。一是可以利用直达人心的便捷通道攻心夺志，实现信息渗透、文化入侵和思想殖民；二是可以利用网络瘫痪民生基础，通过远程控制，阻瘫交通、金融、能源、供水等基础设施；三是可以网络入侵攻击军事系统，阻瘫作战体系。

面对这种安全风险，早在 2012 年 7 月 22 日，就有智库探讨了网络空间治理问题，思考陆海空天之外崭新主权空间的国家管辖，并提出建立国际层面的文化实力、国家层面的法制效力和军队层面的作战能力“三道防线”。与此同时，从治国理政的高度看，今天的网络不仅是技术、是媒体，更是政治；今天的网络不仅是器物、是产业，更是意识形态。[①] 走过了 100 多年历程的中国共产党，只要坚持学网、懂网、用网，按照党的十八届三中全会决定提出的坚持积极利用、科学发展的方针，加大依法管理网络力度，就一定可以让网络成为“国之重器”，成为党建、执政、强军、经济、文化、动员的新工具，进而促进“执政为民”的优良传统呈现“一网情深”的新局面。网络空间已成为人类社会的“第二类生存空间”，国家管辖权已实质性地延伸到网络空间，网络治理成为维护国家主权、安全和发展的重要方式，建立国家网络空间治理体系成为国家治理体系和治理能力现代化的重要内容。

建立国家网络空间治理体系既要善于把握好网络空间本质特征的内在驱动力，[②] 也要善于运用国家治理的外在行政力，把对网络信息的自主控制能力作为衡量国家网络空间治理水平的根本标准，并充分认识到：能否统筹信息产业资源，在以信息网络为核心的产业技术革命中赢得领先地位；能否凝聚民族先进文化，在网络空间战略博弈中最大限度地趋利避害；能否汇集国家多元力量，在“和平崛起”过程中避免网络冲突乃至形成威慑能力，事关中华民族的复兴大业。

国家网络空间治理体系建设要瞄准网络空间“全球一网、人造可控、复杂混沌”的态势，抓住网络空间的自身特点，结合多元力量参与的实际情况，“建立一个体系，形成四种能力”。建立一个体系，即站在国家利益全局的高度，统筹国家优势资源，统一设计和构建国家网络空间治理体系。形成四种能力，即网络空间的管控能力、网络产业的推动能力、网络国防的支撑能力和网络文化的引导能力。

---

① 马利：《互联网：治国理政的新平台》，人民日报出版社 2012 年版，第 1 页。

② 吴世忠、秦安：《打造国家网络空间治理体系》，人民网，2014 年 7 月 22 日，http：//theory. people. com. cn/n/2014/0722/c386965 –25315640. html。

国家网络空间治理体系建设是一个探索性课题，在观念以及法制、机制、体制等方面都还存在很多亟须破解的问题，需要我们转变观念、主动应变、综合施策。其中，高度重视“法规制度”建设，推动国家网络空间治理的高效规范运行显得尤为突出。“法规制度”建设的关键是“国际法可控、国内法适当、技术标准可信”。在国际法制定上，必须坚持宣扬国家网络主权，建立网络国防力量，形成与网络强国对等的力量，进而严防监控世界、无视网络主权、照搬战争法的“动网就是动武”等网络强国霸权行为；在国内法制定上，应结合虚拟网络空间自身的特点，研究并出台与之相适应的法规制度，既保障网络空间的规范运行，也保持虚拟空间的生机与活力。

网络空间已成为人类社会的“精神家园”，国家管辖面临前所未有的挑战，必须综合施策。比如，在技术标准上，要认识到真正的自主可控，既要中国制造，更要中国标准。之所以特别强调技术标准，是因为当前网络空间采用美国技术标准产生的所谓“100% 国产”的产品并非真正意义上的自主可控，有必要在国家战略层面把扶持具有制定国际标准能力的创新型企业作为重要的战略举措，在技术标准这个“核心部位”上硬起来。只有实现中国制造、中国标准，才能实现自主可控，最终实现国家网络空间治理的战略目标。

2013 年 11 月，党的十八届三中全会提出“国家治理体系和治理能力现代化”的重大命题，作为改革开放的总目标统领全局。网络空间治理体系成为其最具时代特征的内容，在网络空间和通过网络空间实现国家治理体系和治理能力现代化，成为中国式现代化的重要内容。其中，数据治理是网络空间治理的核心内容，是国家治理最具时代特征和最具财富潜力的部分。

关于数据治理至关重要的作用，其中一个标志性事件就是数据成为第五大生产要素。2020 年 4 月 10 日，中共中央、国务院印发《关于构建更加完善的要素市场化配置体制机制的意见》，这是中央第一份关于要素市场化配置的文件，分类提出了土地、劳动力、资本、技术、数据五个要素领域改革的方向，明确了完善要素市场化配置的具体举措，特别强调推进政府数据开放共享、提升社会数据资源价值、加强数据资源整合和安全保护；探索建立统一规范的数据管理制度，提高数据质量和规范性，丰富数据产品。同时，明确要求根据数据性质完善产权性质；制定数据隐私保护制度和安全审查制度；推动完善适用于大数据环境下的数据分类分级安全保护制度，加强对政务数据、企业商业秘密和个人数据的保护。

国家数据局的成立是一个标志性事件。① 2023 年 3 月 10 日，第十四届全国人民代表大会第一次会议表决通过了关于国务院机构改革方案的决定，批准了这个方案。根据方案，将组建国家数据局。国家数据局的主要任务有三大类：一是负责协调推进数据基础制度建设；二是统筹数据资源整合共享和开发利用；三是统筹推进数字中国、数字经济、数字社会规划和建设等。这无疑将加强数据安全和数据产权的保护，为网络安全和信息化“一体之两翼、驱动之双轮”增添更加强劲的力量。

网络安全治理是网络空间治理的核心内容，其聚焦网络安全和数据安全，融入国家治理体系和治理能力现代化，以总体国家安全观的视野，作为网络强国建设的重要组成部分，需要协同网络空间力量，尤其是网络国防力量和网络安全产业力量，才能实现网络安全治理体系和治理能力现代化。

二、网络安全治理与网络空间治理体系

抓住网络空间的自身特点，以全球视野和网络思维，统筹国家优势资源，形成网络空间的管控能力、网络产业的推动能力、网络国防的支撑能力和网络文化的引导能力，以及对全球网络治理的影响力，需要坚持不懈在两个方向下功夫。一方面，将网络空间治理融入国家治理体系和治理能力现代化的大格局；另一方面，高度重视网络空间治理的核心内容，即网络安全治理。② 而其中的关键抓手，就是构建国家网络空间治理体系。

国家网络空间治理是一种适应网络空间和网络社会特征，综合利用国家整体资源，发挥社会多元力量作用，推动国家网络空间安全发展，捍卫国家网络主权的有效方式。其中，网络安全治理需要整体性融入国家网络空间治理体系，遵循网络安全和信息化“一体之两翼、驱动之双轮”的战略定位，以总体国家安全观的视野，渗透到网络强国建设与国家治理体系

① 《第十四届全国人民代表大会第一次会议关于国务院机构改革方案的决定》，中国人大网，2023 年 3 月 10 日，http：//www. npc. gov. cn/npc/c2/kgfb/202303/t20230311_424289. html。

② 吴世忠、秦安：《打造国家网络空间治理体系》，《中国信息安全》2013 年第 9 期。

和治理能力现代化的方方面面。因此，网络安全治理不可能孤立起来，而是要融入国家网络空间治理体系和治理能力现代化进程，成为国家治理体系的重要内容。

建立国家网络空间治理体系是网络空间本质特征的内在驱动。网络空间不同于陆海空天等实体空间，其“虚实结合、人造可控、复杂混沌”的本质特征，是建立国家网络空间治理体系的根本原因。一是网络空间技术发展和多利益攸关方参与，呈现前所未有的复杂局面。网络空间虚实结合，深度融入国家信息基础设施、关键业务网络，连接着千家万户、覆盖了各行各业，国际交互、军民融合特征明显。尤其是“云计算”“物联网”“智慧地球”的发展和大数据时代的到来，引导信息消费升级、新兴产业发展，既呼唤出前所未有的生产力，也改变着国家防卫模式和世界文化生态，为国家、利益集团以及个人在内的多利益攸关方提供了前所未有的自由空间。人类社会的优秀品质和丑恶习性不可避免地在网络空间交织碰撞，颠覆了原有社会治理的有效性，形成了独特的网络社会环境，对传统的思维模式和组织结构产生了重大的冲击。二是网络空间身份属性难以完全分辨，呈现威胁多元化态势。网络空间是人造空间，可控性强、全球通联，造就了网络管理的跨域性、网络需求的多样性、网络参与的匿名性和网络信息的散播性，使在互联网为主体的网络空间中，国家和军队、非政府组织、国际化大企业、民族分裂和宗教极端组织、有组织犯罪团伙、恐怖分子、黑客个体和群体等交织混杂，军民身份无明显特征，全局化、针对性的网络战争行为可以隐藏在黑客泛化、一般性的网络攻击背后肆无忌惮地开展。例如，美军“在线社交系统”就是装扮成普通网民，实施“战略沟通计划”。三是网络空间蝴蝶效应明显，网络治理与政治、军事密不可分。网络空间复杂混沌，转瞬间就可能发生惊人的变异，网络治理处于瞬息万变、复杂难测的超越传统国界的虚拟环境中，一个小小的博客视频，就可掀起网络空间并波及现实社会的飓风，引发社会动荡。再加上蛊惑、煽动性的网络舆论与正当的社会网络监督和民意诉求伴生，网络窃密在欲望、利益驱动的网络犯罪掩盖下泛滥猖獗。这一切决定了网络治理直接关系政治外交、军事冲突、内政事务的处置。在一系列重大现实事件中，都不可避免地伴随着以网络空间为载体的恶意网络活动和网络群体事件，网络治理已经不可避免地与执政地位、国家安全、社会稳定和经济发展直接关联。

建立国家网络空间治理体系是完善国家治理的科学手段。网络空间的出现，在拓展人们获知信息的渠道，极大提高工作与生活效率的同时，使国家治理面临前所未有的时代挑战，网络治理成为其中关键环节。一是网络治理成为国家安全和社会稳定的重要基础。当前，我国既处于发展的重要战略机遇期，又处于社会矛盾集中凸显期，特别是随着工业化、信息化、城镇化、市场化和国际化进程不断加快，我国经济体制深刻变革、社会结构深刻变动、利益格局深刻调整、思想观念深刻变化，尤其是网络强国的蓄意颠覆，使国家安全和社会稳定面临一系列新情况、新问题、新挑战。在这个跨越时空限制，贯通物理域、信息域、认知域和社会域的虚拟世界，网络治理已成为维护国家安全和社会稳定的重要方面。二是网络治理成为维护党执政地位的新手段。网络空间改变着人类社会生存模式，网络化生活已经成为常态，网络化交往成为现实，网络空间可以扮演偏见的散播者、敌对势力的信使、社会动荡的引爆点，成为蝴蝶效应的载体。无论是西亚北非，还是伦敦街头，无一幸免。在这样的背景下，网络治理已经深刻影响到一个国家的治理结构、方式、手段以及绩效，是各国政府、政党都非常关注的执政手段。三是网络治理成为国家凝聚力量、形成合力的新平台。当前，网络的影响力正在由全面向纵深发展，世界上已经有超过三分之一的人口上网，而且这三分之一的人口拥有世界上高达 82% 的财富。虚拟世界也改变着传统的财富分配模式。同时，互联网独有的平等属性和互通的特质，让人们拥有了前所未有的寻找社会共识的大平台，成为凝聚社会力量的“大广场”。网络治理可以把处于网络空间中所有利益攸关方都纳入治理体系中，在共同目标下把多元力量凝聚起来，在国家政治、经济、军事、外交和文化各个方面形成合力、谋求共赢。

建立国家网络空间治理体系是参与全球网络空间治理的有效方式。国家网络空间治理离不开互联网，离不开国际社会。构建国家网络空间治理体系，已经成为积极参与全球网络治理，争取安全和发展最大利益的必由之路。一是中国网络空间治理是全球网络治理的重要组成部分。作为世界第一人口大国和第二大经济体，中国拥有 10.92 亿网民和全球五分之一人口，网络治理模式和水平直接影响着全球网络治理的方向和质量。没有中国的世界和没有世界的中国一样不可想象，中国网络治理和全球网络治理密不可分。二是全球网络空间潜在多元威胁的应对需要中国的积极参与。复杂网络空间潜在的多元威胁前所未有，任何一个国家无论多么强大也无法独自应对。美国之所以将传统盟国加速向网络空间引导，形成网络联盟，就是基于共同应对网络空间威胁的考虑。尤其是面对网络恐怖主义、网络军国主义、网络霸权主义、网络自由主义和网络犯罪分子，需要中国的广泛参与、深入合作，中国是维护全球网络秩序的重要力量。三是科学高效的网络治理是中国提升全球网络治理话语权的最佳选择。互联网技术和应用转化为先进生产力和正能量，促使中国一跃成为第二大经济体和第一大信息消费群体，并有效地发挥网络反腐和网络监督的巨大作用，促进政府改革。在这种背景下，中国积极参与全球网络治理，可以在更大程度上兼顾中国利益和世界发展，以更大的话语权，促进网络空间和平、公平新秩序的形成。

国家网络空间治理体系建设要抓住网络空间的自身特点，结合多元力量参与的实际情况，“建立一个体系，形成四种能力”，以推动网络空间生产力、国防力和文化力协调发展。建立一个体系，即站在国家利益全局的高度，统筹国家全部资源，统一设计和构建网络治理体系。该体系主要由规模适度的军队力量、组织严密的行政力量和支持创新的社会力量三类力量构成，共同承担网络治理职能。国家网络空间治理体系，既要成为国家治理的重要组成和国家网络安全体系的关键环节，也要成为网络国防建设的重要支撑和关键步骤，还要成为引导各种社会力量，以及全体网民参与网络治理的公共平台。形成四种能力，即网络空间的管控能力、网络产业的推动能力、网络国防的支撑能力和网络文化的引导能力。网络空间的管控能力，主要包括对网民、网络事件、网络空间信息和基础设施的管辖和控制能力，对处置网络空间突发事件的快速响应能力和对网络舆情的监控和引导能力；网络产业的推动能力，主要包括利用战略规划、人才战略、投资政策、重大工程等各种方式，推动以网络空间建设产业和安全产业为核心的技术创新和行业持续发展的能力；网络国防的支撑能力，主要包括对金融、电力、交通、工业等重要信息网络，以及党政军民关键网络信息系统的安全防护能力，对主要对手网络的慑战能力；网络文化的引导能力，主要包括网民的精神价值和集体人格的培育，全维战略观、常态战争观、全民（指全体网民）治理观的形成，等等。

三、网络安全治理的技术安全和管理安全

网络安全治理如何融入国家网络空间治理体系？在传统上重视技术安

全的同时，我们应该清醒地认识到，通过国家治理体系和治理能力现代化，化解网络安全风险是一条必然的途径。具体到操作层面，就是要重视“技术安全+管理安全”这种双轮驱动来实现维护国家网络空间主权、安全和发展利益的目的。

要确立技术安全和管理安全“双轮驱动”的原则。[①] 在网络安全技术方面，力争做到“进不来，能预警，拿不走，打不开，读不懂，自销毁，会追踪，保证据”。国家要把网络安全技术列入国家科技创新和产业发展规划，加强网络关键核心技术的自主创新，不断提高网络预防、预警、控制、处置、电子数据鉴定、基础设施设备等方面的技术水平。同时，在安全管理上下功夫。随着“互联网+”战略的不断推进，网络对现实社会的影响越来越大，网络被攻击和网络违法犯罪活动的后果可能越来越严重。因此，国家应将维护和保障网络社会安全、加强网络社会治理纳入国家安全战略规划，统筹治理。

从技术安全方面保障好网络信息安全是基础。这种技术的突破，并不仅局限于网络安全技术，而且融入整个信息网络技术，尤其是网络空间全新架构的建设中，做好统筹规划和顶层设计。

突破技术安全，方法是将涉及关键核心技术的研发等作为国家重大工程来抓。注重网络信息软件、硬件新技术的自主创新能力。解决互联网的信息安全和其他负面问题，不能依赖国外技术，唯有依靠自主创新才能取得主动、主导和自主的权利。在新一代网络研究上我们应当抓住机遇、树立信心、迎接挑战，加强对未来网络技术发展的原创性研究，争取在网络基础理论、高速传输技术、安全体系及监控、网络实名制、预防预警技术体系、网络犯罪侦查取证鉴定关键技术、安全管控技术等新一代网络关键核心技术领域的竞争中掌握更多关键核心技术及话语权。

技术安全和管理安全融合的一个典型事例，就是网络实名制，实行用网者“实名登记、网名上网，既捆绑又分离”，应用互联网注册时，实名登记与网名捆绑，上网时用网名，与实名分离，这样既有利于保护网民隐私，又有利于对网络犯罪等的查处打击。要研究对网络空间及网络社会所用的网络设备等进行编号登记备案，加强技术管理。

网络安全治理确立技术安全和管理安全“双轮驱动”的原则，就是要

① 程琳：《网络安全牵一发而动全身》，《人民日报》2016年6月1日。

将安全管理放在与安全技术同等重要的地位，并切实认识到，加强国家法律保障，是实现管理安全的根本保障。要在不断完善国家网络空间法制体系的基础上，加大依法打击网络犯罪力度。加强网络空间和网络社会法学研究，切实提高立法质量和水平，加大法律教育宣传力度，保障国家网络空间主权和国家安全，创建“依法建网、依法用网、依法管网”的网络法治社会，保证网络社会依法、规范、有序、通畅、安全、文明运行。

加强国家有关部门依法依规保障网络安全，是实现管理安全的必然要求。根据《中华人民共和国网络安全法》的相关规定，进一步建立、修改和完善网络安全管理的法律规章制度，明确网络管理部门、网络运营者、网络产品、网络服务者和网民等维护保障网络安全的责任，建立国家和有关部门、企业等网络安全监测预警和应急处置制度机制，建立情况通报、应急处置措施、网络临时管制、抓紧落实网络实名制等办法制度，切实提高网络安全保障能力，逐步实现网络空间和网络社会管理权责明晰、有法可依、有章可循、依法治理、依法处罚的目标。进一步加强国家和各级政府部门对网络安全的领导和协调职责，加强沟通、协调，建立运转顺畅、协调有力、分工合理、权责明确的网络信息安全管理体制。进一步坚持“政府主导、行业自律”的原则，明确网络运营商、电商、网站服务商等企业在网络数据信息安全管理方面应负的社会和法律责任。

与此同时，对国家重要网络信息系统、部门实施特殊保障，是实现管理安全的重点内容。对于国家重要信息系统、军事网络、重要政务网络、用户数量众多的商业网络信息系统和基础设施要严格执行等级保护的有关规定，加强监督检查，实行更为严格的信息安全等级保护管理制度保障。比如军队、公安、金融、民航、交通、电力等领域的网络数据信息安全要尽量从物理上同外界完全隔离，杜绝从外部入侵的威胁。

要制定严于一般行业的内部管理制度，加强对网络信息安全从业人员的教育和管理，防止内部防控能力出现漏洞。要采取更高规格的信息安全等级保护措施，给予不同人员相应的权限，加强监督制约，达到层层管控，时刻严密关注网络数据信息安全动态，及时有效处置网络被攻击、入侵、窃密等问题的发生，保障重要系统部门网络数据信息安全。

国家可建立两个系统化的网络安全保障体系[①]，即“网络安全技术 + 网络安全管理有机融合的安全保障体系”“网络社会安全管理与现实社会治理有机融合的安全保障体系”，以不断强化网络安全综合治理，加强网络安全关键核心技术和安全管理系统的创新研发，运营商、电商、网站等网络社会主体必须履行网络安全管理责任保障。遵守网络社会公德和加强网民的自我保护及遵纪守法自律保障，善于运用法律武器保护个人信息等自身权益，同各种网络违法犯罪活动和行为作斗争，让造谣、诬蔑、诈骗成为过街的老鼠人人喊打，全社会都为净化网络社会环境贡献力量。

在此基础上，积极开展国际执法合作，依法加大网络犯罪打击力度，是实现管理安全的必要环节。尤其是针对跨境电信网络诈骗，必须遵循构建网络空间命运共同体的理念，实现跨境综合执法，才能创建规范、有序、诚信、守法、健康、文明的网络社会环境。

四、网络安全意识、全民数字素养与网络安全治理

“网络安全为人民，网络安全靠人民。”随着网络空间成为生产新空间、治理新领域、精神新家园、经济新沃土、文化新载体、外交新途径、作战新阵地，站在执政地位稳定的视角，通过网络治理融入国家治理体系和治理能力现代化，提升全民网络安全意识，已是当务之急。早在 2014 年，以“共建网络安全，共享网络文明”为主题的首届国家网络安全宣传周启动，每年的国家网络安全宣传周，让网络安全意识深入人心，已经成为网络强国建设的基础工程。

网络治理是一个全新的执政课题，是时代的呼唤、对手的挑战，也是主动应变，开启了“枪杆子里出政权兼顾大数据中稳政权”的高质量发展新阶段。在这个前所未有的历史进程中，同样离不开人民的支持。为此，我们必须从国家网络安全宣传周的网络安全意识进一步拓展，树立网络主权意识、网络发展意识、网络安全意识、网络法治意识、网络文化意识、网络国防意识、网络合作意识，以有助于完善网络空间制度，维护网络社会秩序，从而充分激发网络空间蕴含的新质生产力、文化力、国防力，体现执政为民宗旨，让人民在网络空间新时代有更多获得感、幸福感、安

---

① 程琳：《搞清“互联网 +”的特点 找准安全发展战略定位》，《中国信息安全》2017 年第 2 期。

全感。

网络主权意识。网络主权是维护网络政权的首要目标。“技术催生新空间，网络拓展新疆域。”网络空间已经成为陆海空天之外的“第五类作战空间”和“第二类疆域”，增强网络空间主权意识，就需要认清网络空间技术催生的本质特征，看透网络空间与实体空间“承载其上、融入其中、控制其内”的融合关系，通过核心技术的持续积淀和虚实贯通的普遍联系，结合战略规划和法规制度，实施网络空间的积极经略与有效管辖，维护国家网络空间主权、安全和发展利益。与此同时，应以“枪杆子里出政权兼顾大数据中稳政权”的执政理念，深刻认识移动互联是“新渠道”、大数据是“新石油”、智慧城市是“新要地”、云计算是“新能力”、物联网是“新未来”的网络时代特征，以“学网、懂网、用网”的执政为民新素养，持续以“新基建”夯实网络主权基础，让中华民族的伟大复兴插上网络的翅膀。

网络发展意识。网络发展是维护网络政权的坚实基础。“网络蕴含新质力量，数据成为生产要素。”与现实社会休戚相关的网络空间已经成为人类社会的共同福祉，蕴含着前所未有的新质力量。世界主要国家都把网络空间作为经济发展、技术创新的重点，作为谋求竞争新优势的战略方向。网络信息技术是全球研发投入最集中、创新最活跃、应用最广泛、辐射带动作用最大的技术创新领域，是全球技术创新的竞争高地。持续发展就是硬道理，核心技术是国之重器。我们既要善于把握好网络空间本质特征的内在驱动力，也要善于运用国家治理的外在驱动力，把数据资源作为新的生产要素激发潜力。

网络安全意识。网络安全是维护网络政权的有力保障。“牵一网而促动全局，错一码则谬之千里。”“没有网络安全就没有国家安全”已经深入人心，“网络安全为人民，网络安全靠人民”正在落地生根，“网络信息人人共享，网络安全人人有责”即将繁花满枝。网络安全既是国家安全问题，也是重大民生问题，实现硕果累累的美好愿景，亟待进入高质量新阶段，从普遍的意识培养，走向深刻的责任担当。我们既要学会用老百姓听得懂的语言讲述网络安全风险，也要善于用群众看得清的能力化解网络安全风险，更要研发让国家防得住的实力应对网络空间入侵，着手化解“应用层重兵防守、操作系统层他人主导、嵌入控制层无人值守”的不均衡状态，避免过度依赖“网络大刀王五”，防范“网络义和团”大行其道，扼杀网络安全领域滋生“网红”恶习，积极应对5G军备新赛道从“惊涛拍岸”到“水漫金山”般的跃升，以总体国家安全观的视野，担当网络空间新时代的历史责任。

网络法治意识。网络法治是维护网络政权的核心手段。“开放协作需法制，自由共享要平等。”维护网络社会秩序，离不开完善网络空间制度。让网络空间清朗起来，不仅要扎实培养“学网、懂网、用网”基本素养；也要大力宣传网上行为规范，引导人们增强法治意识，做到依法办网、依法上网；更要善用法规制度，维护自身网络权益，掌握国际网络空间话语权和规则制定权。其中，一方面要善于平衡治理者和被治理者之间的平等问题，充分激发网络空间内在驱动力和外在行政力之间的协同价值；另一方面，要重视均衡国际协作层面的对等问题，充分体现网络中国的示范价值。这就有利于减少网络空间客观的数字鸿沟和人为的以邻为壑，在充分激发网络自治潜力的基础上，推动全球网络空间治理体系变革。为此，必须以《中华人民共和国网络安全法》为基本大法，尽快完善国家网络空间法治体系，良法善治、德润人心；坚持以《联合国宪章》为基本准则，努力获取全球网络空间规则体系的最大公约数，求同存异、携手相助，让网络空间成为开放协作、平等共享的法治典范。

网络文化意识。网络文化是维护网络政权的精神传承。“网络越千山，文化传万代。”互联互通的网络空间，每一根网线都是网上“新丝路”，每一个声音都是网上“驼铃声”，每一位网友都是网络“新大使”。网络空间为我们提供了宣扬中华文化、借鉴世界文明前所未有的全新路径。但同时，网上意识形态斗争也日趋激烈，网络为意识形态颠覆提供了便捷通道，美西方所谓“离岸制衡”，通过精心策划，依托网络传播，可谓入细入微、入心入脑。网络文化陷阱正在以“网络意识形态颠覆、网络娱乐至上、网络黄赌毒潜伏、网络暴力盛行”等多种方式，腐蚀人心、污浊生态、颠覆政权，能够“温水煮青蛙”，难以“亡羊补牢”。为此，需要充分认识网络穿越时空限制的特征，在这片崭新的草野上，网聚人气、网聚智慧、网聚力量，不仅重新定义了人们的生活生产方式，也改变了文化传播方式，成为驱动人类社会融合发展的革命性力量。我们要善于以传承数千年的中华文明之花，浇灌新时代“携手构建网络空间命运共同体”的土壤，用事实说服人、用事例感动人、用文化感染人，在全球网络空间唱响善良友爱之歌。

网络国防意识。网络国防是维护网络政权的力量源泉。“网上有乾坤，键盘百万兵。”在“全球一网”的时代，面对网络强国大幅扩充网络战部队，网络空间军事化趋势势不可挡，网络战已经从暗战成为宣战，从背后走向前台，从辅战成为主战，其“小可杀人、大可覆国”的经典战例，具有“四两拨千斤”“不战而屈人之兵”的惊人效果。我们经略网络空间，既需要国际层面的文化实力、国家层面的法制效力，更需要军队层面的作战实力，才能有效维护网络空间国家主权、安全和发展利益。为此，要以网络安全产业的不断强大为基础支撑，网络空间国防力量建设亟待进入高质量的新阶段；要坚持网络安全教育从娃娃抓起，增厚网络国防力量的人才基数；要通过立法赋权打通军地网络资源通道，化解专业力量困守“网络营门”的不利态势；要打造网络安全“朱日和”环境支撑网络攻防演练，演万变网域、练百战精兵，走出华而不实的商业模式。只有这样，我们才能将世界第一网络大国的基础，转化为建设网络强国的力量，做网络空间的中流砥柱。

网络合作意识。网络合作是维护网络政权的重要方式。“命运聚网络，合作谋共赢。”网络空间前所未有地把人类社会连接在一起，成为鸡犬相闻的“地球村”。面对网络安全风险，谁也无法独善其身。别人的短板，可能就是攻击你的跳板，网络空间已经成为休戚与共的人类命运共同体，建设“和平、安全、开放、合作”的网络空间，建立“多边、民主、透明”的国际网络空间治理体系，逐渐成为世界各国的共同选择。当前，数字地球建设正在风起云涌，数字经济发展成为人类社会强劲的驱动力量，数据资源成为潜力巨大的生产资料，网络效率的魅力逐渐显现，网络协同的需求日益增加。与此同时，网络霸权主义、网络恐怖主义、网络自由主义和网络犯罪等诸多风险间歇或集中爆发，给人类社会造成的现实和潜在风险日益加剧，建立网络维和部队或将成为国际共识。可以相信，历经现实社会风雨磨砺的人类社会，只要加强合作、同舟共济，就一定可以赢得未来，让网络空间成为人类社会的共同福祉。

进一步，更重要的是具备一种全民的能力，这就是全民数字素养。数字素养与技能是数字社会公民学习、工作、生活应具备的数字获取、制作、使用、评价、交互、分享、创新、安全保障、伦理道德等一系列素质与能力的集合。提升全民数字素养与技能，是顺应数字化时代要求，提升国民素质、促进人的全面发展的战略任务，是实现从网络大国迈向网络强国的必由之路，也是弥合数字鸿沟，促进共同富裕的关键举措。

2021 年 10 月，为深入贯彻落实习近平关于网络强国的重要思想，实施全民数字素养与技能提升行动，加快数字化发展，建设网络强国和数字中国，根据《中共中央关于制定国民经济和社会发展第十四个五年规划和二〇三五年远景目标的建议》和《中华人民共和国国民经济和社会发展第十四个五年规划和2035 年远景目标纲要》，中央网络安全和信息化委员会印发《提升全民数字素养与技能行动纲要》，对提升全民数字素养与技能作出安排部署，提出2035 年基本建成数字人才强国，全民数字素养与技能等能力达到更高水平。

2022 年 7 月 23 日，“2022 年全民数字素养与技能提升月”活动在福州举行的第五届数字中国建设峰会开幕式上启动。“全民数字素养与技能提升月”活动启动，将有助于进一步丰富数字资源供给，扩展数字应用场景，完善数字培育体系，优化数字发展环境，营造全社会广泛关注并积极参与全民数字素养和技能提升行动的浓厚氛围，推动全民共建共享数字化发展成果。

2023 年 5 月 5 日下午召开的二十届中央财经委员会第一次会议，明确聚焦加快建设现代化产业体系和以人口高质量发展支撑中国式现代化两个问题。会议明确，要着眼强国建设、民族复兴的战略安排，完善新时代人口发展战略，认识、适应、引领人口发展新常态，着力提高人口整体素质，努力保持适度生育水平和人口规模，加快塑造素质优良、总量充裕、结构优化、分布合理的现代化人力资源，以人口高质量发展支撑中国式现代化。

在数字经济占比已超过 40% 并迅猛增长的中国，以提升网络安全意识的“国家网络安全宣传周”“全民数字素养与技能提升月”为标志的国家重大活动，就是站在总体国家安全观的视野，高质量推进网络强国建设，是全民融入国家治理体系和治理能力现代化的基础工程，目的是全面提升人口质量，充分体现了国家安全靠人民，国家安全为人民的基本理念，是中国式现代化进入高质量新阶段的重要标志。

基于全民网络安全意识、数字素养和技能的提升，网络安全治理全面融入国家治理将更加体现出规模效应。实现这一目的，尤其要凸显网络空间和网络社会综合治理工作，将网络安全治理融入国家治理的全过程。

网络社会的综合治理，可将对现实社会治理相关的法律规章、原则和方法等，通过网络技术和软件技术的应用开发，将其物化、固化在网络的软、硬件系统上，以此实现对网络社会的有效管理。网络安全不安全关键在人，关键在从事网络安全管理的人、网络安全技术的人，以及网络应用者（网民），他们有没有保障网络安全的意识思想、安全管理的具体措施办法、安全技术的水平、安全防范的方法等，对保障网络安全影响重大。如果他们有着强烈的保障网络安全的意识思想，从事网络安全管理者会将此意识思想贯彻在制定网络安全的政策、法律法规和管理办法之中，对网络中发生的问题及时制定、修改、完善相关的政策、法律、规章和制度办法；从事网络安全技术的人员会将此意识思想通过技术研发物化、固化在计算机软件、硬件和网络基础设施之中，对网络上出现的漏洞、病毒及有害信息，从技术上力争做到安全预防、准确预警、有效处置；网民网络应用者会将此意识思想贯彻在上网的行为习惯之中去，学会增强防范木马病毒、抵制有害信息的有效方法和思想及能力，自觉遵守保障网络安全的法规，在网上不发表影响国家安全、社会稳定、网络安全的言论，不做影响网络安全的行为，如果所有与网络安全相关的人都动员起来了，网络安全就有了强有力的保障。

网络安全治理，同样要兼顾国内国际两个大局，以中国范式不断推动世界网络空间治理体系的变革。从对国家安全的危害程度来看，最重要的是遏制美国肆无忌惮的网络霸权，建立确保相互安全的中美网络关系。① 这种新型大国网络关系应该包括三个要点：一是扩大共同网络利益。网络空间不仅是实体空间的全息映射，也是人类社会全新的“命运共同体”，尤其是世界第一、第二大经济体美国和中国，已成为网络经济的最大受益者。二是形成对等网络威慑。无论抱有多么美好的愿望、拥有多少共同的利益，都无法回避美国像当年率先拥有了核武器一样具备网络威慑能力的现实。为保持网络空间长久和平，中国必须理直气壮地发展网络战力量，形成足以与美国抗衡的网络空间力量。三是确保相互网络安全。中美要在网络空间实现共赢，就必须以确保网络空间相互安全为目的，防范网络武器扩散、防范网络恐怖主义，区别于美苏冷战时期核战略的“确保相互摧毁”，建立“确保相互安全”的中美网络关系，避免恐怖分子掌握超级网络武器。

---

① 秦安：《构建新型中美大国网络关系》，《中国信息安全》2015 年第 9 期。

网络安全治理，尤其要树立盛世危言的忧患意识。一位行内资深人士指出，面对崭新领域的神秘模糊，我们必须防范“低成本、弱防御、高利润”的黑匣子部署到位之时，也就是网络国防崩溃之日。事实上，面对5G新赛道的到来，网络安全面临三大变化：一是网络攻防赛道从“惊涛拍岸”到“水漫金山”。二是网络安全防御走向自动化、智能化、底层化。三是“应用层重兵防守、操作系统层他人主导、嵌入控制层无人值守”的深层次问题凸显。为此，将网络空间治理、数据治理、网络安全治理融入国家治理体系和治理能力现代化，需要开启一场高质量发展的网络革命。

回顾中国网络强国建设的历程，习近平总书记“没有网络安全就没有国家安全，没有信息化就没有现代化”的忧患意识，激发了从网络大国走向网络强国的全民认识，形成了构建网络空间命运共同体的世界共识。“网络安全为人民，网络安全靠人民”，是立足民众、担当国家、胸怀天下，探求人类社会共同的立网之本、强网之道、兴网之源，正以危机意识、安全认识和群体共识，融入国家网络安全治理的全过程，成为提升全民网络安全意识和数字素养的底色。

危机意识是孕育网络空间安全环境的时代灵魂。[①] 事危则志远，情迫则思深。当前，网络空间发展面临复杂严峻的局面，网络安全已经成为重大民生问题。这不是仅靠政府和产业就能够独立解决的，需要人民大众知其险、识其难、出其力。人民群众是历史的创造者。先进的意识来自人民群众发自内心的认同，广大网民的危机意识是决定网络安全长远发展和创新前进的最潜在动力。只有缔造中华民族网络空间安全危机意识，增强全体网民的网络安全知识和防护技能，才能营造健康的网络空间生态环境。

安全认识是维护网络空间国家利益的实践标尺。恩格斯说：“历史从哪里开始，思想进程也应当从哪里开始。”网络空间的安全认识是与网络社会现象相对应的哲学范畴。它是人们对网络空间虚拟环境、社会关系、社会生活实践全过程中安全概念的总认识。正确地认识孕育一流的实践活动。只有正确地认识国家网络安全所处的阶段、现状和需求，才能明晰实践的道路方向，增强时代感召力。

群体共识是铸造网络空间世界和平的思想根基。“根之茂者其实遂，膏之沃者其光晔。”世界范围内群体共识是构成网络社会精神文化的基本

---

① 秦安：《网络强国的意识、认识、共识》，《中国信息安全》2016 年第 9 期。

内容，与网络空间各种表象有着内在联系，对网络空间的发展与变化具有重大影响。先进的网络空间安全共识能够正确反映网络社会发展的客观规律，能够促进网络空间的稳定与进步。只有以“构建网络空间命运共同体”的中国主张为标志，推动国际社会对国家网络主权、安全和发展利益的认同，形成普遍的共识，才能形成网络空间和平发展的基础。

人类社会文明发展的历程证明，居安思危的意识、高瞻远瞩的认识、向心凝聚的共识是国家民族繁荣、人类社会昌盛的内在推动力。网络世界，人们的价值追求多元、多样、多变，各种思想文化交流交融交锋。我们要坚持蕴含中华文明的中国主张，以包容的发展观、正确的安全观，兼顾国内国际两个大局，既为中国谋，更为世界谋，构建创新、活力、联动、包容的网络经济，续写中华文明推动人类社会进步的华丽篇章。

第四节 国家安全与网络主权

捍卫国家网络主权对内表现为管辖规范公民在网络空间的行为，对外表现为防备、抵御网络侵略，制止借助网络空间实施的意识形态颠覆和恐怖活动。国家网络空间治理是一种适应网络空间和网络社会特征，综合利用国家整体资源，发挥社会多元力量作用，捍卫国家网络主权的有效方式。国家安全是指主权国家独立自主地生存和发展的权力和利益的总和，指国家独立、主权和领土完整以及国家政治制度不受侵犯。网络主权作为国家主权的重要内容，是网络安全乃至国家安全的根本，没有主权独立的国家，就谈不上什么网络安全乃至国家安全。

一、国家安全的陆海空天网主权领域

习近平主席在第二届世界互联网大会上提出了“尊重网络主权”的原则，世界各国都应享有自己国家的网络主权，并应得到其他国家的尊重。

网络主权是国家主权的全新内容和重要组成部分。[①] 谈网络主权，先要从国家主权谈起。国家主权作为国家固有的独立处理内外事务的权力，

① 叶征、赵宝献：《“网络国防”脆弱后果不堪设想》，《中国青年报》2011 年 12 月 9 日。

主要包括对内的管辖权、对外的独立权、平等权和防止侵略的自卫权。它是国家最主要、最基本的权利，不可分割、不可让与。任何一个国家的主权，都应是神圣和不可侵犯的。

国家主权的覆盖范围并非一成不变，而是随着人类活动空间的拓展而拓展，从最初的陆地逐渐向海洋、天空延伸。这一变化，得到了国际社会的普遍认可和尊重。网络空间出现后，国家主权再向网络空间延伸应该是顺理成章、非常自然的结果。为此，2010 年 6 月我国公布的《中国互联网状况》白皮书指出，中国政府认为，互联网是国家重要基础设施，中华人民共和国境内的互联网属于中国主权管辖范围，中国的互联网主权应受到尊重和维护。但一些别有用心的国家却打着“网络无疆”“网络自由”的旗号，指东责西。试想，如果真的将网络变成无主权的飞地，这个空间还有一日安宁吗?

实际上，不受限制的网络自由是不存在的。例如，最推崇“网络自由”的美国有最严格的网络审查制度，依据其《爱国者法案》，国家可以随意查看任何人的电子邮件、进入个人网址。若进入其“网络领土”，必须向其“申请护照”，遵循其“游戏规则”。如果谁要在美国网站上宣扬恐怖主义、打出伊斯兰极端主义旗号，对不起，美国联邦调查局会立马找到你。

可见，“网络自由”是一个相对的概念。英国学者弥勒氏曾说：“一个人的自由，以不侵犯他人的自由为范围，才是真自由；如果侵犯他人的范围，便不是自由。”一个人是这样，一个国家也应如此。

就是网络也要讲规矩这么一个简单的道理，却不被某些西方大国所容忍，甚至扬言不惜用武力维护世界的“网络自由”。这不能不让人怀疑他们所说的“网络自由”是不是干涉和颠覆别国主权的代名词。事实上，掌控着网络关键技术和主导权的美国，早就发现了网络的“特别功能”。2004 年 4 月，美国利用对根服务器的控制权，断掉了域名（. LY）的解析，导致利比亚在互联网上消失了 3 天。伊拉克战争期间，伊拉克域名（. IQ）的申请和注册工作被终止，相关后缀的网站全部从网络中消失。

2009 年，微软宣布“依美国政府禁令，切断古巴、伊朗、叙利亚、苏丹和朝鲜五国的 MSN 即时通信服务端口”，导致这五个国家的用户不能正常登录 MSN 服务。近期有媒体报道，谷歌承认，根据美国《爱国者法案》规定，把欧洲资料中心的信息交给了国家情报机构。如果按谷歌要求超越中国法律管理得到“自由”，中国的各类信息是不是也会根据《爱国者法案》到达情报机构案头上呢？可见，西方网络大国所宣称的“网络自由”，实质上仅仅是他对你的“自由”。若要对他“自由”一下，他的回答是“动粗”！

由此看来，网络空间的出现就像一把“双刃剑”，既带来了机遇，也带来了挑战。树立网络主权概念，像捍卫国家陆地、海洋、天空主权那样捍卫国家网络主权，已经成为国家主权的新要求。之所以这样呼吁，是因为还有许多善良的人们尚未意识到这个问题的严重性。在现实生活中，有形空间国家主权受到挑战，往往会引起举国关注——一架飞机入侵、两国舰船对峙，都会激起国人的强烈愤慨，而对无形空间国家主权受到的挑战，则不容易引起关注。实际上，它导致的后果可能更严重。2010 年 7 月，伊朗核电站大量关键设备（离心机）遭到疑似来自敌国的“震网”病毒攻击，损失惨重。这次攻击开了通过网络战术软手段摧毁国家战略硬设施的先例，其背后的危害似乎仍没有受到足够的重视。事实上，通过网络攻击一个主权国家，与通过陆海空天实体空间攻击一个主权国家，在本质上是一样的，都是侵略行为。

为此，维护网络主权就必须以总体国家安全观的视野，融入网络强国建设的全过程，成为国家治理体系和治理能力现代化复杂巨系统中的核心内容，不断提升网络空间国防力量建设，才能坚定地维护网络空间真正的平等自由。

维护网络主权，就要推动网络空间治理体系和治理能力现代化。习近平总书记在强调维护我国网络空间主权时指出，“各级领导干部要学网、懂网、用网，积极谋划、推动、引导互联网发展”。思考其原因之一，就是网络空间“未知远远大于已知”，世界范围内实施国家管辖面临新情况、新问题，需要大智慧。维护网络主权是国家治理和国际博弈的复杂工程，以维护网络主权为根本的网络强国建设与各级领导干部特别是高级干部的认识水平密切相关。① 只有始终扭住领导干部这个少数关键，维护网络主权才能管辖到位，落地生根。

维护网络主权，就要加强网络空间国防力量建设，提升网络空间的自卫能力。《网络空间国际合作战略》第三章“战略目标”在“维护主权与

---

① 秦安：《加速推动网络空间主权落地生根》，《中国信息安全》2017 年第 5 期。

安”全部分，首次明确网络空间国防力量的国家定义，将网络空间国防力量建设作为中国国防和军队现代化建设的重要内容，确定军队在维护国家网络空间主权、安全和发展利益中的重要作用，明晰提高态势感知、网络防御、支援国家网络空间行动和参与国际合作的能力，以及遏控网络空间重大危机，保障国家网络安全，维护国家安全和社会稳定的使命任务，表明了我国通过加强网络空间国防力量维护网络主权的决心和信心。

维护网络主权，就要坚定地维护网络空间的平等自由。落实好网络空间管辖权和自卫权，才能有智慧有能力维护平等自由权利，这是前提和基础。具体到落实上，要始终坚持网络安全为人民的宗旨，既坚定地维护主权国家的平等自由，也高度重视广大人民的平等自由。让网络空间成为公平正义的执政平台，成为亿万网民的精神家园。为此，在国家层面，要以执行《中华人民共和国网络安全法》为契机，开启依法治网的新历程，最大限度保护公民在网络空间的平等自由。在国际层面，要坚持正确的网络安全观，加快提升网络空间话语权和规则制定权，通过可以广泛接受的国际准则，坚持构建网络空间命运共同体的道义，最终实现国家网络空间平等自由权利的最大化。

二、网络主权的内涵和外延

网络空间风乍起，于无声处听惊雷。网络空间已经成为涉及国家主权，影响国家安全、社会稳定、经济发展和文化传播的全新生存空间。网络战的始作俑者美国已明确宣称网络空间为新的作战领域，并从战略指导、力量机构和法理依据等各方面做好了准备，尤其是“棱镜门”事件曝光后，美国网络霸权行径从普通网民到国家元首一网打尽，使全球陷入人人自危的恐慌之中，网络边疆、网络国防、网络主权问题进一步凸显。

网络空间与传统空间一样，存在着主权、边疆和国防，分别称为网络主权、网络边疆、网络国防。网络主权、网络边疆、网络国防概念的逻辑起点，是承认网络空间的存在。其逻辑关系为：存在网络空间就存在主权划分问题，承认网络主权就要有网络边疆，有了网络边疆就要建立网络国防。反过来说，没有国防不成边疆，没有边疆何谓主权？网络主权和网络疆域有着密切的联系，国家根据主权对属于它的全部网络疆域行使管辖权，反过来，网络主权也必须在自己的网络疆域存在和行使。[1] 类似于领海、领空等概念，网络疆域被称为“领网”。

网络主权是国家主权的全新内容和重要组成部分，是国家主权在网络空间的自然延伸和全新拓展。国家主权作为国家固有的独立处理内外事务的权力，主要包括对内的最高权、对外的独立权、平等权和防止侵略的自卫权。它是国家最主要、最基本的权利，不可分割、不可让予，且神圣不可侵犯。国家主权的覆盖范围并不是一成不变，而是随着人类活动空间的拓展而拓展，从最初的陆地逐渐向海洋、天空延伸。这一变化，得到了国际社会的普遍认可和尊重。网络空间出现后，国家主权再向网络空间延伸应该是顺理成章、非常自然的结果。与此同时，一些全新的拓展在所难免，汇聚成一个国家的网络主权。

网络主权，指的是一个国家独立自主处理自己网络内外事务，管理自己国家网络空间的最高权力，是国家区别于其他社会集团的特殊属性，是国家的固有权利。[2] 网络主权的目的是保护国家网络空间的完整性，保护全体国民网络空间的利益。关于网络主权的内涵和外延，《网络主权论》一书中，给出了具有法理依据的准确描述。

网络主权的内涵，都具有领土性、人民性、政权性，即“主权三特征”。网络全球化在技术上存在着客观基础，但是，在网络建设、网络连通、网络使用、网络治理、争议管辖等层面上，网络主权依然具有“主权三特征”的天然属性。从网络主权的对内管辖看，涵盖国家“领网”主权、国家“网民”主权和国家“治网”主权。

国家“领网”主权。《联合国宪章》第七十八条规定：“凡领土已成为联合国之会员国者，不适用托管制度；联合国会员国间之关系，应基于尊重主权平等之原则。”国际法上定义的领土可以扩大解释为领土、领海、领空，但并不包括太空、极地、公海这样的人类公共区域。出于对领土主权的尊重，一国不仅不能侵占、分割或兼并别国的领土，而且未经别国允许，不得派遣军队、军舰或警察进入或通过别国领土，或派遣飞机飞越别国领土，不得在别国领土内实施行政或管辖行为，也不得在别国进行官方

---

① 叶征、赵宝献：《关于网络主权、网络边疆、网络国防的思考》，《中国信息安全》2014 年第 1 期。

② 赵宏瑞：《网络主权论》，九州出版社 2018 年版，第 2 页。

调查或者指使它的国民在别国领土上进行秘密活动，否则就是违反国际法的。[①] 各国如果要发起不同类型的网络战对别国主权进行侵犯，例如，以网络武器、电子脉冲武器、电子生物武器等对对方网络实施精确打击，则会在实施军事打击的同时造成民用网络或民用实体的破坏。因此，可以看到，网络主权与领土主权具有天然的合一性。

国家“网民”主权。《联合国宪章》正文序言的第一段第一句话讲道：“我联合国人民同兹决心，欲免后世再遭今代人类两度身历惨不堪言之战祸，重申基本人权，人格尊严与价值，以及男女与大小各国平等权利之信念，创造适当环境，俾克维持正义，尊重由条约与国际法其他渊源而起之义务，久而弗懈，促成大自由中之社会进步及较善之民生，并为达此目的力行容恕，彼此以善邻之道，和睦相处，集中力量，以维持国际和平及安全，接受原则，确立方法，以保证非为公共利益，不得使用武力，运用国际机构，以促成全球人民经济及社会之进展，用是发愤立志，务当同心协力，以竟厥功。”这里定义的人民，是英文复数形式的各国人民，不存在超主权人民，否则应使用人民的单数。人民的一切活动都受到主权保护，人民在网络空间中的一切活动都受该国网络主权的保护。所以，网络主体与该国的人民主权具有天然合一性。

国家“治网”主权。政治主权是一国的政治体制（政权）和行政当局（治权）的总和，政府是国家主权的行使者、治理者、维护者、代表者。《联合国宪章》正文序言的第二段第一句话讲道：“爰由我各本国政府，经齐集金山市之代表各将所奉全权证书，互相校阅，均属妥善，议定本联合国宪章，并设立国际组织，定名联合国。”又如，《联合国宪章》第五十七条第一款规定：“由各国政府间协定所成立之各种专门机关，依其组织约章之规定，于经济、社会、文化、教育、卫生及其他有关部门负有广大国际责任者，应依第六十三条之规定使与联合国发生关系。”这说明在联合国看来，各国政府是各国主权的代表者。

三、网络主权与数据产权

当前，网络空间风雷激荡，恰如春秋战国群雄四起、秩序未定的复杂混沌局面。网络强国抢占优势、暂成霸主，世界各国合纵连横、纷纷跟

---

① 梁淑英：《论国家领土主权》，《法律适用》1997 年第 5 期。

进，"影子网络""数字水军"神出鬼没，"数字大炮""震网"病毒惊心动魄。一段恶意代码，瘫痪了伊朗1000多台离心机，使整个世界受到震动；一个街头小贩的自焚，引起轩然大波，竟然成为颠覆多国政权的第一块多米诺骨牌。网络空间已经成为全球范围内战略博弈和军事角力的主战场。

中国网络安全产业联盟于2023年4月11日发布《美国情报机构网络攻击的历史回顾——基于全球网络安全界披露信息分析》显示，美国打开了网络空间毁瘫现实社会的便捷通道，"震网"带给人类社会的安全威胁，依然是危害世界安全的"深水炸弹"；美国从普通网民到国家元首一网打尽，"棱镜门"事件揭开了"超级机器"的全貌，其网络监控的恶果铸就了世界安全的"双刃剑"；美国出售网络军火、扩散网络武器、渗透测试平台成为黑客普遍利用的工具，网络武器管理失控成为网络犯罪的工具，遭受反噬成为必然；美国污染加密通信标准、泛化安全概念制裁他国网络安全厂商，网络空间成为科技霸凌主战场，"数字铁幕"与"芯片铁幕"割裂整个世界。

形象地看，网络空间处于一种大部分国家网络主权不完整的"春秋战国"时期，美国利用其技术和资源优势，在网络空间肆意"跑马圈地"，危害他国乃至自身国家主权、安全和发展利益。而在这一场网络空间大博弈中，所争夺的核心资源则是数据。

数据作为新型生产要素，是数字化、网络化、智能化的基础，已快速融入生产、分配、流通、消费和社会服务管理等各个环节，深刻改变着生产方式、生活方式和社会治理方式。

2012年3月22日，奥巴马政府宣布投资2亿美元，拉动大数据相关产业发展，将"大数据"战略上升为国家战略。奥巴马甚至将大数据称为"未来的新石油"。2012年5月29日，联合国"全球脉动"计划出台，发布《大数据开发：机遇与挑战》报告，阐述了各国特别是发展中国家在运用大数据促进社会发展方面所面临的历史机遇和挑战，并为正确运用大数据提出了策略建议。2015年11月3日，《中共中央关于制定国民经济和社会发展第十三个五年规划的建议》公布，提出拓展网络经济空间，推进数据资源开放共享，实施国家大数据战略。

数据成为土地、劳动力、资本、技术之后的第五大生产要素，是一个标志性事件。2020年4月9日，中共中央、国务院印发《关于构建更加完善的要素市场化配置体制机制的意见》（以下简称《意见》），这是中央第一份关于要素市场化配置的文件。《意见》分类提出了土地、劳动力、资本、技术、数据五个要素领域改革的方向，明确了完善要素市场化配置的具体举措。

2022 年 6 月 22 日下午，习近平总书记主持召开中央全面深化改革委员会第二十六次会议，审议通过了《关于构建数据基础制度更好发挥数据要素作用的意见》。随着数据成为土地、人才、资本和技术之后的第五大生产要素，必须从国家顶层实际层面统筹明确数据制度，这既关系我们每一个人的隐私数据安全，也关系 14 亿多中国人民的共同富裕。数据属于谁？数据服务谁？数据如何共享？收益如何分配？都是国之大事！

2023 年 10 月 25 日，国家数据局正式揭牌运行，由国家发展和改革委员会管理，主要职责是负责协调推进数据基础制度建设，统筹数据资源整合共享和开发利用，统筹推进数字中国、数字经济、数字社会规划和建设等。

作为特殊的主权空间，数据的控制与被控制已经成为网络空间国家安全的重中之重，没有网络安全就没有国家安全，已经上升到没有数据把控就危及执政地位的国家安全新阶段。为此，尤其需要明晰三个问题。

第一，网络主权与数据安全。网络空间是主权空间，所以有网络主权，是国家主权在网络空间中的自然延伸和全新拓展，分为国家“领网”主权、“网民”主权和“治网”主权，体现为管辖权、独立权、自卫权和平等权等。应该尊重别国网络主权，不搞网络霸权，不干涉他国内政，不从事、纵容或支持危害他国国家安全的网络活动。但由于美国拥有一家独大的技术和资源优势，再加上网络空间的虚拟性，其边界的弹性以及数据跨境流动的特点，都给维护网络主权带来极大的难度。其中，围绕网络空间的核心资源，即数据和大数据以及确保数据安全，是维护网络主权的根本所在。

第二，主权限制与主权让渡。一旦主权受到限制，“限制”主权的力量即真正的主权。这个例子直到目前也存在，比如，韩国战时指挥权掌握在美国手中，日本作为第二次世界大战战败国不具有“宣战权”，其主权被限制；主权让渡是国家和国家之间，国家和国际组织之间主权移交或部分移交的行为，比如欧盟，加入欧盟的国家，让渡一定的主权，目的是实现共同的更大利益。在网络空间，这种情况更加严重，除美国之外，其他国家几乎是遭受美国限制主权的力量，美国在网络空间更加具有霸凌的技术和资源优势，美国已经成为现实社会和网络空间的最大安全威胁。当然，被限制是被逼无奈的情况下发生的，如果在这种情况下，也就是不完全拥有网络主权，或者说网络主权被侵占的情况下，擅提主权让渡是非常不合适的，不利于维护网络空间国家主权、安全和发展利益，甚至直接危及国家安全，会导致丧失网络主权的恶果。

第三，网络主权与数据产权。[①] 根据《中华人民共和国数据安全法》和《中华人民共和国个人信息保护法》等法律的有关规定精神，依法明确在中国境内外（包括中国公民和网络运营商）互联网上（包括有线、无线网络）一切数据信息的处理活动，包括数据信息的收集、存储、使用、加工、传输、提供、公开、删除等，均属于中国公民个人数据产权和国家数据产权。网络数据产权包括数据的所有权、占有权、使用权、收益权、处置权等，这属于中国的国家网络主权及管辖范围，受国家法律的保护。应由国家依法依规分类、分级、分层实施管理，保护个人和组织网络数据产权的合法权益，维护国家主权、安全和发展利益。

四、国家安全与网络主权

网络主权直接关系国家安全稳定。网络急速膨胀，如同巨人神经一样渗透到人类生活的各个角落，承载了经济、政治、军事、文化、交通和社交等大量内容，成为整个社会高效运转和加速进步的基本平台。一旦丧失网络主权，网络舆情导向将会失控，极可能直接挑战国家政权，突尼斯、埃及等事件的前车之鉴已显示了网络聚合民众力量颠覆政府的特异功效；国家工业、交通、能源等国民经济命脉行业控制系统将会失控，带来的不仅仅是经济损失，更可能引发社会不安与动荡；军事信息网络将会失控，尤其是战时指挥信息网络失控，直接导致军事力量被肢解，军事体系瘫痪，最终出现兵败国破的惨痛结局。如同海权挑战陆权、空权挑战海权与陆权一样，网络主权后来而居上，已经超越传统实体空间主权的价值，成为国家主权的制高点。当前，世界各国围绕网络主权展开激烈角逐，力求掌握网络主权，有效控制和利用网络空间。特别是美国，更是追求超越国

---

① 程琳：《加强维护国家网络主权及数据产权安全研究》，宙飒天下网，2023 年 12 月 26 日，https：//www. zhousa. com/archives/34468. html。

家主权范围的全球“网络主权”，其网络霸权的野心和行径对世界其他国家网络主权构成了最为严峻的挑战。

网络主权易被忽视且易被侵犯。人们总是对传统实体空间的主权、安全和发展利益极为重视，甚至不惜武力相向，然而对发生在网络世界里的“惊天大事”，却没有足够重视。2010 年 7 月，伊朗核电站大量关键设备（离心机）遭到疑似来自敌国的“震网”病毒攻击，损失惨重。与传统实体空间相比，网络空间主权的存在与捍卫不仅易被忽视，而且易遭侵犯。网络把地球上相距万里的信息节点铰链为一体，通过它可以悄无声息、轻而易举从一国进入另一国腹地直至心脏部位。一键敲击、全球到达，而且很难被定位。事实上，通过网络攻击一个主权国家，与通过陆海空天实体空间攻击一个主权国家，本质上都是侵略行为。

有了网络主权的理念，就要正确理解网络边疆的内涵。首先，一个国家的网络基础设施，应是国家网络边疆的有形部分，不容许任何国家采取任何方式进行攻击。其次，国家专属的互联网域名及其域内，应是国家网络边疆的无形部分，也不容许别国随意屏蔽或进行各种违法活动。最后，金融、电信、交通、能源等关系国计民生领域的国家核心网络系统，都应被视为国家网络边疆的重要组成部分，不允许肆意破坏。

中国网络边疆安全形势严峻。首先是民众缺乏网络防护意识，很多系统的防火墙形同虚设，网络安全问题严重，网络犯罪日益增加。其次是网络安全产品和关键领域安全设备依赖进口，主流防火墙技术和杀毒技术大都来自国外，自主可控、高技术含量的网络安全产品匮乏。例如，进口的计算机、交换机、路由器等，其密钥芯片上均可能被故意预留控制端口，存在着被非法“入侵”和“窃听”的可能。最后是随着中国日益与世界接轨，引进技术设备的网络远程服务增加，包括核心军工企业引进技术设备的网络远程服务十分普及，大型电力机组、高精尖的数控设备以及生产线等，都与国外企业技术联网，在进行网上远程诊断、技术升级、维修保养等售后服务的同时，外方也能实时监控设备运转和生产情况，不仅令自身“门户洞开”，关键时候还可能接受指令而停止工作，从而对中国经济命脉造成致命打击。中国金融系统使用的是国际维萨系统，定期向国际金融机构自动报告业务流量，极可能受到恶意控制。同时在进行网上交易和业务服务时，也易被渗透入侵。据中国人民银行统计，目前中国已有几十家银行的几百个分支机构拥有网址和主页，其中开展实质性网络银行业务的分支机构近百家，金融信息资料被网上窃取、篡改的情况严重。

网络国防是国家防卫的“新长城”。人类在无数次主权被侵、边疆被破、生活被毁的切肤之痛中认识到，没有武装保护的主权是脆弱的主权，没有国防捍卫的边疆是濒危的边疆。因此，人们才产生了强烈的边防、海防、空防意识。而现在人们又走到了建立网防意识的时代关键点。因为网络可以兴国，也可以误国，甚至还可以丧国。世界各国尤其是西方发达国家在网络国防建设上，不仅醒得早、起得早，而且跑得快。其中，美国既是互联网的缔造者，也是最早关注网络安全防护建设的国家。美国不仅率先制定了《确保网络空间安全的国家战略》《网络空间行动军事战略》《网络空间国际战略》等一系列政策文件，而且建立了强大的“网军”。除美国以外，英国、日本、韩国、俄罗斯、印度和以色列等国以及中国台湾地区，也纷纷组建了网络战部队和指挥机构。加强网络安全力量建设，提高网络防卫能力，既是大势所趋，更是维护国家网络主权的有效方式。

第二章　网络安全思想及基本理论

网络安全思想，是指在中国特色社会主义进入新的历史方位背景下，研究如何组织和运用好国家力量维护中国国家网络安全的哲学。网络空间作为革命性的技术力量，深度融入人类社会，翻开了新的历史篇章。网络空间面临的安全威胁，已经从过去信息技术的攻防对抗，升级演变为网络空间领域的新型国家安全斗争。人类越依赖网络空间，网络安全斗争的烈度和复杂度就越高，甚至有可能成为国家之间斗争博弈的主要形式之一。毛泽东在《中国革命战争的战略问题》中指出："一切战争指导规律，依照历史的发展而发展，依照战争的发展而发展。一成不变的东西是没有的。"① 中国共产党始终高度重视新技术在维护国家安全和保障人民利益方面的重要作用。从早期维护信息安全，到不断探索互联网治理经验，再到推动网络强国建设，我们在斗争实践中，以马克思主义中国化理论为指引，逐步总结形成具有中国特色的网络安全思想，从总体国家安全观的战略高度来维护、推进国家网络安全建设，以新安全格局保障新发展格局。要理解网络安全思想，就必须把握网络空间时代的技术变革和社会变革，系统梳理其产生的时代背景、思想渊源和理论体系，从网络安全技术和安全管理两个维度出发，总结斗争规律，指导斗争实践。

① 毛泽东：《中国革命战争的战略问题》，载《毛泽东选集》第 1 卷，人民出版社 1991 年版，第 173 页。

第一节　网络安全思想产生的时代背景

一、网络空间关乎人类命运

2022 年 7 月 12 日，习近平主席向世界互联网大会国际组织成立致贺信时指出："网络空间关乎人类命运。"[①] 这一论述，首次从国家总体安全乃至世界文明发展安全的高度，指出网络空间的革命性、划时代意义。当前，新一轮科技革命加速推进，信息技术成为新科技革命的核心基础，谁能驾驭网络空间的技术力量，谁就在新科技革命中拥有相对优势。网络空间与现实空间融合交汇，成为深入渗透到现实社会肌体每一个角落的"毛细血管"。而任何技术都是一把"双刃剑"，我们对网络空间的依存度越高，网络空间带来的风险性就越大。人类历史上科技革命往往引发社会变革。在网络空间带来的科技革命和社会变革交汇点，网络安全具有远超技术层面的深刻影响，维护网络安全在国家总体安全乃至人类发展进程中具有重要意义。

（一）网络空间推动科技革命

世界科技创新史上，总有一些关键性的技术，发挥着支柱、核心作用，不仅带动了科技革命的发展，而且点燃了社会革命的火种，成为马克思所言的"在历史上起推动作用的、革命的力量"[②]。印刷术、蒸汽机、电力的发明，就是这样具有划时代意义的技术创新。这些技术带动其他技术形成技术集群，应用于生产生活。率先掌握、运用这些技术的国家，能够极大地提升社会生产力，并将生产优势转化为经济、政治、军事实力优势，社会经济基础的变化，也将引起社会组织和管理制度的全面升级。

15 世纪以来世界性大国的崛起，都与科技革命紧密相关。德国人古登堡在 15 世纪中期借鉴中国的活字印刷术发明了金属活字和印刷机。[③] 印刷

---

① 《习近平向世界互联网大会国际组织成立致贺信》，《人民日报》2022 年 7 月 13 日。

② 《马克思恩格斯全集》第 19 卷，人民出版社 1972 年版，第 375 页。

③ 欧阳军喜、王宪明：《世界全史 · 世界中世纪文化教育史》，中国国际广播出版社 1996 年版，第 189—190 页。

书籍的出现让知识从贵族深宅走向平民社会，促进了思想的传播和交流，这既是一次技术革命，也是历史上第一次信息革命。这场革命不仅带来“人文和科学观念的变化，还重塑了商业形态”①，推动了欧洲的知识启蒙，让欧洲国家从此走上世界舞台。信息革命让人类技术创新进入加速度。18世纪60年代英国发明和普及了蒸汽机，人类首次从人力、畜力、自然动力走向人造机器动力，启动了第一次工业革命。数百倍于人力的机械化大生产方式，改变了几万年来的生产格局。高效的生产方式、快速积累的财富，让英国进一步巩固了霸主的地位，并加速了资产阶级和无产阶级的分化对立。恩格斯对此评价说：“蒸汽和新的工具机把工场手工业变成了现代的大工业，从而把资产阶级社会的整个基础革命化了。”② 电力的发明又很快让世界为之一新。1805年马克思看到电力机车后，就预言电力的火花将取代蒸汽大王的统治。③ 19世纪的最后30年里，电力的发明给予了社会远超蒸汽驱动的新动能，世界工业总产值增加了两倍多。美国和德国借此次变革，超越英国成为世界科技创新中心和世界性强国。④

当前的新科技革命，其本质是信息革命、科技革命、产业革命的融合。1937年第一台电子计算机阿塔纳索夫－贝瑞计算机的问世以及1969年阿帕网正式投入运行，拉开了现代信息技术的发展序幕，也开启了新一轮科技革命。计算机实现了信息的虚拟化和数字化，开启了第二次信息革命，知识和信息成为新的生产要素。网络空间的出现，则打破了数千年来困扰人类的空间障碍，将信息、物质、能量彼此联通，为未来“万物虚拟、万物互联、万物融合”奠定了基础，将数据提升为新的生产要素。网络空间成为信息技术的基础，由此衍生出大数据、物联网、人工智能、云计算等新技术群，再次刷新了人类的知识管理、社会生产、组织协作模式平台，成为新科技革命的技术支柱。在信息技术组建的新知识、生产和协作平台上，生物、新材料、新能源、太空、海洋等新科技领域实现跨越式

---

① ［美］汤姆·惠勒著，王昉译：《连接未来：从古登堡到谷歌的网络革命》，北京时代华文书局2022年版，第54页。

② 恩格斯：《反杜林论》，人民出版社1970年版，第298页。

③ 解恩泽、邵福林编著：《马克思恩格斯与科学技术》，吉林人民出版社1983年版，第34页。

④ 孙衔、刘迅等编：《简明新技术革命知识辞典》，吉林科学技术出版社1985年版，第137页。

发展，信息技术与多领域技术跨界融合并交叉分化，形成了科技革命技术群。

科技水平并不必然等同于国家能力。“国家强盛的主要动力并不是技术和财富的增长，而是技术和财富在国家政治，尤其是在其中的政治暴力部分中的有效运用。”[①] 技术进步和国家崛起的历史，让各个世界大国意识到，新技术的发明并不能成为国家崛起的原动力，只有以关键核心技术为基础，快速形成衍生新技术群并彻底改造社会领域，形成“百花齐放”的态势，才能将科技水平有效地转化为国家能力。正如英国物理学家最早发明电学和磁学，但长期没有研发出电力的应用技术，以至于美、德两国在电力革命中后来者居上。因此，世界性大国均将网络空间作为国家战略科技发展的重要方向，网络空间成为影响国家实力的重要变量。而网络空间彻底改造各个社会领域带来的思想、认知、心理的变化，也正在向制度、理念转化，网络空间技术革命带来的社会革命，也在孕育之中。

（二）网络空间融入现实社会

网络空间加速推动全球化进程，融入渗透到现实生活的各个场景，让人类更加紧密地连接在一起，为全球化赋予了“血管”和“神经”。蒸汽机在欧洲的普及用了一百多年，建立国家性的电力网络也用了将近 70 年，而互联网的全球化普及只用了不到 40 年。1969 年阿帕网刚刚投入使用时，只有四台计算机互相连接，但到了今天，网络空间如同社会的“神经网络”，将人、知识、万物连接起来，与现实社会融合发展，造就了全新形式的人类社会。

网络空间成为人类活动的重要平台。2005 年全球网民数量超过 10 亿，2022 年则增长到 53 亿，占全球人口的 66% 。[②] 中国于 1994 年作为第 77 个国家接入互联网，经过 30 年的发展已成为全球互联网用户第一大国。中国互联网络信息中心 2023 年 3 月发布的第 51 次《中国互联网络发展状况统计报告》数据显示，截至 2022 年 12 月，我国网民规模达 10.67 亿，互联

① 张文木：《世界地缘政治中的中国国家利益分析》，山东人民出版社 2020 年版，第 56 页。

② “Individuals Using the Internet”, ITU Data Hub, https://www.itu.int/en/ITU-D/Statistics/Pages/stat/default.aspx.

网普及率达 75.6%，在全球网民数量中居于首位。[①] 全球网民每天花在网络空间社交平台上的时间已经远远超过广播和电视，人们已经逐渐习惯将网络空间作为工作、社交、娱乐的主要工具和场所。

网络空间成为人类知识创造的重要平台。根据英国物理学家梅尔文·沃普森（Melvin Vopson）教授在2021 年的研究统计显示，人类通过社交媒体、电子邮件、即时通信软件等，每年产生的数据总量为 33ZB（泽字节），相当于33 万亿 GB 信息，到2025 年将达到175 ZB。[②] 生成式人工智能技术的发展，为人类管理庞大的数据提供了工具，能够协助人对海量的知识信息进行梳理提炼，让知识的生产更加高效、传播更加广泛。未来谁掌握了更庞大有质量的数据知识、更快捷的计算能力、更高效的算法模型，谁就将在网络空间时代的创新竞赛中获胜。

网络空间成为人类与万物连接的重要平台。人工智能和物联网的发展，让人类万物互联、用机器驱动机器的梦想得以实现。根据全球移动通信系统协会统计数据显示，2010—2020 年，全球物联网设备数量增长率达到20%左右。2020 年，全球物联网设备连接数量高达126 亿个。而根据中国互联网络信息中心数据，2022 年我国移动物联网连接数达到 18.45 亿户。物联网的快速发展，让网络空间与物理空间相融合。未来随着“泛在连接”的实现，网络空间将真正融合人的物理、社会、思维三大领域，从而成为人类现实存在的基础平台。

（三）网络空间催生社会变革

科技创新是引发社会变革的重要力量。正如马克思所言，“机器的发展则是使生产方式和生产关系革命化的因素之一”,[③] 印刷术推动了欧洲思想启蒙和资产阶级思想解放。蒸汽机的普及进一步激化了资产阶级和无产阶级之间的矛盾，共产主义应时而生。电力的广泛应用，推动全球资本和信息的快速流动，自由资本主义演进为垄断资本主义，资本主义自我调和

---

① 《中国互联网络发展状况统计报告》，中国互联网络信息中心，2023 年 3 月 3 日，https：//www. cnnic. net. cn/n4/2023/0303/c88 - 10757. html。

② Melvin Vopson，“The Worlds Data Explained - How Much Were Producing and Where Its All Stored”，30 April 2021，https：//www. port. ac. uk/news - events - and - blogs/blogs/the - worlds - data - explained - how - much - were - producing - and - where - its - all - stored.

③ 《马克思恩格斯全集》第 47 卷，人民出版社 1972 年版，第 411 页。

以及社会主义实践同步推进。历史上具有划时代意义的科技创新，通过对生产力和生产关系产生重大影响，进而带动社会思想和社会形态的变化。一个国家只有做好了物质、制度和思想的全方位准备，才能实现崛起的目标。

网络空间是具有革命性意义的技术创新，对于社会变革的催化作用凸显。网络空间打破物理空间的束缚，将人、知识和机器紧密连接起来，让全世界的人口、社群、国家组成“地球村”，使得不同政治体制、意识形态、生活模式前所未有地频繁彼此碰撞、互相作用，在砥砺中催生新的社会理念。这种变革作用起源于对生产力的推动。在网络平台的支持下，社会生产分工、协作、管理、流通效率不断提升，生产的数字化、智能化、平台化极大地推动了生产力的提升。《世界互联网发展报告 2022》和《中国互联网发展报告 2022》数据显示，2021 年全球 47 个国家的数字经济增加值规模达到 38.1 万亿美元，占 GDP 的比重达到 45.0%，中国数字经济规模达到 45.5 万亿元，占 GDP 比重达 39.8%，[1] 网络空间成为重要的生产力工具。

网络空间对生产力的变革效应将引发社会意识的连锁反应。习近平总书记指出，关于资本主义必然消亡、社会主义必然胜利的历史唯物主义观点也没有过时。这是社会历史发展不可逆转的总趋势。[2] 当前和未来一段时期，全球的社会意识变革主流，仍然围绕资本主义和社会主义的斗争展开。任何技术都具有“双刃剑”的效果，网络空间对于资本主义和社会主义力量对比的影响也呈正反两个方面。一方面，网络空间将加剧双方的斗争。因为网络空间带来的“数字鸿沟”将成为人类历史上最深的“平等壕沟”，人工智能将有可能替代大量人工工作，社会分工也将剧烈调整。随着数字化能力的分野，世界将进一步加剧分化，生产的社会化和资本主义私有制之间的矛盾将更加激烈，初级阶段的社会主义与生产力更发达的资本主义之间的斗争仍将有可能激化。例如，长期以来以美国为首的西方霸权主义国家凭借在网络空间的技术优势，试图将网络空间作为意识形态

---

① 《世界互联网大会蓝皮书：2021 年中国数字经济规模达 45.5 万亿元》，新华网，2022 年 11 月 10 日，http://www.news.cn/2022－11/10/c_1129116001.htm。

② 习近平：《关于坚持和发展中国特色社会主义的几个问题》，求是网，2019 年 3 月 31 日，http://www.qstheory.cn/dukan/qs/2019－03/31/c_1124302776.htm。

渗透、颠覆他国政权的重要手段，不断向全球传递资本主义的意识形态、价值观和政治模式。在此背景下，资本主义和社会主义之间的意识形态斗争趋势将更加明显。另一方面，网络空间将助力社会主义力量的增长，为人类社会新的发展模式提供技术基础。过去两百多年中，资本主义国家因为率先掌握了革命性科技力量，创造了历史上前所未有的繁荣，西方资本主义发达国家在经济、科技、军事实力方面长期占据优势，成为资本主义模式的先进性"证明"。在中国共产党的领导下，我们国家立足基本国情，抢抓网络空间科技革命机遇，探索出一条中国特色治网之道，取得了举世瞩目的发展成就，向世界证明了社会主义模式是创新、协调、绿色、开放、共享的文明新模式，不仅提升了中国特色社会主义模式对于世界其他国家或地区的吸引力和影响力，同时更加坚定了社会主义阵营中对于社会主义共同理想和共产主义远大理想的信念。

二、网络安全牵一发而动全身

习近平总书记在网络安全和信息化工作座谈会上的讲话中指出："在信息时代，网络安全对国家安全牵一发而动全身，同许多其他方面的安全都有着密切关系。"[①] 全面贯彻落实总体国家安全观，就要把握新时期国家安全的开放性和体系性，国家安全的内涵在不断丰富拓展，各安全领域要素构成统一整体，维护国家安全既包括了各领域的主权不受外来力量的侵犯，还包括各领域的发展权利不受外部干扰。网络空间与主权安全和发展安全紧密关联。网络空间作为人类社会的"神经系统"，形成虚拟的生产生活新空间，推动资本全球化走向信息全球化，让世界成为一个联系更加紧密的整体。网络空间不仅产生了新领域的主权安全问题，同时让社会各领域安全问题交织连通，产生放大和共振效应。网络空间作为关系国家发展潜力的战略高地，不仅是世界各国竞争与合作的重点领域，也成为世界霸权力量意图阻碍其他国家发展的关键领域，维护网络安全与维护国家发展主权息息相关。

（一）没有网络安全，就没有国家安全

人类对网络空间的依赖性越强，网络空间引发的风险就越大。网络空

---

① 《习近平在网信工作座谈会上的讲话全文发表》，新华网，2016 年 4 月 25 日，http：//www. xinhuanet. com/politics/2016 －04/25/c_1118731175. htm。

间对于人类来说，既有正面释放的巨大“生产力”，又具有前所未有的“破坏力”。如今，世界对于网络空间的依赖性与日俱增。网络空间与现实社会、“线下”与“线上”已经融为一体，不可分割。在可以预见的未来，“网络空间”这个名词，就如同印刷物、机器和电力一样，会习以为常地深深嵌入社会每一个角落，其作为科技的“双刃剑”效应则越发凸显。

“数字鸿沟”将形成人类历史上最严重的社会分化。人与人、国家与国家之间，将因为“数字能力”的高低，体现出巨大的发展差异。而人工智能等技术的兴起，进一步加速了差距的形成。从人群发展趋势来看，地域、年龄成为形成数字鸿沟的重要因素。第 51 次《中国互联网络发展状况统计报告》数据显示，我国农村网民规模达 3.08 亿，占网民整体的 28.9%，城镇网民规模达 7.59 亿，占网民整体的 71.1%，城乡之间的网络接入能力差距明显。非网民群体中，60 岁及以上老年群体占非网民总体的比例为 37.4%，通过社会整体努力，60 岁以上老年群体对网络支付的使用率达 70.7%，与整体网民的差距同比缩小 2.2 个百分点。同样的状况在世界各国均较为普遍。报道显示，2020 年德国 65 岁以上老人上网人数为 49%，约有 3100 万美国人无法使用高速互联网服务，其中很大一部分是老年人。[①] 从国际发展差异来看，国家之间由于信息基础设施的差距，数字鸿沟也在不断扩大。国际电信联盟发布的《衡量数字化发展：2022 年事实和数字》报告显示，当前全球约有 53 亿人可以上网，但仍有 27 亿人不能上网。欧洲和北美国家使用互联网的人口已占据 80% 至 90%，而非洲国家仅为 40%。部分发展中国家特别是最不发达国家数字基础设施建设滞后。2021 年，最不发达国家移动 4G 网络的覆盖率仅为 53%，3G 网络覆盖率为 30%。[②] 除了网络接入能力、使用能力的差距，人工智能等技术的发展还进一步导致国家和人民的数字素养差距。蒸汽机和电力使国家工业基础成为一个复杂体系，如果没有庞大的基础设施投入、高素质的产业工人和强大的研发体系，就无法成为工业体系强国。而网络空间及人工智能、大数据等新兴技术，再一次提高了国家技术竞争的门槛。算力、算法和数据是关系人工智能发展的支柱技术。算力及相关基础设施成为数字时代的关键

---

① 《老人成“数字难民”，美德日等国是怎么应对的?》，环球网，2020 年 10 月 15 日，https://world.huanqiu.com/article/40HuItrs6uI。

② 《加强合作，缩小全球数字鸿沟（国际视点）》，《人民日报》2023 年 1 月 4 日。

生产力要素，全球各国在算力领域的竞争趋于白热化。《中国算力发展指数白皮书（2022 年）》显示，美国、中国、欧洲、日本分别占全球算力规模的 34%、33%、14% 和 5%，各国在算力领域的投入相继加大，算力每投入 1 元，将带动 3—4 元的经济产出。[①] 网络空间时代的数字基础设施的建设、维护、迭代成本极高，我国数据中心年耗电量就接近 2000 亿千瓦时，占全社会用电量的比重近 3%。[②] 技术变化导致的社会财富变化，以及单边主义和霸权主义的横行，将进一步加剧国际产业分工体系、全球治理体系的不平等现象，成为极端思想的温床，引发灾难性后果。

网络空间的技术和治理缺陷让网络安全对于国家安全“牵一发而动全身”。网络空间的基础——互联网在技术和管理上具有天然的缺陷。互联网在诞生之初，倡导共创、创新、自由和开放的文化，逐步形成了匿名性、开放性、去中心性的技术架构逻辑。这些特征在推动网络空间发展的同时，伴随而来的是网络攻击成本低、攻击手段多样且难以溯源、病毒和漏洞相伴而生、攻击技术更新快于监管和防御技术发展等现实问题。整个网络空间在现行技术基础上具有极大的脆弱性。而以美国为代表的霸权主义国家，借助在网络空间领域的技术先发优势，在“政治权力延伸、经济剥削、文化渗透中发挥着重要的工具性作用”。[③] 2013 年“棱镜门”事件让国际社会得到警示：全球网络空间治理体系亟待改革，否则将成为霸权国家打着“信息自由主义”“无政府网络技术主义”旗号，侵犯他国网络主权，实行网络单边主义和霸权主义的场所。而网络空间技术和治理体系的双重缺陷，使得网络安全对国家安全具有关键性作用。当前世界政治、经济、文化、军事、社会等领域的管理、运转、交流都建立在网络空间基础上，网络空间在生态保护、资源管理、核能开发管理、海外利益保护以及太空、深海、极地、生物等新领域中也都成为重要工具。网络空间既推动了发展，也成了风险来源，网络安全在总体国家安全观框架下的各领域安全中居于基础地位。

---

① 《中国算力发展指数白皮书（2022 年）》，中国信息通信研究院，2022 年 11 月，http://www.caict.ac.cn/kxyj/qwfb/bps/202211/P020221105727522653499.pdf。

② 李平、邓洲、张艳芳：《新科技革命和产业变革下全球算力竞争格局及中国对策》，《经济纵横》2021 年第 4 期。

③ 陈睿：《美国在网络空间中的霸权主义透视》，《湘潭大学学报》（哲学社会科学版）2019 年第 4 期。

（二）网络安全关系国家发展核心利益

维护国家发展核心利益是国家安全的重要目标。习近平总书记在网络安全和信息化工作座谈会上的讲话中指出："安全是发展的前提，发展是安全的保障。"[①] 传统上以保卫国家生存权利为基础的国家安全观，正在扩展演变为以保卫国家发展权利为重点的新型国家安全观。随着市场经济和资本全球化的发展，国家的生存威胁相对减弱，国家发展利益在核心利益中的重要性更加突出。历史经验表明，国家发展"不进则退"。曾位列世界性强国的葡萄牙、西班牙、荷兰，由于无法维持可持续国力增长，都退出了大国舞台。英国、德国、美国、日本、俄罗斯等国家，由于在近代以来，抓住了科技革命的机遇，形成了以科技为支撑的现代工业体系，保证了可持续发展的增长能力，因此尽管国力此消彼长，但总体上维持了大国地位。对于中国而言，"发展利益之所在，便是今日中国国家核心利益之所在，对国家核心利益的威胁便是对国家安全的主要威胁"[②]。坚定维护中国国家发展能力，是今天维护国家安全的重要目标。

科技竞争成为国家安全斗争的重要领域。今天具有世界性地位的大国均意识到，必须维持在科技创新中的引领地位，才能在生产力竞争中保持优势地位。国家之间的竞争，从传统土地、人口、资源的竞争，转变为科技发展能力、产业链布局能力的竞争。而以美国为代表的霸权主义国家，自冷战开始，即奉行全球科技霸权主义，利用自身科技优势，不断对相关国家进行垄断打压、技术封锁，遏阻其他国家科技和经济发展。第二次世界大战结束后，美国感受到苏联政府在技术领域的挑战，先后通过出台《出口管制法》（Export Control Act，ECA）和《出口管理法》（Export Administration Act，EAA）等，联合西方发达工业国设立"巴黎统筹委员会"，"限制向苏联等社会主义国家出口战略性设备、原料与尖端技术"。[③] 20 世纪 80 年代，日本半导体产业快速发展威胁到美国市场地位，美国迅速逼迫日本签订《美日半导体协定》，采取启动"301 调查"、直接索赔、

---

① 《习近平在网信工作座谈会上的讲话全文发表》，新华网，2016 年 4 月 25 日，http：//www. xinhuanet. com/politics/2016 - 04/25/c_1118731175. htm。

② 张文木：《科索沃战争与中国新世纪安全战略》，山东人民出版社 2020 年版，第 110 页。

③ 丑则静：《美国搞科技霸凌将反噬其身》，《光明日报》2023 年 4 月 3 日。

加征100%报复性关税等手段，导致日本半导体企业退出全球竞争，美国半导体企业趁机抢占市场。1996年美国出口的半导体占日本市场份额21%，占世界半导体市场46%，英特尔公司在半导体领域的投资比日本电气公司和东芝公司的总额还高。[①] 美国从此奠定了在全球半导体领域的绝对优势地位，而日本则由于美国在科技、金融、贸易等领域的多重打压，终结了经济高速增长势头。

网络安全关系中国发展核心利益。中国是网络大国，也是最大的发展中国家。中国自1994年接入全球互联网以来，顺应网络空间发展大势，坚持以人民为中心的发展思想，不断推动网络空间基础设施建设和应用的发展，为高质量发展提供了数字化新动能。而美国继续将网络空间作为维持其政治军事、经济金融、科技文化霸权的工具，打着“网络安全”“网络民主”的旗号，侵犯他国科技发展主权，对包括其盟国在内的国家进行网络监听，造谣诋毁中国制造的信息设备安全性，出台《芯片与科学法》等出口管制新规，限制中国制造、获取先进半导体芯片和提升算力等能力，打压华人科学家。[②] 上述手段的最终目的，是假借“网络安全”名义，通过不正当手段，打压遏制中国在网络空间技术领域的发展能力，意图维持其在全球产业链布局和科技创新领域的霸权。习近平总书记高度重视互联网核心技术的自主创新能力，他在中共中央政治局第三十四次集体学习时指出，要“打好关键核心技术攻坚战，尽快实现高水平自立自强，把发展数字经济自主权牢牢掌握在自己手中”[③]。

三、反对网络霸权，建设数字文明

全球治理体系和国际秩序变革正在呼唤对于霸权的制约力量，而中国国家安全观则应当对此有所贡献和呼应。习近平总书记指出，总体国家安全观“既重视自身安全又重视共同安全，打造命运共同体”，“对外求和

---

① ［德］赛康德著，张履棠译：《争夺世界经济技术霸权之战》，中国铁道出版社1998年版，第198页。

② 张新平：《美国科技霸权损害人权阻碍发展》，《人民日报》2023年4月7日。

③ 《习近平在中共中央政治局第三十四次集体学习时强调 把握数字经济发展趋势和规律 推动我国数字经济健康发展》，新华网，2021年10月19日，http：//www.news.cn/politics/leaders/2021－10/19/c_1127973979.htm。

平、求合作、求共赢、建设和谐世界”。[①] 霸权主义、单边主义成为全球治理困局的主要因素，同样，网络安全的最大威胁也来自网络霸权。维护网络安全的目标，包括团结一切可以团结的力量，共同反对网络霸权国家，构建更加公平合理的网络空间国际新秩序。习近平总书记深刻总结网络空间时代发展变化的新趋势，着眼于网络空间国际治理体系变革，先后提出“构建网络空间命运共同体”倡议[②]和“让数字文明造福各国人民，推动构建人类命运共同体”[③]的号召，不仅为全球网络空间安全治理提供了新方案，更前瞻性地为人类文明形态发展指明了新方向。马克思曾指出：“各种经济时代的区别，不在于生产什么，而在于怎样生产，用什么劳动资料生产。”[④] 当人类经历了农业文明、工业文明之后，网络空间的快速发展，催生了新的数字生产和生存方式，人类发展将进入以大数据、云计算、人工智能、物联网、区块链等新一代网络空间技术为支撑的文明新阶段。中国人民在中国共产党的带领下，以网络空间技术推动中国式现代化高质量发展，率先探索创造以数字文明为代表的人类文明新形态，将网络空间技术与中华优秀传统文化、社会主义先进文化相融合，探索一条公平合理、开放包容、安全稳定、创新活力的全球数字发展道路。以中国网络空间实践为代表的数字文明发展新模式，将为全球治理包括网络空间治理带来新的思路。

（一）网络空间的最大威胁来自网络霸权

网络霸权的实质，是具有网络空间技术优势地位的发达国家对于网络空间发展中国家安全和发展能力的垄断封锁。在网络空间成为生产、生活基本平台的条件下，掌握并运用网络空间技术用于国家安全和发展，是一国天然具有、不容侵害的权利，成为国家主权的自然组成。而以美国为首的个别西方国家，将自身在网络空间中具有的技术优势转化为规则优势，将网络空间霸权工具化，主要体现在：利用技术优势开展网络监听监视，“棱镜门”事件揭示了美国政府通过在国际 IP 地址分配、互联网域名管

---

① 《习近平谈治国理政》，外文出版社 2014 年版，第 210 页。

② 《习近平在第二届世界互联网大会开幕式上的讲话（全文）》，新华网，2015 年 12 月 16 日，http：//www. xinhuanet. com//politics/2015 – 12/16/c_1117481089. htm。

③ 《习近平向 2021 年世界互联网大会乌镇峰会致贺信》，《人民日报》2021 年 9 月 27 日。

④ 马克思：《资本论》第 1 卷，人民出版社 2004 年版，第 210 页。

理、网络软硬件产业链垄断等领域优势，对美国和外国公民、其他国家领导人网络数据进行长期跟踪监视；推动网络空间武器化，美军将形成网络空间威慑作为其威慑战略重要组成，大力推动网络空间军备建设，组建全球规模最大的网络部队，对他国关键数字基础设施进行网络攻击，开发的“震网”等病毒网络武器对伊朗核工业设施造成重创，无人武器装备在俄乌冲突中广泛用于攻击俄罗斯重要军民设备；打压遏制其他国家网络空间自主创新，打压日本半导体产业发展，对俄罗斯等国家开展网络设备禁运和制裁，通过组建“清洁网络计划”“未来互联网联盟”等规则联盟，试图在网络电信设备、移动通信、数字平台和云存储等网络空间技术领域“去中国化”①；建立网络意识形态霸权，干扰他国内政，通过主导的网络社交平台，以“网络自由”为旗号，推广西方政治体制模式，组织培训网络意见领袖，通过网络水军、人工智能工具等手段，引导他国舆论，挑唆民怨，鼓动民众开展“颜色革命”等活动，达到扰乱政局、颠覆政权的目的。美国通过上述手段，大搞网络霸权，严重破坏网络空间良好秩序，践踏他国网络主权，成为网络安全最大的威胁来源。

中国发出构建网络空间命运共同体的倡议，坚定反对网络霸权，呼吁构建新型网络空间秩序，为全球网络安全提供根本解决方案。中国是当今世界经济规模最大的发展中国家，而网络空间则是国家发展权益所系的重要领域。中国坚持创新驱动的理念，在借助网络空间推动高质量发展方面取得了重要进展，为全球发展中国家借助网络空间实现数字化、绿色化、工业化发展同步推进形成了经验模式，进而针对维护发展中国家的网络主权和网络空间发展权益，提出推动构建多边、民主、透明的国际互联网治理体系，努力实现网络空间创新发展、安全有序、平等尊重、开放共享的目标。构建网络空间命运共同体的倡议，是对网络霸权主义的有力回应，也是中国总体国家安全观理念在网络空间外部安全领域的自然延伸，该倡议坚持平等协商、求同存异，重视保护发展中国家在网络空间领域的主权和利益诉求，旨在推动消除数字鸿沟，在全球范围内共享数字红利，实现人类社会的共同发展和繁荣。

---

① 董彪：《反对网络霸权 构建网络空间命运共同体》，《光明日报》2022 年 1 月 28 日。

（二）网络安全思想支撑数字文明发展模式

网络空间赋能中国式现代化进程。随着我国网络安全和信息化事业取得重大成就，网络强国建设逐步推进，网络空间在助推经济、政治、科技、文化、社会等各领域发展方面得到长足发展，成为中国式现代化进程的重要推动力。根据国家互联网信息办公室数据统计，中国网络基础设施建设逐步领先，网民规模、域名注册量均为全球第一，互联网发展水平居全球第二，建成全球规模最大的5G网络和光纤宽带，数字经济规模连续多年稳居世界第二，占GDP比重由21.6%提升到39.8%，电商交易额、移动支付交易规模全球第一。[①] 2022年6月，国务院正式印发《国务院关于加强数字政府建设的指导意见》，进一步推动了大数据、人工智能、云计算、虚拟现实、区块链等网络空间技术在公共服务、经济社会发展中的广泛、深度融合。网络空间发展为中国带来的数字基础设施、数字产业红利逐渐释放，与当代中国共产党人提出的“中国特色社会主义”“高质量发展”“共同富裕”等中国式现代化本质要求相结合，技术对于社会主义实践的赋能作用日益凸显，国家治理体系和治理能力不断提升。第二次世界大战之后作为资本主义代表的美国治理模式，由于其暴露出的霸权至上、贫富分化、极端民粹等固有缺陷，正在日益走向衰落。在网络空间赋能下的中国式现代化模式，作为社会主义发展新模式，其强大的生命力和创新力正在显现出巨大的进步意义。

中国特色数字文明将深刻改变全球治理模式。全球治理模式其本质是在人类资源有限的条件下，对于国家生存和发展权利的分配机制。代表当代先进生产力的国家，才能在全球治理模式中发挥引领作用。有学者将近代以来全球治理发展总结为英国模式和美国模式。[②] 分别抓住前两次科技革命机遇的英国和美国曾经代表了世界先进生产力，因而其能够主导全球资源的分配方式。然而，资本主义天生难以克服的贪婪导致了两种模式的衰败。今天科技在不断发展，但是全球反而陷入发展困局，根据世界银行发布的报告称，在新冠疫情后，全球经济“几乎所有推动进步和繁荣的趋

---

① 《中国这十年丨新时代网络强国建设取得历史性成就》，央视网，2022年8月19日，https://news.cctv.com/2022/08/19/ARTINzK1Xv7e4kBWUFelzifr220819.shtml。

② 张文木：《科索沃战争与中国新世纪安全战略》，山东人民出版社2020年版，第123页。

势都在衰减”，10 年的年均经济增长率将降至低水平。[①] 如果按照旧的文明发展模式，网络空间为人类带来的发展差异反而将导致更加严重的分化和斗争。而网络空间支撑下的、蕴含中国传统文化和社会主义特征为一体的中国特色数字文明，其诞生恰逢其时，超越了西方资本主义英国和美国模式的固有缺陷，为全球治理模式的再次转型提供了新的选择。全球治理模式的改造过程并不是和平的“轮流坐庄”，而是一场关于生产力进步性的艰苦斗争。网络安全思想作为中国总体国家安全观的重要组成，首先要维护中国在网络空间领域的主权和发展权，同时还要助推中国成为世界网络空间和平和发展秩序的保障力量。具备了上述前提，在网络安全思想支撑下的中国特色数字文明，将会为世界发展带来光明的前景。

第二节　从维护信息安全到建设网络强国

自 1994 年正式接入国际互联网，中国的网络空间和网络安全建设经过了 30 年的发展，从无到有、从弱至强，经历了快速发展的过程。从早期提出加强信息安全建设，到习近平总书记关于网络强国的重要思想体系形成，中国共产党始终站在时代发展的前沿潮流，在这场信息革命、网络空间革命的历史进程中，坚持科学技术“是最高意义上的革命力量”[②]，从国家治理和服务民生的角度重视和利用网络空间，将网络安全作为国家安全的重要组成部分，不断围绕网络空间的创新、治理、运行、发展，积极探索中国特色治网之道。

一、中国共产党维护信息安全的理论与实践

党的十八大以来，以习近平同志为核心的党中央成立了中央网络安全和信息化领导小组（后改为中央网络安全和信息化委员会办公室），明确提出建设网络强国的战略目标，形成习近平总书记关于网络强国的重要思想，作为习近平新时代中国特色社会主义思想的重要组成部分，系统总结

---

① 《面临“失去的十年”，世界经济出路何在?》，《人民日报》（海外版）2023 年 4 月 8 日。

② 《马克思恩格斯全集》第 19 卷，人民出版社 1972 年版，第 372 页。

了中国共产党如何发展、治理网络空间的深入实践和理论探索。这一思想是几代中国共产党人，按照马克思主义辩证唯物主义认识论，从实践到理论再到实践的认识飞跃过程，是集体智慧的结晶。中国共产党在革命、改革、建设的不同阶段，始终高度关注科技革命、信息化、网络化对于国家、政治、经济、民生安全的影响，并随着网络空间技术发展形势的变化，不断调整充实关于信息和网络安全的理论和实践，使之适应我国发展形势，为中华民族抓住信息化赋予的时代机遇不断崛起而努力。

（一）维护信息安全初期

坚定推动信息化发展。马克思、恩格斯、列宁等马克思主义经典作家始终高度重视科学技术的变革性作用，马克思将科技视为先进生产力，强调科技是推动社会生产力发展的有力杠杆。新中国成立初期，毛泽东、周恩来等中央领导同志就深刻洞察科技革命的力量，加快推进电子计算机等信息化技术发展。1956 年 3 月 14 日，国务院成立科学规划委员会；12 月 22 日，中共中央同意国务院科学规划委员会党组《关于征求〈一九五六—— 一九六七年科学技术发展远景规划纲要（修正草案）〉意见的报告》。规划委员会所属的计算和技术规划组由著名数学家华罗庚担任组长并组织专家组，推动计算技术和数学规划。[①] 1978 年 7 月，邓小平听取关于军工生产情况的汇报时指出："电子计算机要普遍应用，电子计算机广泛运用起来，对国民经济有好处。"[②] 1984 年邓小平为《经济参考报》题词，"开发信息资源，服务四化建设"，将信息资源的开发利用，提高到事关四化建设的战略高度。1984 年 2 月，邓小平在参观上海十年科技成果展时提出著名论断，"计算机的普及要从娃娃抓起"，[③] 从人才布局战略层面推动信息化教育事业，为我国信息化事业创造了深厚的人才和群众基础。

着重强调信息安全问题。早在革命战争时期，在恶劣的生存环境和严峻的斗争形势下，中国共产党就重点强调信息保密工作。1926 年 1 月，中共中央组织部印发通告《加强党的秘密工作》，这是我党成立以来专门下

---

① 胡守仁编著：《计算机技术发展史》（一），国防科技大学出版社 2004 年版，第 364 页。

② 冷溶、汪作玲主编：《邓小平年谱 1975—1997》（上），中央文献出版社 2004 年版，第 337 页。

③ 中共上海市委党史研究室：《邓小平在上海》，上海人民出版社 2014 年版，第 315 页。

发的首份保密工作方面的文件。1951 年，政务院为解决保密工作范围过宽、标准不统一等问题，颁布了《保守国家机密暂行条例》，规定保密范围制定的主体等。随着信息化的发展，1986 年，科技部将信息安全纳入"国家高技术研究发展计划"中，成立了国家信息安全发展战略研究专家组，认真研究信息安全面临的形势任务和对策办法，将传统信息保密提升为信息安全。

（二）互联网发展与管理时期

敏锐意识到互联网引发的技术安全和管理安全问题。1994 年 4 月，由中国科学院主持，联合北京大学、清华大学共同完成中国国家计算与网络设施（National Computing and Networking Facility of China，NCFC）工程，实现了与互联网的全功能连接，标志着我国正式加入互联网。[①] 信息技术的迅猛发展对国家信息安全带来的新挑战，引起了党中央的高度重视。江泽民指出："既要积极推进信息网络基础设施方面的发展，又要大力加强信息网络管理方面的建设，推动信息网络化迅速而又健康地向前发展。"[②] 中国大力推动与互联网的互联工程，建立了信息安全技术工程中心，启动了以"金桥""金关""金卡""金税"为代表的经济金融领域的重大信息安全工程。同时由于网络信息技术率先影响社会信息传播，文化和意识形态安全也被纳入信息安全的范畴。2007 年 1 月，胡锦涛在中共中央政治局集体学习时指出，"坚持依法管理、科学管理、有效管理"，"切实维护国家文化信息安全"[③]。2007 年 12 月 29 日，国家广播电影电视总局、信息产业部联合发布《互联网视听节目服务管理规定》。2009 年 1 月 5 日，国务院新闻办公室、工业和信息化部等七部委部署在全国开展整治互联网低俗之风专项行动。2010 年 6 月，文化部公布《网络游戏管理暂行办法》，是我国第一部针对网络游戏进行管理的部门规章。上述举措，为加强文化信息安全奠定坚实基础。

将维护信息安全上升到国家战略层面。互联网的快速发展，为信息安全带来了全新的挑战。我国从法律法规层面不断加强对信息安全的管理，1994 年颁布《中华人民共和国计算机信息系统安全保护条例》；1996 年发

---

① 张继成：《计算机网络技术》，中国铁道出版社 2019 年版，第 6 页。

② 《江泽民文选》第 3 卷，人民出版社 2006 年版，第 300 页。

③ 《胡锦涛文选》第 2 卷，人民出版社 2016 年版，第 562 页。

布《中华人民共和国计算机信息网络国际联网管理暂行规定》，这是首部专门的信息安全行政法规；2000 年颁布《全国人民代表大会常务委员会关于维护互联网安全的决定》，标志着我国信息安全法规体系日益完善，促进了信息安全管理的规范化水平不断提高；2003 年 9 月，《国家信息化领导小组关于加强信息安全保障工作的意见》发布，将信息安全提到了战略高度；2004 年 9 月，党的十六届四中全会通过《中共中央关于加强党的执政能力建设的决定》，明确指出，坚决维护国家安全，确保国家的政治安全、经济安全、文化安全、信息安全和国防安全，[①] 这是中国共产党首次将信息安全纳入国家安全体系；2011 年 5 月，国家互联网信息办公室正式设立，目的就是进一步加强互联网建设、发展和管理。

二、习近平总书记关于网络强国的重要思想

党的十八大以来，以习近平同志为核心的党中央深刻洞察信息革命必然引发人类文明变革、网络安全和信息化关系国际国内全局的趋势。党中央高度重视信息安全和网络安全，提出建设网络强国的战略目标，从哲学层面、战略层面系统回答了信息革命时代为什么要建设网络强国、怎样建设网络强国，以及建设网络强国与发展新时代中国特色社会主义、构建人类命运共同体等国家战略之间的深刻关系等重大理论和实践问题。习近平总书记关于网络强国的重要思想体系的形成，是对中国共产党长期以来探索形成中国特色治网之道的深刻总结。其中蕴含依法治网、维护网络安全等重要思想内涵，明确提出要树立正确的网络安全观，并形成了一系列关系国家安全和网络安全的新思想、新论断。这些思想和论断与国家总体安全思想相互支持，为以网络安全保障新时代中国特色社会主义的发展指明了方向。

（一）提出建设网络强国战略目标

党的十八大以来，习近平总书记从国家发展战略高度和网络空间技术发展大趋势出发，科学分析我国在网络空间时代所处的历史方位，将网络安全和信息化作为一个整体进行统筹战略谋划，提出了努力把我国建设成为网络强国的战略目标，并上升为国家战略。2014 年，习近平总书记就指

① 中共中央文献研究室编：《十六大以来重要文献选编》（中），中央文献出版社 2006 年版，第 290 页。

出，网络安全和信息化是事关国家安全和国家发展、事关广大人民群众工作生活的重大战略问题，要从国际国内大势出发，总体布局，统筹各方，创新发展，努力把我国建设成为网络强国。[①] 习近平总书记同时指出，网络安全和信息化对一个国家很多领域都是牵一发而动全身的，要认清我们面临的形势和任务，充分认识做好工作的重要性和紧迫性，因势而谋，应势而动，顺势而为。网络安全和信息化是“一体之两翼，驱动之双轮”，必须统一谋划、统一部署、统一推进、统一实施。[②] 习近平总书记关于网络强国的建设目标，统筹兼顾了“一体两翼、双轮驱动”的要求，从理论上、实践上明确了网络安全与信息化的辩证关系，为网络安全与信息化协同发展指明了方向。为了切实解决过去网络空间治理体系存在的职能交叉、多头管理、权责不一等问题，习近平总书记亲自担任中央网络安全和信息化领导小组组长，加强了网络安全与信息化的集中统一领导，提出建设网络强国的战略部署，制定出台了一系列工作规范，形成了强大的整体合力，使我国网络安全工作进入了新的发展阶段。

（二）坚定维护网络空间主权

人类的活动空间从实体空间拓展到了网络空间，国家利益也向网络空间延伸拓展，国家利益所在也就是国家安全之所在。中国在发展网络空间的过程中和其他国家一样不可避免地面临着网络霸权国家的干扰，全球网络空间发展、治理、安全秩序受到严重威胁。面对严峻形势，中国旗帜鲜明地提出坚决反对网络霸权，尊重网络主权，反对少数网络霸权国家通过网络干涉他国内政，倡导构建平等有序的网络国际治理秩序。习近平总书记在第二届世界互联网大会开幕式上的讲话中指出，要“推动互联网全球治理体系变革，共同构建和平、安全、开放、合作的网络空间，建立多边、民主、透明的全球互联网治理体系”，首要原则是尊重网络主权，“我们应该尊重各国自主选择网络发展道路、网络管理模式、互联网公共政策和平等参与国际网络空间治理的权利，不搞网络霸权，不干涉他国内政，不从事、纵容或支持危害他国国家安全的网络活动”。[③] 中国先后制定出台了《中华人民共和国国家安全法》和《中华人民共和国网络安全法》，突出强

---

① 《习近平谈治国理政》第一卷，外文出版社 2018 年版，第 197 页。

② 《习近平谈治国理政》第一卷，外文出版社 2018 年版，第 197 页。

③ 《习近平谈治国理政》第二卷，外文出版社 2017 年版，第 312 页。

调维护网络主权，将《联合国宪章》确立的主权平等原则延伸到网络虚拟空间，同时坚定反对以绝对“网络自由”为旗号行网络霸权之实。近年来，网络主权的观点得到国际社会支持和认可。联合国信息社会世界峰会在《日内瓦－原则宣言》中提出“互联网公共政策的决策权是各国的主权”。2019 年召开的第六届世界互联网大会发布了《网络主权：理论与实践》成果文件，得到国内外 100 多位互联网治理领域的知名专家和学者，政府部门、私营企业、非政府组织、智库和大学代表的认可。2019 年 11 月，俄罗斯颁布实施《俄罗斯联邦通信法及俄罗斯联邦关于信息、信息技术和信息保护法修正案》，该修正案旨在保护俄罗斯互联网在遭受外部攻击时实现可持续运营，因此又被称为“主权互联网法案”。坚定维护网络主权的主张，成为网络安全思想的重要创新成果，得到国际社会的广泛拥护，已经成为网络空间全球治理的主流价值观。

（三）网络安全为人民，网络安全靠人民

网络空间诞生在西方发达国家，网络霸权国家取得技术发展先机，西方学者认为网络空间将成为资本主义战胜社会主义的工具和武器。西方政要声称“有了互联网，对付中国就有了办法”，“社会主义国家投入西方怀抱，将从互联网开始”。[①] 网络空间引发的意识形态安全、技术安全、治理安全等问题一度较为严峻。而网络空间作为虚拟空间的本质，仍然是人的活动和创造。中国共产党始终坚持人民是历史的创造者，是决定党和国家前途命运的根本力量。习近平总书记多次强调，“网信事业发展必须贯彻以人民为中心的发展思想”，“网络安全为人民，网络安全靠人民”等一系列新思想新观点新论断，始终将不断增进人民福祉作为建设网络强国的出发点和落脚点，让亿万人民在共享互联网发展成果上有更多的获得感、幸福感、安全感，指引我国网信事业取得历史性成就。中国建立了以《中华人民共和国网络安全法》为核心的网络安全法律法规和政策标准体系，整治网络生态，保护个人信息安全，构建清朗网上家园，从保障和改善民生、提升公共服务水平、推动经济社会发展方面加强网络空间技术运用，使网络治理在人民群众中落地生根，让网络空间支撑社会主义优越性的体现，构筑起国家网络安全的坚固长城。

---

① 中共中央党史和文献研究院编：《习近平关于网络强国论述摘编》，中央文献出版社 2021 年版，第 51 页。

（四）树立正确的网络安全观

当前世界正经历百年未有之大变局，全球网络化、世界多极化、经济全球化不断发展，人类安全、发展、文明面临前所未有的挑战，国际安全面临的不稳定性和不确定性更加突出，对我国的影响日趋激烈。网络空间使国内安全和国外安全问题交织，技术安全向政治、经济、文化、社会、生态、军事等领域传递渗透。关键信息基础设施安全、数据安全、人工智能等新技术安全、网络空间技术军事化等安全威胁日益加剧。面对上述严峻形势，习近平总书记深刻指出，要树立正确的网络安全观，需要重点把握几个特点：一是网络安全是整体的而不是割裂的；二是网络安全是动态的而不是静态的；三是网络安全是开放的而不是封闭的；四是网络安全是相对的而不是绝对的；五是网络安全是共同的而不是孤立的。[①] 在党中央的决策部署下，我国不断加强网络安全保障体系和能力建设，通过加强关键信息基础设施安全防护、加强网络安全态势感知和应急处置、加强网络安全审查、加强数据安全管理和加强个人信息保护，进一步筑牢国家网络安全屏障，为经济社会发展和人民群众福祉提供安全保障。

（五）构建网络空间命运共同体

网络空间给人类文明带来重大发展机遇和严峻挑战。全世界因为网络空间的存在，联系更加紧密，成为你中有我、我中有你的命运共同体。2015 年第二届世界互联网大会上，习近平主席提出了“各国应该加强沟通、扩大共识、深化合作，共同构建网络空间命运共同体”的倡议，并创造性地提出推进全球互联网治理体系变革的“四项原则”和构建网络空间命运共同体的“五点主张”。[②] 这充分体现了中国共产党对网络空间全球治理的关注，为推进网络空间国际合作和全球治理新秩序建立贡献中国智慧和中国方案。2017 年，外交部和国家互联网信息办公室联合发布《网络空间国际合作战略》，全面分析了网络空间国际形势，系统阐释了中国高举构建网络空间命运共同体旗帜，推动网络领域国际交流与合作的基本原则、战略目标和行动计划，这是中国首次就网络空间问题发布国际战略。

---

① 《习近平在网信工作座谈会上的讲话全文发表》，新华网，2016 年 4 月 25 日，http：//www. xinhuanet. com/politics/2016 -04/25/c_1118731175. htm。

② 《习近平在第二届世界互联网大会开幕式上的讲话（全文）》，新华网，2015 年 12 月 16 日，http：//www. xinhuanet. com//politics/2015 -12/16/c_1117481089. htm。

2018 年 11 月 7 日，习近平在致第五届世界互联网大会的贺信中，号召世界各国“深化务实合作，以共进为动力、以共赢为目标，走出一条互信共治之路，让网络空间命运共同体更具生机活力”[①]。2022 年 11 月，我国发布《携手构建网络空间命运共同体》白皮书，全面介绍党的十八大以来中国互联网发展治理实践成就，介绍我国加强网络空间国际交流合作、推动构建网络空间命运共同体的理念、行动和贡献，提出构建更加紧密的网络空间命运共同体的中国主张。“构建网络空间命运共同体”倡议，抓住了网络治理的本质和关键点，更体现了大国的责任和担当，赢得了国际社会的高度赞誉和广泛认同。中国在二十国集团领导人杭州峰会上牵头制定和发布了由多国领导人共同签署的数字经济政策文件《二十国集团数字经济发展与合作倡议》，相继与阿拉伯国家联盟、中亚五国签署《中阿数据安全合作倡议》《“中国 + 中亚五国”数据安全合作倡议》，积极推动国家间数字经济领域更广范围、更深层次的合作，与世界共享数字经济发展红利，用实际行动推动构建网络空间命运共同体，让网络空间全球治理成为全球治理的经验样本。

第三节 攻防兼备的唯物辩证法

网络作为信息的有效载体，已经成为新时代人类社会发展进程中十分重要的沟通交流工具。网络安全技术应用是一把“双刃剑”，一方面，掌握网络安全技术的人可以运用这种技术维护网络空间的数据安全，维护网络空间安全秩序，使得网络实现有序运转而不被破坏；另一方面，试图破坏网络安全的人则会使用这种技术不断造成网络空间数据的无序状态，企图将网络变为“法外之地”，成为违法犯罪活动实现的犯罪地，造成网络的不安全，从而获取巨额利益。“暗网”“深网”等网络存在形式，已成为威胁网络空间安全最大的隐患，也成为严重犯罪活动进行犯罪交易的犯罪空间。网络安全的本质在对抗，对抗的本质在攻防两端能力较量，防御能力就是以技术对技术，做到“魔高一尺、道高一丈”，增强网络安全防御能力和威慑能力。

① 《习近平向第五届世界互联网大会致贺信》，《人民日报》2018 年 11 月 8 日。

一、网络攻防概念

网络攻击是指网络攻击发起方通过网络技术手段，利用网络存在的漏洞和安全缺陷对防守方网络通信内容进行窃取、篡改，或对其通信服务能力进行干扰，甚至完全切断正常通信和服务能力等一系列活动。

网络防御是指防御方通过技术和管理手段保证己方网络数据传输的机密性、完整性、可用性、可认证性、抗抵赖性以及网络通信服务能力的稳定性。网络防御分为主动防御与被动防御：主动防御在近年来越来越受到各国的重视，主动防御主张将网络防御前置到本国网络范围之外，包括但不局限于可能敌对的国家，以提前获取风险感知和预警，避免国内网络受到损伤，但其与攻击行为存在重叠，较难区分。被动防御则一直是网络防御的传统与主流形式，主要通过提高系统韧性，同时采取纵深防御的策略，采取多点防御和多层防御，增强系统网络冗余性。

二、网络安全的攻防关系

网络强国建设按照技术要强、内容要强、基础要强、人才要强、国际话语权要强的要求，向着网络基础设施基本普及、自主创新能力显著增强、数字经济全面发展、网络安全保障有力、网络攻防实力均衡的方向不断前进，最终达到技术先进、产业发达、攻防兼备、制网权尽在掌握、网络安全坚不可摧的目标。

攻防双方的平衡、攻守双方谁占优势的讨论必须超越攻防过程，从网络行动目标、价值和成本等方面进行成本 - 效益分析。从单次攻防过程来看，网络攻击存在历时极短、归因困难等技术原因难以得到有效防御，且现代社会对网络空间高度依赖，网络防御制度难以统筹广泛的应用领域，进攻方在网络攻防过程中处于优势。影响网络攻防结果的因素除了技术水平高低外，还包括人员素质和人机交互等管理制度，攻击方在攻击效益和攻击过程上都未必处于优势。

以美国为首的西方国家发展进攻性网络攻击力量，允许对他国实施“先发制人”式的网络攻击，针对我国国家机构、企事业单位、军工产业、科研院所的网络攻击和窃密活动日益猖獗，手法也更加隐蔽。中国网络安全形势面临严重威胁，迫切需要形成“攻防兼备”的安全模式，并提高攻击威慑能力和攻击能力转换为防御能力的效率。研究攻击者使用的各种攻击技术和方法，了解他们的思维方式和策略，将攻击者使用的技术和方法转化为防御技术和方法。进行攻防演练，运用攻击技术来测试系统的安全性，转换为防御者的角色，通过修补漏洞和加强安全措施来提高系统安全性。攻击能力转换为防御能力需要时间、经验，并且需要持续努力，不断与最新的攻击和防御技术保持同步。

网络安全技术是一系列网络安全技术集合的体系化，网络安全技术通过侦、攻、防、检、补、管、治的体系化设计，从而达到维护网络安全的目的。

侦——既是对网络安全风险与威胁作出的及时性判断，也是对网络违法犯罪活动及行为进行侦查打击的有效手段。通常而言，侦查和侦测网络安全风险威胁是利用大数据、算法和机器深度学习而实现的，这种侦查侦测网络安全的活动由专门机关来实施，利用网络监测工具、数据分析软件、数据检测软件等来加以实现，将侦查侦测到的威胁风险加以共享，从而有效实现预警，预先排除有害网络信息，维护网络安全。

攻——一方面是师夷长技以制夷，站在攻击者视角发现系统脆弱性，不断探索对付新攻击的手段，实现主动防护；另一方面是向对手开展攻击，让对手失去攻击能力，攻防结合，以攻促防。对发生在网络中的违法犯罪活动及行为进行实质性打击，包括破坏网络的犯罪和利用网络实施的犯罪。通过网络连接的实时信息共享功能，有效拦截并摧毁有害信息，同时对实施此类违法犯罪活动的人员做到精准定位和快速打击，维护网络安全的同时有效打击了违法犯罪活动及行为。

防——既是对网络自身免受攻击进行的一种固有性防范，也是对网络空间中各种违法犯罪活动进行的必然性预防。预防网络犯罪和打击网络犯罪是维护网络安全的双重任务，防范对网络实施安全性威胁和破坏，是当前网络安全中必须使用的技术性防御手段，同时，预防各类违法犯罪活动及行为在网络空间的发生，也已成为网络安全技术中需要明确的任务。因此，防意味着不仅要预防网络虚拟空间中的威胁和风险，更要预防网络空间中的各类违法犯罪活动，使用网络协议、网络防火墙、网络加密等技术，不仅是侦查侦测网络空间的威胁大小，而且是进行网络安全防御的必要手段。

检——既是对网络空间中数据真实性的一种检查，也是对网络空间中违法犯罪活动及行为进行检测的目的性手段。检查检测是判断网络安全威胁和危险的前置性手段，网络安全威胁和风险一方面往往来自网络空间中数据监管缺失、算法黑箱及超级算法带来的未知风险与威胁；另一方面来源于人为的数据入侵造成的威胁和风险，如盗链加载、病毒加载、木马投放等。因此，预先的检查检测是确保网络安全的前提性要件和重要性条件。

补——补既是对网络系统漏洞进行及时性修复的过程，也是对网络中违法犯罪活动及行为进行补充侦查、检查和监测的重要手段。网络系统在开发过程中因技术的不断进步，旧有系统难免会出现系统漏洞和系统后门，及时对漏洞和后门进行修复是避免网络遭受攻击的有效方式之一，这些漏洞和后门也极有可能成为网络犯罪的路径。因此，一方面，要运用先进技术对已被破解的网络漏洞和后门进行“补丁式”修复，封堵网络漏洞攻击，保护网络不受攻击；另一方面，要及时对可能利用此类漏洞和后门进行违法犯罪活动及行为作出预测，快速形成防御模式，最大限度保证这类违法犯罪活动受到预先打击，确保网络安全。

管——既是对网络有害信息进行有序性管理的基础，也是对网络违法犯罪活动行为进行有效性监管的一种手段。管蕴含着管理监督的意思，就网络空间而言，管就意味着对网络空间的安全形成有效的监管和保护。因此，一方面，管是从技术层面加强网络安全性设置，加大网络有害数据信息的过滤和加工，屏蔽和剔除有害数据信息，将网络安全风险威胁等级加以调整，形成强大的防护盾，避免网络安全风险和威胁；另一方面，管是加强网络违法犯罪活动的打击力度，强调对网络违法犯罪的法律制裁，利用网络安全法律法规的立法，形成净化网络空间、保障网络秩序等的良好运行机制，从而确保网络安全维护中的依法保护。

治——既是对网络本身安全状态的根本性治理，也是对网络中违法犯罪活动及行为进行持久性治理的一种手段。治意味着治理和监督，治理不仅是从制度层面对网络安全维护加以设定，而且包括从手段方式上加以设计。因此，一方面，治包括了运用网络安全技术对网络空间的秩序进行规范，如网络主权、网络管辖权、网络数字空间等新安全观所关注的问题，而且包含了运用网络安全技术所形成的治理途径、治理技术、治理策略等；另一方面，治则包括了对网络违法犯罪活动及行为的打击，既涵盖了网络空间违法犯罪活动及行为的治理，又涵盖了网络空间违法犯罪活动及行为的法律处分，从而形成具有技术、策略和法律法规有机结合的治理体系。

综上所述，网络安全维护不仅需要完备的技术作为支撑，更为重要的是要有一系列的预防、监管监测、检查检测、漏洞查补、规范管理和综合治理等要素组成的保护体系，从根本上确保网络既不会遭受来自网络本身的安全威胁和风险，也保障网络不受网络违法犯罪活动及行为的入侵。

三、网络安全技术的实战化

中国人民公安大学原党委书记、校长程琳在2023年12月2日"'读懂中国'国际会议（广州）数字经济发展与网络安全治理"平行论坛发言中讲道："网络安全主要包括网络空间、网络社会和网络主权的安全。网络空间安全主要涵盖：计算机安全、网络系统关键设施设备安全、通信移动设施设备安全、操作系统安全、数据库安全等；网络社会安全主要涵盖：网民安全、网络数据信息安全、网络内容安全、网络秩序安全等；网络主权安全主要涵盖：国家网络界域划分管辖权、网络空间管理权、网络社会治理权、网络数据信息拥有权及管理权等。"因此，网络安全技术实战化应用应充分体现在这些方面。

网络空间安全的实战化。网络空间由与网络相关的软、硬件基础设施设备等物质构成。网络空间安全表现为网络空间一切运行数据信息的安全，网络空间极易产生违法犯罪活动及行为，一切有形的无形的犯罪形态都会在网络空间中得到强化，尤其是新型犯罪形态更易在网络空间达成其犯罪目标，如危害人类社会严重的贩卖军火、毒品、人口，走私犯罪、跨国犯罪等，均在网络中的"暗网"空间大行其道，造成网络空间成为"法外"之地，危害人类社会的有序发展。

网络社会安全的实战化。网络社会是人们利用互联网这一技术平台在网上所进行的一切交流、交互、交换等网络活动，是以人在网络上的活动为主体的。因此，网络不是"虚拟社会"，它是现实社会的重要组成部分，应称为"网络社会"。网络社会不仅越来越具有社会形态，而且形成了一种特殊的社会形态。随着"互联网+"战略的不断推进及物联网、5G、元宇宙、人工智能等新兴技术的快速发展应用，网络社会与现实社会越来越紧密地交织融为一体，并相互发生作用。网络社会安全是现实社会在网络虚拟空间的映射，现实社会中的一切违法犯罪活动现在在网络空间都可以进行。因此，必须加大对网络社会的监管力度，如加强互联网治理力度，将“网络警察”的触角伸展到网络社会空间，形成网络技术加持下的网络社会治理立体化治理体系，尤其是面对越来越猖獗的新型违法犯罪活动，网络安全技术应从技术智能、技术算法、大数据侦查、视频侦查等相关技术中开发出更为智慧的新技术（如网络虹膜取证），为打击网络社会违法犯罪提供有力的技术支持。

网络空间主权安全的实战化。网络空间主权是国家除陆海空天等传统主权之外的新的重要组成部分。划分国家间网络空间界域并实施管辖的原则，应与陆地、海洋和天空疆域划分原则一致，即互联网的有线线缆和无线网络的无线电波及所传输的数据信息进入本国管辖的陆地边界线、海洋领海线、空中管制区域，就应属于本国的互联网，即网络空间管理界域，由本国政府实施管辖。就此而言，尽管中国仍然不属于全球互联网12个根次目录服务器的接入国家，仍然在租用美国接入的服务器，但是也拥有网络主权，因此，维护网络主权安全就要求我们应建立完善完备的法律体系来维护网络主权。尽管当前已经制定了数量较多的互联网法律规范，但是远远不够，还需要加强相关法律的立法工作，更好地维护我国网络主权空间安全。

第四节　网络管理安全基本理论

网络安全包括网络技术安全和网络管理安全，网络技术安全和网络管理安全双轮驱动共同维护网络空间安全。网络管理安全指网络社会治理的总体安全。在互联网诞生初期，网络安全仅指网络技术安全，即防护通过互联网和计算机系统的病毒、木马等攻击形式。而网络空间、网络社会的交融发展，让网络管理安全也成为网络安全的重要组成。网络空间是人类发明创造的产物，是人们进行网络社会活动的基础和先决条件，人类以网络空间为基础建立了网络社会，没有网络空间就不会有网络社会的存在。网络社会是现实社会与网络空间相互融合、相互交织在一起形成的有机整体，是现实社会的重要组成部分。网络社会具有各领域相互联通和全世界相互联通的特点。随着网络社会成为人类主要生产、生活场所之一，传统的安全威胁因为网络社会的联通效应而不断放大，网络攻击、网络意识形态威胁、网络空间主权侵犯、网络空间发展权利分配不均等新兴安全问题层出不穷。要实现网络安全，就要将维护和保障网络社会安全、加强网络社会治理纳入国家安全和现实社会治理中，将网络技术安全和网络管理安全有机融合，统筹治理。中国共产党坚持马克思主义立场观点方法与中国生动鲜活的网络空间创新运用经验相结合，从政治基础、制度基础、能力基础、价值基础四个维度，逐渐形成了网络管理安全的基本理论并指导网络管理安全实践，即以“坚持党管互联网，增强网络空间党的政治功能建设为前提”，以“提高网络综合治理能力，提升网络空间依法治理水平为重点”，以“加强网络安全保障体系和能力建设，增强网络空间斗争能力为抓手”，以“推动构建网络空间命运共同体，倡导全球共治价值理念为关键”，推动网络空间治理体系现代化，助力国家治理体系和治理能力现代化。

一、坚持党管互联网

中国共产党的领导是中国特色社会主义的本质特征，也是中国特色社会主义制度的最大优势。中国共产党带领中国人民通过30年的努力，在网络空间建设方面取得了巨大的成就，网信事业的全部胜利基础都建立在中国共产党的领导基础之上，都根植于这个最本质特征和最大优势。西方霸权主义国家借助互联网对我国实施分化战略，最主要的手法就是以互联网为工具试图瓦解中国共产党的治理权威，在网络空间领域干扰党的领导这一政治基础，进而干扰中国特色社会主义的发展进程。网络空间发展中存在的阶段性问题一度成为党长期执政面临的重大挑战。2016年2月，在党的新闻舆论工作座谈会上，习近平总书记掷地有声地指出：“过不了互联网这一关，就过不了长期执政这一关。”[①] 破解重大挑战就必须加强党对网信工作的集中统一领导，夯实网络空间安全管理体系的政治基础。

（一）树立网络空间管理安全的底线思维

网络空间成为意识形态的战场。马克思主义唯物史观认为，生产力和生产关系、经济基础和上层建筑相互作用、相互制约，支配着整个社会的发展进程。经济基础决定上层建筑，上层建筑对经济基础有反作用。一个国家的制度体系，必须源自一国的实践，根植于一国的土壤，联通一国的

---

① 中共中央党史和文献研究院编：《习近平关于网络强国论述摘编》，中央文献出版社2021年版，第3页。

传统。在网络空间发展的初始阶段，美国凭借其单边技术优势和意识形态斗争优势，对互联网发展、网络安全等原本纯粹技术的议题，进行政治化改造。2010 年 1 月，时任美国国务卿希拉里在华盛顿新闻博物馆发表“互联网自由与全球言论自由的未来”演讲，首次提出“互联网自由”概念。希拉里宣称，公开的形式与不受国家主权约束的信息自由流动，是值得大力倡导的价值观，并将其视为 21 世纪美国外交战略的优先目标之一，试图将互联网打造为政治工具，挟裹进反对中国共产党的领导、挑战政府权威等“私货”，通过互联网传播加紧进行意识形态渗透和颠覆工作。一段时间内网络空间出现局部舆论场噪声杂音横行、官方公信力降低等情况，中国网络空间治理体系和治理能力遭到严峻挑战。

树立网络空间管理安全的底线思维。习近平总书记站在科技革命和时代发展的全局，深刻洞察互联网对国际、国内形势的变化，及时向全党发出警示，划出了互联网时代全党应当警惕的“底线”和“红线”。一方面，传统国防安全疆域在内涵和外延上均已发生了深刻变化，外部势力利用互联网进行渗透、开展“颜色革命”、进行网络攻击等事件频发，网络因素将成为未来军事冲突的基本要素，网络安全已成为现代国防的核心内容；另一方面，群众到了互联网上，党的建设也要同步跟进。党要领导人民推进伟大革命、实现伟大复兴，就必须发扬自我革命精神，顺应互联网发展趋势，继续保持“从群众中来、到群众中去”的作风，通过互联网有效搭建起党组织与党员群众沟通互动的桥梁，打通与基层党员干部沟通的“最后一公里”和联系服务群众的“最后一公里”，真正实现“支部建在网上、建在人民心中”，确保中国共产党永葆马克思主义政党本色，永远做中国人民和中华民族的主心骨。

（二）完善网络空间管理安全的领导体制机制

健全和完善党领导网信工作的体制机制。我国接入国际互联网以来，在 30 年的管理发展过程中，逐步形成了以多部门参与、行业条线管理为主的网络空间管理体制。随着网络空间的不断发展，原有的管理体制无法适应网络安全和信息化新形势。党的十八大以来，以习近平同志为核心的党中央从进行具有许多新的历史特点的伟大斗争出发，重视互联网、发展互联网、治理互联网，将网络空间管理体制机制改革作为全面深化改革的重要任务之一，加强党中央对网信工作的集中统一领导，于 2014 年成立中央网络安全和信息化领导小组，强化网络安全与信息化领域顶层设计、总体布局、统筹协调、整体推进和督促落实，统筹协调涉及政治、经济、文化、社会、军事等领域信息化和网络安全重大问题，推动我国网信事业取得历史性成就。先后制定实施《党委（党组）网络意识形态工作责任制实施细则》《党委（党组）网络安全工作责任制实施办法》等，明确各级党委（党组），各地区各部门网信部门，公安、工信等行业主管监管部门的主体责任。基本建立了中央、省、市三级网信工作体系，扎实推进县级网信机构建设，对地方各级党委网信部门主要负责同志实行双重管理，不断健全全国一体、上下协同的网信工作体系，为网络空间管理安全奠定了坚实基础。

提高党员干部用网治网能力。网络空间时代，人民群众上了网，党员干部如果不懂互联网、不善于运用互联网，就无法有效开展群众工作。2018 年 4 月，习近平总书记在全国网络安全和信息化工作会议上强调指出："各级党政机关和领导干部要提高通过互联网组织群众、宣传群众、引导群众、服务群众的本领。"① 随后中共中央印发《中国共产党支部工作条例（试行）》，提出要结合实际创新党支部设置形式，使党的组织和党的工作全覆盖。党的十九大报告也着重强调，全党要善于运用互联网技术和信息化手段开展工作。习近平总书记还强调，"各级领导干部特别是高级领导干部要主动适应信息化要求、强化互联网思维"②，"要学网、懂网、用网，积极谋划、推动、引导互联网发展"③。要正确处理安全和发展、开放和自主、管理和服务的关系，不断提高对互联网规律的把握能力、对网络舆论的引导能力、对信息化发展的驾驭能力、对网络安全的保障能力，不断推进深化网络强国建设。我们应当全面加强党对网络空间治理的集中统一领导，落实党委（党组）网络意识形态工作责任制、网络安全工作责任制，管阵地、建队伍、强能力，形成党管互联网的强大合力。

---

① 中共中央党史和文献研究院编：《习近平关于网络强国论述摘编》，中央文献出版社 2021 年版，第 12 页。

② 中共中央党史和文献研究院编：《习近平关于网络强国论述摘编》，中央文献出版社 2021 年版，第 11 页。

③ 中共中央党史和文献研究院编：《习近平关于网络强国论述摘编》，中央文献出版社 2021 年版，第 6 页。

二、提高网络综合治理能力

提高网络综合治理能力，营造清朗网络空间，让网络空间发展惠及亿万人民群众，是我国网络社会治理创新的核心要求。中国共产党在长期执政的探索和实践中，积极推动中国特色社会主义治理理论体系不断完善和发展，使之同中国国情和社会主义制度相适应。习近平总书记指出：“一个现代化的社会，应该既充满活力又拥有良好秩序，呈现出活力和秩序的有机统一。”[①] 党的十九届四中全会提出：“必须加强和创新社会治理，完善党委领导、政府负责、民主协商、社会协同、公众参与、法治保障、科技支撑的社会治理体系。”网络空间时代，网络社会与现实社会融合发展，网络社会治理是社会治理的重要组成部分。提高网络综合治理能力，即通过提高依法管网治网水平，以网络空间法治化促进网络空间治理水平提升，同时以网络空间的信息化、网络化、智能化手段推进国家治理和基层治理的现代化，夯实网络空间安全管理体系的制度基础。

（一）完善网络空间管理安全的治理结构

网络社会治理是国家治理的重要组成部分。恩格斯认为：“历史活动是群众的活动，随着历史活动的深入，必将是群众队伍的扩大。”[②] 党的十八大以来，以习近平同志为核心的党中央坚持以马克思主义理论为指导，深入研究社会发展面临的新形势新任务新特点，着力推进从“社会管理”到“社会治理”的理论创新、实践创新、制度创新。网络综合治理是对网络社会治理的对策，反映的是中国共产党对网络社会运行规律和治理规律认识的深化和实践总结。2018 年，习近平总书记指出：“要提高网络综合治理能力，形成党委领导、政府管理、企业履责、社会监督、网民自律等多主体参与，经济、法律、技术等多种手段相结合的综合治网格局。”[③]新时代中国特色网络空间管理安全的治理基础就是网络社会多元主体协同治理，在党的领导下，形成政府、互联网企业、社会组织、网民等主体间的

---

① 习近平：《在经济社会领域专家座谈会上的讲话》，新华网，2020 年 8 月 24 日，https：//xhpfmapi. zhongguowangshi. com/vh512/share/9349181？ channel = weixinp。

② 《马克思恩格斯文集》第 1 卷，人民出版社 2009 年版，第 287 页。

③ 中共中央党史和文献研究院编：《习近平关于网络强国论述摘编》，中央文献出版社 2021 年版，第 57 页。

跨领域协作，构建网上网下同心圆，发挥社会化协同治理效应。

以人民为中心的网络综合治理理念。人民性是马克思主义最本质的特性。习近平总书记关于网络强国的重要思想深刻认识和继承了这一根本特性，为信息革命时代互联网发展的目标提出了根本要求。习近平总书记指出，网信事业要发展，必须贯彻以人民为中心的发展思想。要适应人民期待和需求，加快信息化服务普及，降低应用成本，为老百姓提供用得上、用得起、用得好的信息服务，让亿万人民在共享互联网发展成果上有更多获得感。[①] 实现良好的网络综合治理格局，不仅要处理好网络空间与人民群众的关系，还要通过网络空间让人与人之间、人与自然之间实现更加和谐的相处。2022 年 6 月，国务院正式印发《关于加强数字政府建设的指导意见》，系统谋划了数字政府建设的时间表、路线图、任务书，数字化改革成为推动政府职能转变的重要力量。网络空间在服务民生的同时，不断优化以人为本的应用体验，成为学习、工作、生活的新空间和获取公共服务的新平台，为推进国家治理体系和治理能力现代化贡献力量。

（二）构建网络空间管理安全的治理体制

丰富和完善网络综合治理的顶层设计。网络治理牵涉国家安全和经济社会稳定运行，是世界各国面临的新挑战。我国准确把握信息化变革带来的机遇与挑战，开拓性探索网络治理规律，形成了中国特色的网络综合治理体系。2019 年 7 月，习近平总书记主持召开中央全面深化改革委员会第九次会议时，进一步指出要坚持系统性谋划、综合性治理、体系化推进，逐步建立起涵盖领导管理、正能量传播、内容管控、社会协同、网络法治、技术治网等各方面的网络综合治理体系，全方位提升网络综合治理能力。2019 年 10 月，党的十九届四中全会强调，“建立健全网络综合治理体系，加强和创新互联网内容建设，落实互联网企业信息管理主体责任，全面提高网络治理能力，营造清朗的网络空间”。从提出要求到形成格局、再到加强顶层设计，先后制定出台《关于加快建立网络综合治理体系的意见》《国家网络空间安全战略》以及“十四五”规划等文件，完善各领域、多层级协调机制，特别是 2020 年正式施行的《网络信息内容生态治理规定》，突出多元主体参与网络生态治理的主观能动性，实现了“建立

---

① 中共中央党史和文献研究院编：《习近平关于网络强国论述摘编》，中央文献出版社 2021 年版，第 18 页。

健全网络综合治理体系”及“提升网络综合治理能力”的制度化，网络综合治理的顶层设计日臻成熟。

以依法治网为核心推进网络综合治理体系建设。依法治网，是法治观念在网络空间的具体体现，是国家治理体系和治理能力现代化的必然要求。党的十八大以来，我国基本形成了以网络安全法为基础、以行政法规为主体、以部门规章为支撑的网络综合治理法律体系，成为网络综合治理的基本框架。2014 年 2 月，习近平总书记主持召开中央网络安全和信息化领导小组第一次会议并发表重要讲话指出：“要抓紧制定立法规划，完善互联网信息内容管理、关键信息基础设施保护等法律法规，依法治理网络空间，维护公民合法权益。”① 2015 年 12 月，在第二届世界互联网大会上，习近平总书记指出：“要坚持依法治网、依法办网、依法上网，让互联网在法治轨道上健康运行。”② 2018 年 4 月，在全国网络安全和信息化工作会议上，习近平总书记指出：“要把依法治网作为基础性手段，继续加快制定完善互联网领域法律法规，推动依法管网、依法办网、依法上网，确保互联网在法治轨道上健康运行。”③ 在这一理念的推动下，近年来中国互联网法治建设成效显著，《中华人民共和国网络安全法》《网络信息内容生态治理规定》等一系列法律法规相继出台，相关部门依法对违法行为进行惩处，网络谣言、网络色情、网络诈骗、网络安全犯罪等互联网乱象得到有效整治。当前，网络综合治理体系基本建成，形成互联网领导管理、正能量传播、网络内容管控、社会协同治理、网络法治、技术治网六大体系，推动实现互联网由“管”到“治”根本转变，进一步丰富完善了中国特色治网之道。而与之相比，最初标榜“互联网自由”的美国却逆向而行。例如，2020 年 8 月，美国国务卿蓬佩奥宣布启动“干净网络计划”五项新措施，在未取得证据的情况下，以“国家安全”为由，禁止中国企业产品接入其网络及访问相关数据。这一行动违反了美国一直倡导的所谓“互联网原则”，暴露了其“互联网法治”的虚伪性，违背了基本法治原则，与以依法治网为核心的中国网络综合治理体系背道而驰。

---

① 《习近平谈治国理政》第一卷，外文出版社 2018 年版，第 199 页。

② 《习近平在第二届世界互联网大会开幕式上的讲话（全文）》，新华网，2015 年 12 月 16 日，http：//www. xinhuanet. com//politics/2015 - 12/16/c_1117481089. htm。

③ 中共中央党史和文献研究院编：《习近平关于网络强国论述摘编》，中央文献出版社 2021 年版，第 45 页。

三、加强网络安全保障体系和能力建设

敢于斗争是我们党的鲜明政治品格，也是我们党的优良传统和政治优势。习近平总书记在党的二十大报告中把“敢于斗争、善于斗争”作为“三个务必”的重要内容，把“坚持发扬斗争精神”作为前进道路上必须牢牢把握的重大原则之一。马克思主义政党自始至终拥有敢于斗争、善于斗争的品质特征。网络空间正成为维护国家安全的主阵地、主战场、最前沿，我们必须增强风险意识，树立斗争思维、发扬斗争精神，不断加强网络安全保障体系和能力建设，推动网络管理安全守正创新，为经济社会发展和人民群众福祉提供安全保障，夯实网络空间安全管理体系的能力基础。

（一）树立网络空间管理安全的斗争思维

正确认识网络空间长期的斗争态势。矛盾是普遍存在的，是事物联系的实质内容和事物发展的根本动力。有矛盾就会有斗争。当前，网络空间管理安全的主要威胁来自网络霸权。科技革命导致经济竞争要素的转变，西方霸权主义国家积累的深层次矛盾逐渐浮出水面。以美国为例，产业空心化导致了社会的民粹化和政治极化，其力量不断衰落。尽管中国坚持多边主义和国际关系民主化，坚定不移推动经济全球化和共同安全观，但以美国为首的西方安全联盟依然始终坚持排他性安全观，寻求霸权，强调军事结盟。网络空间战略性力量成为国家实力要素，一方面由以北约为代表的传统安全联盟向以“五眼联盟”为代表的新型网络空间安全联盟转变，另一方面不断将中国作为首选对手，宣扬以意识形态为主导的“中国威胁论”。西方军事安全联盟主导下，网络空间单边主义、霸权主义、零和思维、冷战思维仍然不断发展，成为网络空间最大的安全隐患，并将在较长一段时间内持续存在。

在网络空间敢于斗争、善于斗争。习近平总书记指出，“从世界范围看，网络安全威胁和风险日益突出，并日益向政治、经济、文化、社会、生态、国防等领域传导渗透。特别是国家关键信息基础设施面临较大风险隐患，网络安全防控能力薄弱，难以有效应对国家级、有组织的高强度网络攻击。这对世界各国都是一个难题，我们当然也不例外”，“大国网络安

全博弈，不单是技术博弈，还是理念博弈、话语权博弈”。[1] 随着网络空间力量成为国家实力战略要素，国家之间进入新一轮实力关系平衡期，各种风险挑战不断积累甚至集中显露，并通过网络空间领域不断涌现。要实现网络空间管理安全，要牢固树立斗争思维，发展不能替代安全，合作不能取代博弈，斗争为了保障正当的发展权利。要有斗争的智慧，准确把握“博弈”的内涵，根据形势的发展，判断安全和发展之间的辩证关系，找到主要矛盾和矛盾的主要方面，因地制宜开展斗争，把握“斗而不破”，在原则问题上寸步不让，在策略问题上灵活机动。要讲究斗争策略，及时分析斗争双方力量变化，及时调整战略策略，以实力保安全，坚持有理有利有节、注重张弛有度，利用矛盾、争取多数、反对少数、各个击破，团结一切可以团结的力量，在斗争中求安全、谋合作、得共赢。

（二）建立一体化的网络安全保障体系和能力

着眼斗争准备，加强网络安全保障体系和能力建设。近年来，以总体国家安全观为指导，国家网络安全工作顶层设计和总体布局不断完善，网络安全保障体系和能力不断提升。网络安全立法稳步推进，先后出台《中华人民共和国网络安全法》《中华人民共和国数据安全法》《中华人民共和国个人信息保护法》《国家网络空间安全战略》《关键信息基础设施安全保护条例》等网络安全法律法规、战略规划。国家网络安全应急体系日益健全，关键信息基础设施安全防护责任逐级落实，网络安全态势感知和应急处置能力持续提升，数据安全和个人信息保护有效得到维护，安全防护体系不断完善。在此基础上，面对网络空间国际、国内安全形势，我们要统筹国内国际两个大局，站在斗争角度看待网络安全保障体系和能力建设。在网络安全能力建设上争当“旗手”，高举和平利用网络空间，反对网络犯罪、网络恐怖、网络霸权的旗帜，正确对待网络空间斗争，敢斗敢立、斗而不破。在网络安全能力建设上选好“抓手”，未雨绸缪、主动作为，抓住重点、有所突破，防止在网络空间斗争问题上出现被人牵着鼻子走、空喊口号的被动现象，扎实稳健做好网络空间斗争准备，全力打造维护网络管理安全的硬实力。

形成融入一体化国家战略体系和能力的网络安全保障体系和能力。各

---

① 《习近平在网信工作座谈会上的讲话全文发表》，新华网，2016 年 4 月 25 日，http：//www. xinhuanet. com/politics/2016 - 04/25/c_1118731175. htm。

领域安全能力是为了维护国家整体安全。各领域安全能力结合越紧密，成为有机整体，国家安全战略能力就越强。网络空间是系统性结构，网络安全保障体系和能力也要纳入系统性工程，贯通国家、行业、区域等多个层级，统筹运用经济、社会、军事、资源多领域资源和力量。2018 年 4 月，在全国网络安全和信息化工作会议上，习近平总书记指出："网信军民融合是军民融合的重点领域和前沿领域，也是军民融合最具活力和潜力的领域。要抓住当前信息技术变革和新军事变革的历史机遇，深刻理解生产力和战斗力、市场和战场的内在关系，把握网信军民融合的工作机理和规律，推动形成全要素、多领域、高效益的军民深度融合发展的格局。"[①] 国家网络安全保障体系和能力建设，必须主动融入一体化国家战略体系和能力建设格局，从国家安全战略全局出发，坚持系统观念，统筹发展和安全、统筹国内安全和国防安全，建立高效协同的工作运行体系。围绕网络空间新型领域战略能力建设、网络安全态势感知和应急处置能力建设、关键信息基础设施防护建设、国家网络安全产业支撑能力建设等领域持续聚焦用力，以重点突破带动整体推进，逐步形成国家安全与国防安全对接机制、协同创新机制、战略资源调配机制、战略能力转化机制等，为网络安全保障能力转化为一体化国家战略体系和战略能力提供机制保障。

四、推动构建网络空间命运共同体

作为全球发展、合作、治理的新兴领域，网络空间面临发展不平衡、规则不健全、秩序不合理等多重挑战，网络霸权主义破坏网络主权，成为破坏网络空间生态的重要不安全因素。网络管理安全必须统筹兼顾国内国际两个大局，努力维护外部安全和内部安全，保障良好网络空间生态。着眼于网络空间时代人类社会发展规律，习近平主席提出携手构建网络空间命运共同体的倡议，以"命运共同体"新发展价值观超越"零和博弈"发展价值观，为全球网络空间治理体系改革和建设贡献中国智慧和中国方案。我们要大力倡导网络空间命运共同体理念，秉持发展共同推进、安全共同维护、治理共同参与、成果共同分享，形成全球网络空间治理共识，团结一切可以团结的力量反对网络霸权主义，将网络空间建设成造福全人

---

① 《习近平：自主创新推进网络强国建设》，新华网，2018 年 4 月 21 日，http://www.xinhuanet.com/politics/2018-04/21/c_1122719810.htm。

类的共同体，为网络空间管理安全提供新的全球治理方案和理念共识，夯实网络空间安全管理体系的价值基础。

（一）树立网络空间管理安全的合作思维

拓展马克思主义关于人类社会发展规律的认识。马克思主义通过唯物史观和剩余价值学说，科学揭示了人类社会发展规律。习近平总书记关于网络强国的重要思想运用马克思主义立场、观点、方法，审视中国乃至世界在信息革命时代的发展变化，从中总结和提炼规律，发展了对于人类历史的规律性认识。习近平总书记指出，“信息革命则增强了人类脑力，带来生产力又一次质的飞跃，对国际政治、经济、文化、社会、生态、军事等领域发展产生了深刻影响”，“信息流带动技术流、资金流、人才流、物资流，促进资源配置优化，促进全要素生产率提升，为推动创新发展、转变经济发展方式、调整经济结构发挥积极作用”。[①] 以上论述深刻分析了信息时代对人类发展的影响，将互联网及其技术发展放到人类社会发展的历史视野中审视。习近平总书记进而指出，每一次产业技术革命，都给人类生产生活带来巨大而深刻的影响。以互联网为代表的信息技术日新月异，引领了社会生产新变革，创造了人类生活新空间，拓展了国家治理新领域，极大提高了人类认识世界、改造世界的能力。各国应该加强沟通、扩大共识、深化合作，共同构建网络空间命运共同体。习近平总书记关于网络强国的重要思想延续马克思主义唯物史观观点，将世界历史视为生产力、生产方式、交往方式不断变革、融合的过程，指出互联网在其中的加速融合作用，判断世界各民族将因为互联网而率先走向互相依存。构建网络空间命运共同体的倡议，是以马克思主义唯物史观为基础，融合技术逻辑、实践逻辑而生成的全新的历史观。

指明网络空间时代文明合作发展的必由之路。马克思指出要“在批判旧世界中发现新世界”[②]。建设一个生产力高度发展、人的自由全面发展、人与自然和谐相处的新社会，实现人民群众和全人类的政治解放、经济解放、社会解放和文化解放，是马克思主义体系中极其重要的组成部分。习近平总书记关于网络强国的重要思想，特别是构建网络空间命运共同体

① 《习近平在网信工作座谈会上的讲话全文发表》，新华网，2016 年 4 月 25 日，http://www.xinhuanet.com/politics/2016－04/25/c_1118731175.htm。

② 《马克思恩格斯全集》第 1 卷，人民出版社 1972 年版，第 416 页。

的倡议，针对网络空间时代的发展规律，总结中国特色治网之道，并延伸拓展到全球网络空间治理领域，为丰富马克思主义社会建设思想，特别是拓展科学社会主义理论进行了积极创新尝试。习近平总书记指出："发展好、运用好、治理好互联网，让互联网更好造福人类，是国际社会的共同责任。各国应顺应时代潮流，勇担发展责任，共迎风险挑战，共同推进网络空间全球治理，努力推动构建网络空间命运共同体。"① 构建网络空间命运共同体的倡议，以中国特色治网之道实践为基础，深刻认识当前全球治理及网络空间治理中霸权主义的危害，积极顺应信息革命条件下社会治理模式转变趋势，以各国共同利益为出发点和归宿，探索通过网络空间合作，平等协商、求同存异，消弭数字鸿沟，共享数字红利，实现共同发展和繁荣的新发展模式。网络空间命运共同体为世界各国应对人类信息时代面临的普遍挑战、自身问题提供了宝贵经验和借鉴模式，为世界繁荣与全球合作注入生机与活力，引导世界探求人类共同自由解放的社会治理模式，为最终实现没有压迫、没有剥削、人人平等、人人自由的人类理想文明模式贡献了理论和实践价值。

（二）构建网络空间管理安全的国际合作格局

坚持网络空间国际合作观。网络空间国际合作观，是国家外交理念和大国关系处理在网络空间的具体体现。这一理念包括坚持网络空间命运共同体理念，坚持同舟共济、互信互利、优势互补、共同发展，坚持倡导多边参与、多方参与，为开创人类发展更加美好的未来助力。今天，世界多极化和经济全球化深入发展，国与国之间的政治、经济、文化联系不断紧密，人类之间的关联达到了新的高度。网络空间作为生产要素、信息要素、实力要素、社会要素，让"地球村"越变越小，机遇与风险并存。2015 年，习近平主席在第二届世界互联网大会上提出推进全球互联网治理体系变革的"四项原则"和构建网络空间命运共同体的"五点主张"，为全球互联网治理贡献了中国智慧。中国先后通过《二十国集团数字经济发展与合作倡议》，发布《网络空间国际合作战略》《全球数据安全倡议》《携手构建网络空间命运共同体》概念文件等。在 2023 年印发的《数字中国建设整体布局规划》中明确提出"构建开放共赢的数字领域国际合作格

① 中共中央党史和文献研究院编：《习近平关于网络强国论述摘编》，中央文献出版社 2021 年版，第 168 页。

局”，中国积极参与联合国、世界贸易组织、二十国集团等多边框架下的数字领域合作平台，积极参与相关国际规则构建，用实际行动推动网络空间互联互通、共享共治的国际新格局，构建网络空间命运共同体理念深入人心。

助力全球网络空间管理安全。推进网络空间全球治理是构建网络空间命运共同体的前提，也是推动全球治理变革和构建人类命运共同体的前提。通过构建网络空间命运共同体的理念引领，中国在全球网络安全治理领域作出重要贡献，为实现全球网络空间管理安全贡献了力量。在治理理念方面，旗帜鲜明地提出网络主权观，得到国际社会支持和认可；在治理机制方面，中国会同俄罗斯、塔吉克斯坦等国向联合国提交《信息安全国际行为准则》，将互联网治理决策权视作国家主权的一部分，倡导在网络主权基础上，搭建网络空间治理统筹协调机制。中国在网络空间治理领域的国际话语权和影响力不断增强，将推动全球互联网治理迈向更高水平，塑造有利的外部安全环境，最大限度消除外部威胁，助力全球网络空间管理安全。

第三章　网络安全战略、政策与法规

网络安全战略、政策与法规，阐释《国家网络空间安全战略》《网络空间国际合作战略》的基本内容与总体路径，梳理国家网络安全政策体系与管理体系，明晰网络安全治理的战略构想、政策、法律法规体系和组织框架，为提升国家整体网络安全、维护总体国家安全提供组织保障。

第一节　网络安全战略

战略问题是一个政党、一个国家的根本性问题。战略上判断得准确，战略上谋划得科学，战略上赢得主动，党和人民事业就大有希望。[①] 网络安全战略，是一定历史时期指导网络安全的全局方针和策略，从宏观上、总体上影响着网络安全斗争与建设走向。2016 年 11 月通过的《中华人民共和国网络安全法》第四条规定，国家制定并不断完善网络安全战略，明确保障网络安全的基本要求和主要目标，提出重点领域的网络安全政策、工作任务和措施。这里的战略不能理解为一个文件，而是一个战略体系，是一套关于中国网络安全的总体设计和规划部署，具有体系性、动态性、时代性的突出特点，必将随着中国网络安全实践的发展而不断丰富。中国网络安全战略，以习近平总书记关于网络强国战略思想引领，以《国家网络空间安全战略》“举旗”“划线”“指路”，对外宣示主张，对内指导工作，而《网络空间国际合作战略》则是把“举旗”工作向前推进了一步，

① 《习近平在省部级主要领导干部学习贯彻党的十九届六中全会精神专题研讨班开班式上发表重要讲话》，中国政府网，2022 年 1 月 11 日，https：//www. gov. cn/xinwen/2022 －01/11/content_5667663. htm。

面向外交工作，对前者提出的主张、立场作了进一步阐释和深化。

一、网络安全与网络强国战略思想

网络安全是网络强国的重要内容，网络安全战略及其治理思想是习近平网络强国战略思想的重要组成部分。党的十八大以来，习近平总书记高度重视网络安全和信息化工作，以深邃历史眼光、宏阔全局视野和非凡远见卓识，系统、深刻回答了关于网信事业发展的一系列方向性、根本性、全局性、战略性重大问题，形成了内涵丰富、科学系统的关于网络强国的重要思想，为做好新时代网络安全和信息化工作指明了前进方向、提供了根本遵循。2018 年 4 月 20 日，习近平总书记在全国网络安全和信息化工作会议上，系统提出了网络强国战略思想，主要归纳为“五个明确”：一是明确网信工作在党和国家事业全局中的重要地位，二是明确网络强国建设的战略目标，三是明确网络强国建设的原则要求，四是明确互联网发展治理的国际主张，五是明确做好网信工作的基本方法。

网络安全战略作为习近平关于网络强国战略思想的重要组成和转化落地，总体上应遵照“五个明确”理解把握。

（一）习近平关于网络强国战略思想中网络安全的地位作用

习近平关于网络强国战略思想，首先明确网信工作在党和国家事业全局中的重要地位。没有网络安全就没有国家安全，没有信息化就没有现代化，网络安全和信息化事关党的长期执政，事关国家长治久安，事关经济社会发展和人民群众福祉，过不了互联网这一关，就过不了长期执政这一关，要把网信工作摆在党和国家事业全局中来谋划，切实加强党的集中统一领导。①

习近平总书记关于网信工作在党和国家事业全局的定位，从国家安全的全局高度明确“没有网络安全就没有国家安全”，并强调网络安全对国家安全牵一发而动全身。习近平总书记对网络安全给予特别关注、特殊定位，不仅阐述了网络安全与国家安全的关系，而且指出了网络安全在国家安全中的重要地位和作用。网络安全与其他领域安全之所以如此不同，根本原因在于网络特性。随着互联网的产生、发展及广泛应用，在为人类带

---

① 中共中央党史和文献研究院编：《习近平关于网络强国论述摘编》，中央文献出版社 2021 年版，第 43 页。

来了便利和巨额财富的同时，创造了一个继陆海空天之后的全新空间——网络空间，它既相对独立又渗透融入其中，对陆海空天实体空间及全球政治、经济、军事、文化产生了“一网打尽”的巨大影响。网络空间的风吹草动，很可能就会在实体空间掀起滔天巨浪，网络安全影响的全局性、渗透性、影响力前所未有，网络安全也因此上升到影响国家整体安全的高度。一是网络安全极大影响政治安全。互联网已经成为意识形态斗争的主战场，网上渗透与反渗透、破坏与反破坏、颠覆与反颠覆的斗争尖锐复杂。美西方国家利用其网络技术和资源垄断优势，充分发挥互联网跨时空、跨国界、信息快速传播、多向互动等特点，把互联网作为文化殖民、思想渗透、舆论操控的主渠道，不遗余力地推行“颜色革命”，给多国政治安全带来严重影响。21 世纪以来，突尼斯、埃及等国相继爆发被称为“阿拉伯之春”的街头政治运动，国家政权被颠覆，社会秩序被破坏；2022 年年初爆发俄乌冲突，无论是冲突之前还是之中，美西方国家都利用互联网精准操控着政局走向，使乌克兰成为前台的“提线木偶”，政治主权丧失殆尽。二是网络安全事关经济运行安全。国家金融、能源、电力、通信、交通等领域的关键信息基础设施是经济社会运行的“神经中枢”，并不断加快信息化智能化演进速度，在提高经济社会运行质效的同时，带来巨大的风险隐患。这些关键信息基础的各种网络一旦遭受攻击，不仅是网络的软受损，而且会带来设备的硬破坏，可能导致交通中断、金融紊乱、电力瘫痪等问题，具有很大的破坏性和杀伤力。2010 年 7 月，伊朗核电站大量关键设备离心机遭到疑似来自敌国的“震网”病毒攻击，损失惨重，开了通过网络战术软手段摧毁国家战略硬设施的先例；2019 年 3 月 7 日至 9 日，连续三天，委内瑞拉电力系统遭到网络攻击出现 3 次大范围停电事件，全国大部分州受到影响。三是网络安全事关社会民生安全。互联网广泛普及，既方便了人们生活，也成了各种恐怖事件、犯罪活动的温床。恐怖主义、分裂主义、极端主义等势力利用网络煽动、策划、组织和实施暴力恐怖活动，发布网络恐怖袭击，直接威胁人民生命财产安全、社会秩序；网络诈骗、色情等，给人民财产、生活等带来巨大的负面影响。四是网络安全决定战争成败。战争形态向着信息化智能化加速演进，已是不争的事实。信息网络成为战争体系的“神经系统”，一旦军队所用信息网络被对手渗透、控制、干扰、瘫痪，将会成为“一盘散沙”，战斗力迅速崩溃，成为对手随意实施降维打击的目标。

（二）习近平关于网络强国战略思想中网络安全的目标要求

习近平关于网络强国战略思想，明确网络强国建设的战略目标。要站在实现“两个一百年”奋斗目标和中华民族伟大复兴的中国梦的高度，加快推进网络强国建设。要按照技术要强、内容要强、基础要强、人才要强、国际话语权要强的要求，向着网络基础设施基本普及、自主创新能力显著增强、数字经济全面发展、网络安全保障有力、网络攻防实力均衡的方向不断前进，最终达到技术先进、产业发达、攻防兼备、制网权尽在掌握、网络安全坚不可摧的目标。①

网络强国建设的战略目标本身就包含了国家网络安全建设需要达成的目标，对此，习近平总书记提出网络安全保障有力的指向，并明确网络安全坚不可摧的目标。“坚不可摧”是对网络强国在网络安全方面战略目标的准确刻画，强调无论何种情况下，都能够通过技术手段和防范措施，有效应对各种攻击和威胁，确保网络安全的稳定性和可靠性。网络安全具有综合性特点，这里主要考虑四个方面。一是网络主权安全。网络主权是国家主权在网络空间的具体体现，也是国家主权的重要构成。网络主权安全，是指国家独立处理网络空间内外事务的权力不受干扰影响，这些权力包括对内的最高权、对外的独立权和防止侵略的自卫权。二是网络系统安全。网络系统由网络基础设施、设备、应用程序等组成，是一个庞大互联的网信大体系。网络系统安全是指网络系统能够有效防范和应对病毒攻击、流量攻击等，以及各种网络事故，确保网络稳定、可靠、顺畅运行。三是网络数据安全。网络数据包括在网络上传输、处理、存储的各种数据，具有海量、动态、异构等特点。网络数据安全是指能够通过对数据的生产、加密、传输、存储、备份等环节进行保护，有效防止数据被窃取、篡改、破坏等。四是网络内容安全。网络内容主要涵盖面向广大人民群众的各种网络信息。目前，各种网络媒体、自媒体等信息已成为主流。网络内容安全，是指针对网上各种信息，能够进行及时有效识别、防范和消除，确保网络空间风清气正，成为亿万人民的精神家园。

（三）习近平关于网络强国战略思想中网络安全的原则要求

习近平关于网络强国战略思想，明确网络强国建设的原则要求。要坚

---

① 中共中央党史和文献研究院编：《习近平关于网络强国论述摘编》，中央文献出版社 2021 年版，第 43— 44 页。

持创新发展、依法治理、保障安全、兴利除弊、造福人民的原则，坚持创新驱动发展，以信息化培育新动能，用新动能推动新发展；坚持依法治网，让互联网始终在法治轨道上健康运行；坚持正确网络安全观，筑牢国家网络安全屏障；坚持防范风险和促进健康发展并重，把握机遇挑战，让互联网更好造福社会；坚持以人民为中心的发展思想，让亿万人民在共享互联网发展成果上有更多获得感。①

网络强国建设的原则要求本身就包含了网络安全的原则要求。对此，习近平总书记强调网络强国要保障安全，明确提出坚持正确网络安全观，筑牢国家网络安全屏障。一是坚持正确网络安全观。理念决定行动。只有树立正确的网络安全观，才能采取正确的网络安全行动。必须充分认识到网络安全是整体的而不是割裂的，与国家整体安全密不可分；网络安全是动态的而不是静态的，可能随时随地遭遇挑战和威胁；网络安全是开放的而不是封闭的，加强对外合作交流可以帮助我们提高防御水平；网络安全是相对的而不是绝对的，盲目追求一劳永逸的绝对安全会让我们陷入顾此失彼的困境；网络安全是共同的而不是孤立的，需要广泛发动群众、组织群众共同参与维护。二是筑牢国家网络安全屏障。网络空间是后来居上的新空间，群雄逐鹿、暗战激烈、犯罪不止，只有多种举措相互配合，建立起坚实的安全屏障，才能保障国家和人民安全，保护新时代伟大斗争实践的安全。要全天候、全方位感知网络安全态势，及时发现威胁隐患；要增强网络安全防御和威慑能力，从攻防两端发力遏制威胁；要加快网络立法进程，完善依法监管措施，确保网络安全健康持续推进。

（四）习近平关于网络强国战略思想中网络安全的国际合作

习近平关于网络强国战略思想，明确互联网发展治理的国际主张。要坚持尊重网络主权、维护和平安全、促进开放合作、构建良好秩序等全球互联网治理的四项原则，倡导加快全球网络基础设施建设、打造网上文化交流共享平台、推动网络经济创新发展、保障网络安全、构建互联网治理体系等构建网络空间命运共同体的五点主张，强调发展共同推进、安全共同维护、治理共同参与、成果共同分享，携手建设和平、安全、开放、合

---

① 中共中央党史和文献研究院编：《习近平关于网络强国论述摘编》，中央文献出版社 2021 年版，第 44 页。

作的网络空间。[1]

互联网发展治理的国际主张本身就包括了网络安全国际合作的方针。对此，习近平总书记强调世界各国要尊重网络主权、维护和平安全，明确提出安全共同维护、治理共同参与。一是坚决捍卫网络主权。国家主权向网络空间自然延伸而产生了网络主权，它反映了对国家主权随着技术发展和国际关系日益变化和不断发展结果的深刻认识，赢得了世界绝大多数国家赞同，把国家主权延伸到网络空间，是国际网络空间治理的基础。必须旗帜鲜明地捍卫网络主权，即对网络空间的管理权，对外来网络攻击与威胁进行防御的防卫权，确保本国网络不受制于人、稳定运行的独立权，参与全球互联网治理的平等权。二是共同维护网络安全。网络安全是全球性挑战，没有哪个国家能够置身事外、独善其身，维护网络安全是国际社会的共同责任。各国应该携手努力，共同遏制信息技术滥用，反对网络监听和网络攻击，反对网络空间军备竞赛。三是共同治理网络空间。世界各国要加强对话交流，有效管控分歧，推动制定各方普遍接受的网络空间国际规则，制定网络空间国际反恐公约，健全打击网络犯罪司法协助机制，共同维护网络空间和平安全。

（五）习近平关于网络强国战略思想中网络安全的工作方法

习近平关于网络强国战略思想，明确做好网信工作的基本方法。我们认识到，网信工作涉及众多领域，要加强统筹协调、实施综合治理，形成强大工作合力。要把握好安全和发展、自由和秩序、开放和自主、管理和服务的辩证关系，整体推进网络内容建设、网络安全、信息化、网络空间国际治理等各项工作。[2]

习近平总书记强调要加强统筹协调、实施综合治理，形成强大工作合力，这一工作方法，既适用于网信工作全域，也适用于网络安全工作一域。一是厘清两个关系。一方面，按照“网络安全和信息化是一体之两翼、驱动之双轮”，“没有网络安全就没有国家安全，没有信息化就没有现代化”的总体定位，处理好网络安全与信息化发展的关系；另一方面，按

① 中共中央党史和文献研究院编：《习近平关于网络强国论述摘编》，中央文献出版社 2021 年版，第 44—45 页。

② 中共中央党史和文献研究院编：《习近平关于网络强国论述摘编》，中央文献出版社 2021 年版，第 45 页。

照网络不是法外之地、有使用就要有监管的总体要求，进一步加大监督管理力度，处理好网络使用与网络监管的关系。二是加强整体设计。围绕网络强国建设目标，统筹考虑网络安全技术、人才、产业、机制等方方面面，一体设计网络安全近期、中期、远期建设目标与安排，一盘棋绘制网络安全工作蓝图。三是加强协调推进。加强党对网络安全工作的领导，聚集各方共识、协调各方力量、畅通各种机制，以重大项目为抓手，带动网络安全工作整体推进。

二、网络安全与国家网络空间安全战略

2016 年 12 月 27 日，国家互联网信息办公室发布《国家网络空间安全战略》，成为中国第一个网络安全战略指导文件。该战略针对中国网络空间安全面临的严峻风险与挑战，贯彻落实习近平总书记关于推进全球互联网治理体系变革的“四项原则”和构建网络空间命运共同体的“五点主张”，阐明中国关于网络空间发展和安全的重大立场，指导中国网络安全工作，维护国家在网络空间的主权、安全、发展利益，充分体现了习近平总书记网络强国战略思想，是指导国家网络安全工作的纲领性文件。《国家网络空间安全战略》，呼应了 2016 年 11 月 7 日颁布的《中华人民共和国网络安全法》的制度规定，共同奠定了网络安全和网络强国建设的战略基石与法律基础，有力推动了国家网络空间安全进入快车道。

（一）关于网络安全的战略形势

《国家网络空间安全战略》指出，伴随信息革命的飞速发展，网络空间正在全面改变人们的生产生活方式，成为信息传播的新渠道、生产生活的新空间、经济发展的新引擎、文化繁荣的新载体、社会治理的新平台、交流合作的新纽带、国家主权的新疆域，深刻影响人类社会历史发展进程，极大促进了经济社会繁荣进步，同时也带来了新的安全风险和挑战。网络安全形势日益严峻，国家政治、经济、文化、社会、国防安全及公民在网络空间的合法权益面临严峻风险与挑战，包括利用网络干涉他国内政、攻击他国政治制度、煽动社会动乱、颠覆他国政权，以及大规模网络监控、网络窃密等活动，严重危害国家政治安全和用户信息安全；关键信息基础设施的网络和信息系统遭受攻击破坏、发生重大安全事件，严重危害国家经济安全和公共利益；网络谣言、颓废文化和淫秽、暴力、迷信等有害信息，侵蚀文化安全和青少年身心健康；网络恐怖主义活动直接威胁

人民生命财产安全、社会秩序，网络违法犯罪严重损害国家、企业和个人利益，影响社会和谐稳定；围绕网络空间资源控制权、规则制定权的国际竞争日趋激烈，网络空间军备竞赛挑战世界和平；等等。网络空间机遇和挑战并存，机遇大于挑战。必须坚持积极利用、科学发展、依法管理、确保安全，坚决维护网络安全，最大限度利用网络空间发展潜力，更好惠及中国人民，造福全人类，坚定维护世界和平。

（二）关于网络安全的战略目标

《国家网络空间安全战略》从国家安全全局出发，将网络安全的战略目标置于网络强国目标之下一体考虑，提出以总体国家安全观为指导，贯彻落实创新、协调、绿色、开放、共享的新发展理念，增强风险意识和危机意识，统筹国内国际两个大局，统筹发展安全两件大事，积极防御、有效应对，推进网络空间和平、安全、开放、合作、有序，维护国家主权、安全、发展利益，实现建设网络强国的战略目标。在此基础上，对网络空间和平、安全、开放、合作、有序这一目标进行系统、清晰画像。一是和平，即信息技术滥用得到有效遏制，网络空间军备竞赛等威胁国际和平的活动得到有效控制，网络空间冲突得到有效防范。二是安全，即国家网络安全保障体系健全完善、核心技术装备安全可控、网络安全风险得到有效控制、网络和信息系统运行稳定可靠，以及网络安全人才满足需求，全社会的网络安全意识、基本防护技能和利用网络的信心大幅提升。三是开放，即信息技术标准、政策和市场开放、透明，产品流通和信息传播更加顺畅，数字鸿沟日益弥合，世界各国都能分享发展机遇、共享发展成果、公平参与网络空间治理。四是合作，即世界各国在技术交流、打击网络恐怖和网络犯罪等领域的合作更加密切，多边、民主、透明的国际互联网治理体系健全完善，以合作共赢为核心的网络空间命运共同体逐步形成。五是有序，即公众在网络空间的合法权益得到充分保障，个人隐私获得有效保护，人权受到充分尊重；网络空间的国内和国际法律体系、标准规范逐步建立，实现依法有效治理，网络环境诚信、文明、健康，信息自由流动与维护国家安全、公共利益实现有机统一。

（三）关于网络安全的基本原则

《国家网络空间安全战略》强调，一个安全稳定繁荣的网络空间，对各国乃至世界都具有重大意义，提出中国与各国一道维护网络空间和平安全的四项原则，堪比新中国“万隆会议”前提出的和平共处五项原则。一是尊重维护网络空间主权。网络空间主权不容侵犯，尊重各国自主选择发展道路、网络管理模式、互联网公共政策和平等参与国际网络空间治理的权利。任何国家都不搞网络霸权、不搞双重标准，不利用网络干涉他国内政，不从事、纵容或支持危害他国国家安全的网络活动。二是和平利用网络空间。各国应遵守《联合国宪章》关于不得使用或威胁使用武力的原则，防止信息技术被用于与维护国际安全与稳定相悖的目的，共同抵制网络空间军备竞赛、防范网络空间冲突。坚持相互尊重、平等相待，求同存异、包容互信，尊重彼此在网络空间的安全利益和重大关切，推动构建和谐网络世界。反对以国家安全为借口，利用技术优势控制他国网络和信息系统、收集和窃取他国数据，更不能牺牲别国安全以谋求自身所谓的“绝对安全”。三是依法治理网络空间。全面推进网络空间法治化，坚持依法治网、依法办网、依法上网，让互联网在法治轨道上健康运行。依法构建良好网络秩序，保护网络空间信息依法有序自由流动，保护个人隐私，保护知识产权。任何组织和个人在网络空间享有自由、行使权利的同时，必须遵守法律，尊重他人权利，对自己在网络上的言行负责。四是统筹网络安全与发展。正确处理发展和安全的关系，坚持以安全保发展、以发展促安全。

（四）关于网络安全的战略任务

《国家网络空间安全战略》着眼维护国家网络空间主权、安全、发展利益，推动互联网造福人类，推动网络空间和平利用和共同治理，提出九大战略任务。一是坚定捍卫网络空间主权。根据宪法和法律法规管理中国主权范围内的网络活动，保护中国信息设施和信息资源安全，采取包括经济、行政、科技、法律、外交、军事等一切措施，坚定不移地维护中国网络空间主权。二是坚决维护国家安全。防范、制止和依法惩治任何利用网络进行叛国、分裂国家、煽动叛乱、颠覆或者煽动颠覆人民民主专政政权的行为；防范、制止和依法惩治利用网络进行窃取、泄露国家秘密等危害国家安全的行为；防范、制止和依法惩治境外势力利用网络进行渗透、破坏、颠覆、分裂活动。三是保护关键信息基础设施。采取一切必要措施保护关键信息基础设施及其重要数据不受攻击破坏。坚持技术和管理并重、保护和震慑并举，着眼识别、防护、检测、预警、响应、处置等环节，建立实施关键信息基础设施保护制度，从管理、技术、人才、资金等方面加大投入，依法综合施策，切实加强关键信息基础设施安全防护。四是加强网络文化建设。加强网上思想文化阵地建设，大力培育和践行社会主义核心价值观，实施网络内容建设工程，发展积极向上的网络文化，传播正能量，凝聚强大精神力量，营造良好网络氛围。五是打击网络恐怖和违法犯罪。加强网络反恐、反间谍、反窃密能力建设，严厉打击网络恐怖和网络间谍活动。六是完善网络治理体系。坚持依法、公开、透明管网治网，切实做到有法可依、有法必依、执法必严、违法必究。健全网络安全法律法规体系，明确社会各方面的责任和义务，明确网络安全管理要求。加快构建法律规范、行政监管、行业自律、技术保障、公众监督、社会教育相结合的网络治理体系，加强网络空间通信秘密、言论自由、商业秘密，以及名誉权、财产权等合法权益的保护。七是夯实网络安全基础。夯实网络安全技术、软件、设施、产业、人才、理论和网络经济、大数据等方面的基础，做好网络安全等级保护、风险评估、漏洞发现等基础性工作，完善网络安全监测预警和网络安全重大事件应急处置机制。八是提升网络空间防护能力。建设与中国国际地位相称、与网络强国相适应的网络空间防护力量，大力发展网络安全防御手段，及时发现和抵御网络入侵，铸造维护国家网络安全的坚强后盾。九是强化网络空间国际合作。在相互尊重、相互信任的基础上，加强国际网络空间对话合作，推动互联网全球治理体系变革，建立多边、民主、透明的国际互联网治理体系。

三、网络安全与网络空间国际合作战略

2017 年 3 月 1 日，中华人民共和国外交部和国家互联网信息办公室共同发布《网络空间国际合作战略》。这是中国就网络问题第一次发布国际性战略，全面宣示中国网络空间对外政策理念，系统阐释中国参与网络空间国际合作的基本原则、战略目标和行动计划，表明中国致力于加强国际合作的坚定意愿，以及共同打造安全、稳定、繁荣的网络空间的坚定信心和积极努力。《网络空间国际合作战略》着重从外交方面把《国家网络空间安全战略》的主张、立场作进一步阐释和深化，主要是在《国家网络空间安全战略》“和平、安全、开放、合作、有序”的网络空间愿景下，细化提出了维护主权与安全、构建国际规则体系、促进互联网公平治理、保护公民合法权益、促进数字经济合作、打造网上文化交流平台六个战略目标；在《国家网络空间安全战略》“尊重维护网络空间主权、和平利用网络空间、依法治理网络空间、统筹网络安全与发展”四个总体原则下，阐

释了中国开展网络空间国际交流与合作的和平原则、主权原则、共治原则、普惠原则四项基本原则。

（一）关于中国参与网络空间国际合作的基本原则

中国始终是世界和平的建设者、全球发展的贡献者、国际秩序的维护者。中国坚定不移走和平发展道路，坚持正确义利观，推动建立合作共赢的新型国际关系。中国网络空间国际合作战略以和平发展为主题，以合作共赢为核心，倡导和平、主权、共治、普惠作为网络空间国际交流与合作的基本原则。一是和平原则。国际社会要切实遵守《联合国宪章》宗旨与原则，特别是不使用或威胁使用武力、和平解决争端的原则，确保网络空间的和平与安全。各国应共同反对利用信息通信技术实施敌对行动和侵略行径，防止网络军备竞赛，防范网络空间冲突，坚持以和平方式解决网络空间的争端；应摒弃冷战思维、零和博弈和双重标准，在充分尊重别国安全的基础上，以合作谋和平，致力于在共同安全中实现自身安全。国际社会要采取切实措施，预防并合作打击网络恐怖主义活动。二是主权原则。《联合国宪章》确立的主权平等原则是当代国际关系的基本准则，覆盖国与国交往的各个领域，也应该适用于网络空间。国家间应该相互尊重自主选择网络发展道路、网络管理模式、互联网公共政策和平等参与国际网络空间治理的权利，不搞网络霸权，不干涉他国内政，不从事、纵容或支持危害他国国家安全的网络活动。三是共治原则。网络空间是人类共同的活动空间，需要世界各国共同建设、共同治理。网络空间国际治理，首先应坚持多边参与。世界各国都是国际社会平等成员，都有权通过国际网络治理机制和平台，平等参与网络空间的国际秩序与规则建设，确保网络空间的未来发展由各国人民共同掌握。其次，应坚持多方参与。应发挥政府、国际组织、互联网企业、技术社群、民间机构、公民个人等各主体作用，构建全方位、多层面的治理平台。国际社会应共同管理和公平分配互联网基础资源，建立多边、民主、透明的全球互联网治理体系，实现互联网资源共享、责任共担、合作共治。四是普惠原则。国际社会应不断推进互联网领域开放合作，丰富开放内涵，提高开放水平，搭建更多沟通合作平台，推动在网络空间优势互补、共同发展，确保人人共享互联网发展成果，实现联合国信息社会世界峰会确定的建设以人为本、面向发展、包容性的信息社会目标。

（二）关于中国参与网络空间国际合作的战略目标

中国参与网络空间国际合作的战略目标：坚定维护中国网络主权、安全和发展利益，保障互联网信息安全有序流动，提升国际互联互通水平，维护网络空间和平安全稳定，推动网络空间国际法治化，促进全球数字经济发展，深化网络文化交流互鉴，让互联网发展成果惠及全球，更好造福各国人民。具体包括六个方面：一是维护主权与安全。中国致力于维护网络空间和平安全，以及在国家主权基础上构建公正合理的网络空间国际秩序，并积极推动和巩固在此方面的国际共识；中国坚决反对任何国家借网络干涉别国内政，主张各国有权利和责任维护本国网络安全，通过国家法律和政策保障各方在网络空间的正当合法权益；中国致力于推动各方切实遵守和平解决争端、不使用或威胁使用武力等国际关系基本准则，建立磋商与调停机制，预防和避免冲突，防止网络空间成为新的战场。二是构建国际规则体系。网络空间作为新疆域，亟须制定相关规则和行为规范。中国主张在联合国框架下制定各国普遍接受的网络空间国际规则和国家行为规范，确立国家及各行为体在网络空间应遵循的基本准则，规范各方行为，促进各国合作，以维护网络空间的安全、稳定与繁荣。中国支持且积极参与国际规则制定进程，并继续与国际社会加强对话合作，作出自己的贡献。三是促进互联网公平治理。中国主张通过国际社会平等参与和共同决策，构建多边、民主、透明的全球互联网治理体系。中国支持加强包括各国政府、国际组织、互联网企业、技术社群、民间机构、公民个人等各利益攸关方的沟通与合作。四是保护公民合法权益。中国支持互联网的自由与开放，充分尊重公民在网络空间的权利和基本自由，保障公众在网络空间的知情权、参与权、表达权、监督权，保护网络空间个人隐私。中国致力于推动网络空间有效治理，实现信息自由流动与国家安全、公共利益有机统一。五是促进数字经济合作。中国秉持公平、开放、竞争的市场理念，在自身发展的同时，坚持合作和普惠原则，促进世界范围内的投资和贸易发展，推动全球数字经济发展。中国主张推动国际社会公平、自由贸易，反对贸易壁垒和贸易保护主义，促进建立开放、安全的数字经济环境，确保互联网为经济发展和创新服务。六是打造网上文化交流平台。中国愿同各国一道，发挥互联网传播平台优势，通过互联网架设国际交流桥梁，促进各国优秀文化交流互鉴。加强网络文化传播能力建设，推动国际网络文化的多样性发展，丰富人民精神世界，促进人类文明进步。

（三）关于中国参与网络空间国际合作的行动计划

中国将积极参与网络领域相关国际进程，加强双边、地区及国际对话与合作，增进国际互信，谋求共同发展，携手应对威胁，以期最终达成各方普遍接受的网络空间国际规则，构建公正合理的全球网络空间治理体系。主要提出九项行动计划：一是倡导和促进网络空间和平与稳定。参与双多边建立信任措施的讨论，采取预防性外交举措，通过对话和协商的方式应对各种网络安全威胁；加强对话，共同遏制信息技术滥用，防止网络空间军备竞赛。推动国际社会就网络空间和平属性展开讨论，从维护国际安全和战略互信、预防网络冲突角度，研究国际法适用网络空间问题。二是推动构建以规则为基础的网络空间秩序。发挥联合国在网络空间国际规则制定中的重要作用，支持并推动联合国大会通过信息和网络安全相关决议，积极推动并参与联合国信息安全问题政府专家组等进程。支持国际社会在平等基础上普遍参与有关网络问题的国际讨论和磋商。三是不断拓展网络空间伙伴关系。中国致力于与国际社会各方建立广泛的合作伙伴关系，积极拓展与其他国家的网络事务对话机制，广泛开展双边网络外交政策交流和务实合作。四是积极推进全球互联网治理体系改革。参与和推动联合国信息社会世界峰会成果的巩固和落实，联合国互联网治理论坛机制的改革及全球互联网治理平台活动，积极推动互联网名称和数字地址分配机构国际化改革。五是深化打击网络恐怖主义和网络犯罪国际合作。探讨国际社会合作打击网络恐怖主义的行为规范及具体措施，支持并推动联合国安理会在打击网络恐怖主义国际合作问题上发挥重要作用。支持并推动联合国开展打击网络犯罪的工作。推进金砖国家打击网络犯罪和网络恐怖主义的机制安排，加强与各国打击网络犯罪和网络恐怖主义的政策交流与执法等务实合作。六是倡导对隐私权等公民权益的保护。推动网络空间确立个人隐私保护原则，推动各国采取措施制止利用网络侵害个人隐私的行为；促进企业增强数据安全保护意识，支持企业加强行业自律，推动政府和企业加强合作，共同保护网络空间个人隐私。七是推动数字经济发展和数字红利普惠共享。推动落实联合国信息社会世界峰会确定的信息社会目标；支持基于互联网的创新创业，促进工业、农业、服务业数字化转型；支持向广大发展中国家提供网络安全能力建设援助，让更多发展中国家和人民共享互联网带来的发展机遇；推动制定完善的网络空间贸易规则，开展电子商务国际合作，保护知识产权，促进全球网络经济的繁荣发展；加强互联网技术合作共享，加强人才交流和联合培养。八是加强全球信息基础设施建设和保护。共同推动全球信息基础设施建设，加强国际合作，推动各国加强关键信息基础设施保护，提高网络风险的防范和应对能力。九是促进网络文化交流互鉴。推动各国开展网络文化合作，让互联网充分展示各国各民族的文明成果，成为文化交流、文化互鉴的平台，增进各国人民情感交流、心灵沟通。支持中国企业参加国际重要网络文化展会，推动中国网络文化产品走出去，推动网络文化企业海外落地。

第二节　网络安全政策体系

政策是国家政权机关、政党组织和其他社会政治集团为了实现自己所代表的阶级、阶层的利益与意志，以权威形式标准化地规定在一定的历史时期内，应该达到的奋斗目标、遵循的行动原则、完成的明确任务、实行的工作方式、采取的一般步骤和具体措施。政策通常适用于一定历史时期，具有阶段性、灵活性、指导性的特点，通常以决定、决议、纲领、宣言、通知、纪要等形式表现，经认可或被制定成为法律规范。但是，政策与法律有着明显区别，法律必须由立法机关按照严格程序制定，以宪法、法律法规等规范性文件形式表现，非经法定程序不得随意废止，具有较强的强制性和稳定性；而政策通常由国家职能机关根据形势任务需要制定或废止，程序和方式较为灵活，且没有法律强制力。中国网络安全政策由中国共产党和人民政府在网络安全和信息化事业发展过程中针对网络安全问题提出并不断丰富和发展，经过了初步探索、形成体系、持续完善三个阶段，形成由“两个层面＋五个类型”的网络安全政策体系，为中国网络安全工作提供了强有力的指导作用。

一、网络安全政策的三个阶段

中国网络安全政策伴随着中国互联网产生发展而逐步萌生丰富，按照从一隅到全局、从统一到完善的发展历程，可区分为三个阶段。

（一）初步探索阶段（1994 年中国正式接入国际互联网至 2014 年中央网络安全和信息化领导小组成立）

这一阶段，网络安全虽已成为新型安全威胁，但仍然被纳入传统安全问题处置应对体系之中，主要围绕网络自身安全，以中华人民共和国国务院为主研究制定了网络安全重大政策，由中华人民共和国公安部会同有关部委制定落实网络安全等级保护政策。由于缺少中央层面专司网络安全的机构，一定程度上影响了涉及网络安全全局性政策的制定落实工作；同时，纳入中华人民共和国公安部职能范畴的网络安全等级保护政策工作则更加有力有效。

1987 年 9 月 14 日，王运丰教授和李澄炯博士等中国科学家在北京计算机应用技术研究所创建了第一个电子邮件节点，并于 9 月 20 日向德国发出了中国第一封电子邮件，此后，中国科学家们收到来自世界各地的许多邮件。1988 年中国首次出现计算机病毒，名为“小球病毒”，当计算机系统时钟处于半点或整点且系统进行读盘操作即可触发，在屏幕上出现一个活蹦乱跳的小圆点进行斜线运动，当碰到屏幕边沿或者文字就立刻反弹，同时削去碰到的部分文字。此后，网络安全问题逐步增多，引起了中国政府的高度重视。

1994 年，中国正式接入国际互联网，开启中国互联网元年。此后，根据形势任务发展需要，相继出台多项政策。首先从全局上探索解决网络安全问题。1994 年 2 月 18 日，中华人民共和国国务院令第 147 号发布《中华人民共和国计算机信息系统安全保护条例》，明确了计算机信息系统安全保护的相关概念与职责分工、安全保护制度、安全监督、法律责任等，成为中国第一个网络安全方面的权威政策文件；1997 年 12 月 16 日，经中华人民共和国国务院批准，公安部令第 33 号发布《计算机信息网络国际联网安全保护管理办法》，明确了计算机信息网络国际联网的禁止内容和行为、安全保护责任、安全监督、法律责任等，以防范和遏制利用国际联网危害国家安全、泄露国家秘密，侵犯国家、社会、集体的利益和公民的合法权益，以及从事违法犯罪活动；2000 年 9 月 25 日，中华人民共和国国务院令第 291 号公布《中华人民共和国电信条例》，明确了全国电信业监管部门及职责，电信业务许可、电信网间互联、电信资费和电信资源要求，电信服务要求，电信设施建设、设备进网要求，电信安全要求及处罚措施等，以规范电信市场秩序，维护电信用户和电信业务经营者的合法权益，保障电信网络和信息的安全，促进电信业的健康发展；2000 年 9 月 25 日，中华人民共和国国务院令第 147 号公布施行《互联网信息服务管理办法》，明确了互联网信息服务的范围、备案或许可、违禁内容、应当记录内容及对违法行为的处罚，是中国关于互联网信息服务管理最基本的行政规定；2005 年 5 月，中国国家信息化领导小组印发了《国家信息安全战略报告》（国信〔2005〕2 号），从国家层面确定了信息安全的战略布局和长远规划，是中国首部真正意义上的网络安全战略性文件；2006 年 5 月，中共中央办公厅、国务院办公厅印发的《2006—2020 年国家信息化发展战略》涉及网络安全内容，将“建设国家信息安全保障体系”纳入我国信息化发展的战略重点；2012 年 6 月 28 日，《国务院关于大力推进信息化发展和切实保障信息安全的若干意见》（国发〔2012〕23 号）发布，再次将网络安全纳入国家战略，围绕“加快能力建设，提升网络与信息安全保障水平”，提出“夯实网络与信息安全基础、加强网络信任体系建设和密码保障、提升网络与信息安全监管能力、加快技术攻关和产业发展”重要措施；2012 年 12 月 28 日，第十一届全国人民代表大会常务委员会第三十次会议通过《全国人民代表大会常务委员会关于维护互联网安全的决定》，主要从保护公民个人电子信息出发，对治理垃圾电子信息、网络身份管理以及网络服务提供者和网络用户的义务与责任、政府有关部门的监管职责等作出了明确规定，为保障网络信息安全，保护公民、法人和其他组织的合法权益，维护国家安全和社会公共利益提供了重要保障，等等。

其次，突出抓好网络安全等级保护政策制定落实。2005 年年底，公安部会同有关部门联合印发了《关于开展信息系统安全等级保护基础调查工作的通知》，于 2006 年上半年在全国范围内开展信息系统安全等级保护基础调查，调查了 6 万多个单位，11 万个信息系统，摸清了全国信息系统特别是重要信息系统的基本情况，为制定网络安全等级保护政策、部署全国开展等级保护工作奠定了坚实的基础。2006 年 1 月，公安部、国家保密局、国家密码管理局、国务院信息化工作办公室四部门联合颁布《信息安全等级保护管理办法（试行）》（公通字〔2006〕7 号），在 13 个省（自治区、直辖市）和 3 个部委开展了信息安全等级保护试点工作，探索了开展等级保护工作领导、组织、协调的模式和办法，为全面开展等级保护工作奠定了坚实的基础。2007 年 6 月 22 日，公安部、国家保密局、国家密码管理局、国务院信息化工作办公室联合发布《信息安全等级保护管理办法》（公通字〔2007〕43 号），明确了信息安全等级保护工作的职责分工、等级划分与保护、等级保护的实施与管理、涉及国家秘密信息系统的分级保护管理、信息安全等级保护的密码管理、法律责任等；7 月联合下发

《关于开展全国重要信息系统安全等级保护定级工作的通知》（公信安〔2007〕861号），部署了在全国范围内开展重要信息系统安全等级保护定级工作，标志着国家信息安全等级保护制度在全国开始全面实施；10月26日，为配合《信息安全等级保护管理办法》（公通字〔2007〕43号）和《关于开展全国重要信息系统安全等级保护定级工作的通知》（公信安〔2007〕861号）的贯彻实施，严格规范备案管理工作，实现备案工作的规范化、制度化，公安部印发了《信息安全等级保护备案实施细则》及其配套法律文书。2008年6月19日，中华人民共和国国家质量监督检验检疫总局、中国国家标准化管理委员会联合发布《信息安全技术信息系统安全等级保护基本要求》（GB/T 22239—2008），主要明确了五个安全保护等级的技术要求和管理要求，其中技术要求包括物理安全、网络安全、主机安全、应用安全和数据安全及备份恢复五个方面，管理要求包括安全管理制度、安全管理机构、人员安全管理、系统建设管理和系统运维管理五个方面。2009年10月，中华人民共和国公安部向各部委印送《关于开展信息安全等级保护安全建设整改工作的指导意见》（公信安〔2009〕1429号），明确了网络安全等级保护安全建设整改工作的目标、任务和方法，指导全国开展等级保护安全建设整改工作，实现五个方面的目标：一是信息系统安全管理水平明显提高，二是信息系统安全防范能力明显增强，三是信息系统安全隐患和安全事故明显减少，四是有效保障信息化健康发展，五是有效维护国家安全、社会秩序和公共利益。

最后，初步展开互联网信息内容政策的制定落实。2005年9月25日，中华人民共和国国务院新闻办公室、原信息产业部联合公布施行《互联网新闻信息服务管理规定》，主要明确互联网新闻信息服务的许可、运行、监督检查、法律责任等，以规范互联网新闻信息服务活动。

（二）形成体系阶段（2014年中央网络安全和信息化领导小组成立至2022年党的二十大召开）

这一阶段，网络安全问题开始置于中央网络安全和信息化建设领导机构的统筹协调之下处置应对，保证了网络安全工作的集中统一和常态专司，网络安全政策迅速从网络自身安全拓展到网络内容安全、数据安全、关键信息基础设施安全等领域，基本形成网络安全政策体系架构。

截至2014年，中国接入国际互联网20年，成为名副其实的“网络大国”，同时中国面临网络安全方面的任务和挑战日益复杂和多元。由于历史原因，中国网络管理体制形成了“九龙治水”格局，多头管理、职能交叉、权责不一、效率不高，弊端十分明显。为此，2014 年 2 月 27 日，成立中央网络安全和信息化领导小组，属于列入中共中央直属机构序列的决策议事协调机构，从中央层面加强对网络安全和信息化工作的统筹协调，其办事机构是中央网络安全和信息化领导小组办公室。为进一步加强党中央对网络安全和信息化工作的集中统一领导，2018 年 3 月，中央网络安全和信息化领导小组改为中央网络安全和信息化委员会，其办事机构是中央网络安全和信息化委员会办公室。在这样的背景下，涉及网络安全各方面的政策纷纷出台，从早期网络自身安全政策为主快速拓展。

一是围绕互联网信息内容管理连续出台多个政策文件，重点规范社交媒体、重要网站、互联网企业及用户权责、行为等。2014 年 5 月 9 日，中央网络安全和信息化领导小组批准下发《关于加强党政机关网站安全管理的通知》（中网办发文〔2014〕1 号），重点对党政机关网站的开办审核，信息发布、转载和链接管理，应用安全管理，标识制度，技术防护体系建设、安全管理工作的组织领导及党政机关电子邮件安全管理等提出要求，以提高党政机关网站安全防护水平，保障和促进党政机关网站建设；8 月 7 日，国家互联网信息办公室发布实施《即时通信工具公众信息服务发展管理暂行规定》，重点对即时通信工具服务提供者、使用者的服务和使用行为进行规范，对通过即时通信工具从事公众信息服务活动提出管理要求，以进一步推动即时通信工具公众信息服务健康有序发展。2015 年 2 月 4 日，国家互联网信息办公室发布《互联网用户账号名称管理规定》，自 2015 年 3 月 1 日施行，重点对公众使用微博、微信等账号名称及头像和简介进行规范，明确提出网上昵称不准违反法律、危害国家安全、破坏民族团结、侮辱诽谤他人等“九不准”，以加强对互联网用户账号名称的管理；4 月 28 日，国家互联网信息办公室发布《互联网新闻信息服务单位约谈工作规定》，自 2015 年 6 月 1 日起实施，主要明确对被约谈的九种违法情形、约谈主体、约谈流程、惩罚措施等，以推动约谈工作进一步程序化、规范化，更好地促进互联网新闻信息服务单位依法办网、文明办网。2016 年 6 月 25 日，国家互联网信息办公室发布《互联网信息搜索服务管理规定》，自 2016 年 8 月 1 日起施行，主要明确互联网信息搜索服务的监管单位，规范互联网信息搜索服务提供者的服务行为、提供付费搜索信息服务的法定义务等，以遏制某些不法企业和个人利用互联网信息搜索服务向互联网用户提供虚假信息，促进互联网信息搜索服务行业健康有序发展；6 月 28 日，国家互联网信息办公室发布《移动互联网应用程序信息服务管理规定》，自 2016 年 8 月 1 日起实施，2022 年 6 月 14 日，国家互联网信息办公室发布新修订的《移动互联网应用程序信息服务管理规定》，自 2022 年 8 月 1 日起施行，进一步明确应用程序提供者、应用程序分发平台的责任、行为及相应的监督管理要求，以加强依法监管移动互联网应用程序，促进应用程序信息服务健康有序发展；11 月 4 日，国家互联网信息办公室发布《互联网直播服务管理规定》，自 2016 年 12 月 1 日起施行，主要对互联网直播服务提供者、发布者的权责、行为等进行规范，以加强对互联网直播服务的管理。2017 年 5 月 2 日，国家互联网信息办公室公布新版《互联网新闻信息服务管理规定》，自 2017 年 6 月 1 日起施行，主要明确互联网新闻信息服务的许可、运行、监督管理和法律责任，以规范互联网新闻信息服务，满足公众对互联网新闻信息的需求；8 月 25 日，国家互联网信息办公室公布《互联网跟帖评论服务管理规定》，自 2017 年 10 月 1 日起施行，主要明确互联网论坛社区服务提供者的责任、行为等，以促进互联网论坛社区行业健康有序发展。2018 年 2 月 2 日，国家互联网信息办公室发布《微博客信息服务管理规定》，自 2018 年 3 月 20 日起施行，重点规范微博客服务提供者、使用者的权责、行为等，以促进微博客信息服务健康有序发展。2019 年 12 月 15 日，国家互联网信息办公室公布《网络信息内容生态治理规定》，自 2020 年 3 月 1 日起施行，主要明确网络信息内容生态治理的根本宗旨、责任主体、治理对象、基本目标、行为规范和法律责任，为依法治网、依法办网、依法上网提供明确可操作的制度遵循。2021 年 11 月 16 日，国家互联网信息办公室联合工业和信息化部、公安部和国家市场监督管理总局发布《互联网信息服务算法推荐管理规定》，自 2022 年 3 月 1 日起施行，主要明确算法推荐服务提供者的行为要求、对用户权益的保护及相应的监督管理要求，以规范互联网信息服务算法推荐活动。2022 年 6 月 27 日，国家互联网信息办公室发布《互联网用户账号信息管理规定》，自 2022 年 8 月 1 日起施行，主要明确互联网用户账号信息注册和使用、账号信息管理、账号信息监督检查与法律责任等，以加强对互联网用户账号信息的管理，弘扬社会主义核心价值观；9 月 30 日，国家互联网信息办公室、工业和信息化部、国家市场监督管理总局联合发布施行《互联网弹窗信息推送服务管理规定》，主要明确提供互联网弹窗信息推送服务应遵守的要求及有关管理、监督主体责任等，以加强对弹窗信息推送服务的规范管理，等等。

二是围绕关键信息基础设施出台有关政策文件，重点规范关键信息基础设施保护的权责、机制等。2021 年 7 月 30 日，中华人民共和国国务院令第 745 号公布《关键信息基础设施安全保护条例》，自 2021 年 9 月 1 日起施行，主要明确关键信息基础设施认定、安全保护责任、工作机制、保障和监督、法律责任等内容，以保障关键信息基础设施安全及维护网络安全；2021 年 12 月 28 日，国家互联网信息办公室联合国家发展和改革委员会、工业和信息化部、公安部、国家安全部、财政部、商务部、中国人民银行、国家市场监督管理总局、国家广播电视总局、中国证券监督管理委员会、国家保密局、国家密码管理局发布《网络安全审查办法》，自 2022 年 2 月 15 日起施行，主要对关键信息基础设施的运营者采购网络产品和服务的审查对象、流程、审查范围、审查重点及采购合同的要求进行规制，以保障关键信息基础设施供应链安全，等等。

三是围绕网络犯罪出台有关政策文件，重点针对网上诈骗活动进行规制。2016 年 12 月 19 日，中华人民共和国最高人民法院、最高人民检察院、公安部以法发〔2016〕32 号印发《关于办理电信网络诈骗等刑事案件适用法律若干问题的意见》，主要明确依法严惩电信网络诈骗犯罪、全面惩处关联犯罪、准确认定共同犯罪与主观故意、依法确定案件管辖、证据的收集和审查判断、涉案财物的处理等内容，以进一步依法严厉惩治电信网络诈骗犯罪，对其上下游关联犯罪实行全链条、全方位打击。2022 年 4 月，中共中央办公厅、国务院办公厅印发《关于加强打击治理电信网络诈骗违法犯罪工作的意见》，主要明确依法严厉打击电信网络诈骗违法犯罪，构建严密防范体系，加强行业监管源头治理，强化属地管控综合治理，加强组织实施等要求，对加强打击治理电信网络诈骗违法犯罪工作作出安排部署。

四是围绕数据安全出台有关政策文件，重点应对国家数据资产风险。2021 年 7 月 5 日，国家互联网信息办公室发布《汽车数据安全管理若干规定（试行）》，自 2021 年 10 月 1 日施行，主要明确汽车数据处理者的权责、行为要求等，以规范汽车数据处理活动，加强重要数据保护，防范数据安全风险；2022 年 5 月 19 日，国家互联网信息办公室发布《数据出境安全评估办法》，自 2022 年 9 月 1 日起施行，主要规范数据出境安全评估的程序和要求，明确参与评估各方的责任，为确保国家数据安全提供了重要依据，等等。

（三）持续完善阶段（2022 年党的二十大召开以来）

这一阶段，在网络安全政策体系基本形成的基础上，对中国网络安全政策不断补充丰富、迭代更新。

党的二十大以来，我国全面开启了建成社会主义现代化强国、实现第二个百年奋斗目标的新征程，进而对网络安全提出了更高要求，特别是针对人工智能技术广泛应用引起的网络安全问题，中国政府有关职能部门及时出台相关政策。2022 年 11 月 25 日，国家互联网信息办公室联合工业和信息化部、公安部发布《互联网信息服务深度合成管理规定》，自 2023 年 1 月 10 日起施行，主要明确互联网信息服务深度合成的一般规定、数据和技术管理规范、监督检查与法律责任等，以促进深度合成技术向上向善，引导相关产业健康发展。2023 年 2 月 22 日，国家互联网信息办公室发布《个人信息出境标准合同办法》，自 2023 年 6 月 1 日起施行，主要对个人信息出境的条件、需要评估内容、备案要求等进行规范，是继《数据出境安全评估办法》之后，第二部落实《中华人民共和国个人信息保护法》个人信息出境管理规定的专门性部门规章，具有承前启后推动个人信息出境管理制度体系化的重要作用；7 月 10 日，国家互联网信息办公室联合国家发展和改革委员会、教育部、科学技术部、工业和信息化部、公安部和国家广播电视总局公布《生成式人工智能服务管理暂行办法》，自 2023 年 8 月 15 日起施行，主要明确提供和使用生成式人工智能服务应当遵守的规定、生成式人工智能服务的 技术发展与治理、服务规范、监督检查和法律责任等，以促进生成式人工智能健康发展，防范生成式人工智能服务风险，等等。

同时，为适应网络安全实践发展变化，中国政府有关职能部门对既有网络安全政策适时进行修订。例如，为了适应形势发展变化，继续加强对互联网跟帖评论服务的规范管理，促进网络环境风朗气清，2022 年 11 月 16 日，国家互联网信息办公室发布新修订的《互联网跟帖评论服务管理规定》，自 2022 年 12 月 15 日起施行（2017 年 8 月 25 日公布的《互联网跟帖评论服务管理规定》同时废止），主要明确跟帖评论服务提供者跟帖评论管理责任、跟帖评论服务使用者和公众账号生产运营者应当遵守的有关要求等。

二、网络安全政策体系

中国网络安全政策主要由国家统一研究制定，地方负责执行落实，上下联动、步调一致、高效有力，这是中国网络安全政策的特点和优点。经过近30年发展，中国基本形成“2+5”的网络安全政策体系。其中，“2”是按照政策制定者不同区分的两个层面，即党中央和国务院、中央和国家机关2个层面，“5”是按照政策解决问题不同区分的5个类别，即计算机信息系统、互联网信息内容、关键信息基础设施、打击网络违法犯罪和数据安全方面的政策。通常由党中央和国务院制定基本政策，中央和国家机关据此制定具体政策或补充政策，按照网络安全问题出现的先后，从网络安全到内容安全，适时制定相应政策。由于网络安全形势不断发展变化，各种网络安全政策必然随之修订、增加或废除，始终处于动态调整状态，呈现出体系相对稳定、局部不断演进的现象。

（一）计算机信息系统安全保护政策

计算机信息系统安全保护政策，主要用于保障计算机及其相关和配套的设备、设施（含网络）的安全，运行环境的安全，保障信息的安全，保障计算机功能的正常发挥；重点对象是国家事务、经济建设、国防建设、尖端科学技术等重要领域的计算机信息系统。

1994年2月18日，中华人民共和国国务院发布《中华人民共和国计算机信息系统安全保护条例》，成为计算机信息系统安全保护的基本政策。

依据计算机信息系统安全保障的基本政策，以公安部为主制定具体政策，主要是信息安全等级保护政策，包括：中华人民共和国公安部联合有关部门，根据《中华人民共和国计算机信息系统安全保护条例》等有关法律法规，于2007年6月23日发布《信息安全等级保护管理办法》（公通字〔2007〕43号）；中华人民共和国公安部，为配合《信息安全等级保护管理办法》（公通字〔2007〕43号）贯彻实施，于2007年10月26日印发《信息安全等级保护备案实施细则》及其配套法律文书。

（二）互联网信息内容安全保护政策

互联网信息内容安全保护政策，用于保障以网络信息内容为主要治理对象，建立健全网络综合治理体系、营造清朗的网络空间、建设良好的网络生态。

2000年9月25日，为规范互联网信息服务活动，促进互联网信息服务健康有序发展，中华人民共和国国务院公布施行《互联网信息服务管理办法》；2012 年 12 月 28 日，为保障互联网的运行安全和信息安全，促进互联网的健康发展，第十一届全国人民代表大会常务委员会第三十次会议通过《全国人民代表大会常务委员会关于维护互联网安全的决定》，成为互联网信息内容安全保护的基本政策。

依据互联网信息内容安全保护的基本政策，以国家互联网信息办公室为主制定具体政策，主要是互联网信息服务政策，包括：国务院新闻办公室、原信息产业部，根据《互联网信息服务管理办法》，于 2005 年 9 月 25 日联合公布施行《互联网新闻信息服务管理规定》，国家互联网信息办公室于 2017 年 5 月 2 日公布新版《互联网新闻信息服务管理规定》，自 2017 年 6 月 1 日起施行；国家互联网信息办公室，根据《全国人民代表大会常务委员会关于维护互联网安全的决定》《全国人民代表大会常务委员会关于加强网络信息保护的决定》《最高人民法院、最高人民检察院关于办理利用信息网络实施诽谤等刑事案件适用法律若干问题的解释》《互联网信息服务管理办法》《互联网新闻信息服务管理规定》等法律法规，于 2014 年 8 月 7 日发布实施《即时通信工具公众信息服务发展管理暂行规定》；国家互联网信息办公室根据《国务院关于授权国家互联网信息办公室负责互联网信息内容管理工作的通知》和有关法律、行政法规，于 2015 年 2 月 4 日发布、3 月 1 日起施行《互联网用户账号名称管理规定》；国家互联网信息办公室根据《互联网信息服务管理办法》《互联网新闻信息服务管理规定》《国务院关于授权国家互联网信息办公室负责互联网信息内容管理工作的通知》，于 2015 年 4 月 28 日发布、6 月 1 日起实施《互联网新闻信息服务单位约谈工作规定》；国家互联网信息办公室根据《全国人民代表大会常务委员会关于加强网络信息保护的决定》和《国务院关于授权国家互联网信息办公室负责互联网信息内容管理工作的通知》，于 2016 年 6 月 25 日发布、8 月 1 日起施行《互联网信息搜索服务管理规定》；国家互联网信息办公室根据《中华人民共和国网络安全法》《中华人民共和国数据安全法》《中华人民共和国个人信息保护法》《中华人民共和国未成年人保护法》《互联网信息服务管理办法》《互联网新闻信息服务管理规定》《网络信息内容生态治理规定》等法律、行政法规和国家有关规定，于 2016 年 6 月 28 日发布、8 月 1 日起实施《移动互联网应用程序信息服务管理规定》，2022 年 6 月 14 日发布修订版、8 月 1 日起施行；国家互联网信息办公室根据《全国人民代表大会常务委员会关于加强网络信息保护的决定》《国务院关于授权国家互联网信息办公室负责互联网信息内容管理工作的通知》《互联网信息服务管理办法》和《互联网新闻信息服务管理规定》，于2016年11月4日发布、12月1日起施行《互联网直播服务管理规定》；国家互联网信息办公室根据《中华人民共和国网络安全法》《国务院关于授权国家互联网信息办公室负责互联网信息内容管理工作的通知》，于2017年8月25日公布、10月1日起施行《互联网跟帖评论服务管理规定》，2022年11月16日发布修订版、12月15日起施行；国家互联网信息办公室根据《中华人民共和国网络安全法》《国务院关于授权国家互联网信息办公室负责互联网信息内容管理工作的通知》，于2018年2月2日发布、3月20日起施行《微博客信息服务管理规定》；国家互联网信息办公室，根据《中华人民共和国国家安全法》《中华人民共和国网络安全法》《互联网信息服务管理办法》等法律、行政法规，于2019年12月15日公布、2020年3月1日起施行《网络信息内容生态治理规定》；国家互联网信息办公室联合工业和信息化部、公安部和国家市场监督管理总局，根据《中华人民共和国网络安全法》《中华人民共和国数据安全法》《中华人民共和国个人信息保护法》《互联网信息服务管理办法》等法律、行政法规，于2021年11月16日发布、2022年3月1日起施行《互联网信息服务算法推荐管理规定》；国家互联网信息办公室根据《中华人民共和国网络安全法》《中华人民共和国个人信息保护法》《互联网信息服务管理办法》等法律、行政法规，于2022年6月27日发布、8月1日起施行《互联网用户账号信息管理规定》；国家互联网信息办公室、中华人民共和国工业和信息化部、国家市场监督管理总局根据《中华人民共和国网络安全法》《中华人民共和国未成年人保护法》《中华人民共和国广告法》《互联网信息服务管理办法》《互联网新闻信息服务管理规定》《网络信息内容生态治理规定》等法律法规，于2022年9月30日联合发布施行《互联网弹窗信息推送服务管理规定》；国家互联网信息办公室联合工业和信息化部、公安部，根据《中华人民共和国网络安全法》《中华人民共和国数据安全法》《中华人民共和国个人信息保护法》《互联网信息服务管理办法》等法律、行政法规，于2022年11月25日发布、2023年1月10日起施行《互联网信息服务深度合成管理规定》；国家互联网信息办公室联合国家发展和改革委员会、教育部、科学技术部、工业和信息化部、公安部和国家广播电视总局公布，根据《中华人民共和国网络安全法》《中华人民共和国数据安全法》《中华人民共和国个人信息保护法》《中华人民共和国科学技术进步法》等法律、行政法规，于 2023 年 7 月 10 日公布、8 月 15 日起施行《生成式人工智能服务管理暂行办法》；等等。

（三）关键信息基础设施安全保护政策

关键信息基础设施安全保护政策，主要用于建立专门保护制度，明确各方责任，提出保障促进措施，保障关键信息基础设施安全及维护网络安全。

2021 年 7 月 30 日，中华人民共和国国务院根据《中华人民共和国网络安全法》，公布《关键信息基础设施安全保护条例》，成为关键信息基础设施安全保护的基本政策。

依据关键信息基础设施安全保护的基本政策，以国家互联网信息办公室为主制定具体政策，截至 2023 年 9 月，主要是《网络安全审查办法》。

（四）打击网络诈骗违法犯罪政策

打击网络诈骗违法犯罪政策，主要用于保障打击治理电信网络诈骗犯罪。

2022 年 4 月，中共中央办公厅、国务院办公厅，根据《中华人民共和国刑法》《中华人民共和国刑事诉讼法》等法律和有关司法解释的规定，印发《关于加强打击治理电信网络诈骗违法犯罪工作的意见》，成为打击网络诈骗违法犯罪的基本政策。在这一基本政策之前，中国曾出台了一些具体政策，为基本政策提供了重要支撑。2016 年 12 月 19 日，中华人民共和国最高人民法院、最高人民检察院、公安部以法发〔2016〕32 号印发《关于办理电信网络诈骗等刑事案件适用法律若干问题的意见》等。

（五）数据安全政策

数据安全政策，主要用于规范数据的收集、存储、使用、加工、传输、提供、公开等数据处理，确保数据处于有效保护和合法利用状态及具备保障持续安全状态能力的政策。

中国数据安全政策，主要是针对出境数据信息安全出台相关具体政策。国家互联网信息办公室根据《中华人民共和国网络安全法》《中华人民共和国数据安全法》《中华人民共和国个人信息保护法》等法律法规，于 2022 年 5 月 19 日发布、9 月 1 日起施行《数据出境安全评估办法》；国家互联网信息办公室根据《中华人民共和国个人信息保护法》等法律法规，于2023年2月22日发布、6月1日起施行《个人信息出境标准合同办法》；等等。

第三节 网络安全管理体制

网络安全为人民、网络安全靠人民，维护网络安全是全社会的共同责任，需要政府、企业、社会组织、广大网民共同参与，共筑网络安全防线。政府要履行好网络安全保护和监督管理职责；企业要履行好网络安全保护义务，接受政府和社会的监督，承担社会责任；社会组织及广大网民要依法使用网络，不得危害网络安全，不得利用网络从事危害国家、社会和他人的行为，有权举报危害网络安全的行为。

一、政府部门分工负责

中国网络安全管理体制，伴随着网络安全实践发展，逐步形成了党的网信领导机关统筹决策、人民政府各部门分头落实的格局，既充分发挥党总揽全局、协调各方的领导核心作用，又压实责任、调动政府相关部门的积极性和创造性。从国家层面看，国家网信部门负责统筹协调网络安全工作和相关监督管理工作，国务院电信主管部门、公安部门和其他有关机关，依法在各自职责范围内负责网络安全保护和监督管理工作，构建起“1＋X”的监管体制，符合当前互联网与现实社会全面融合的特点和我国的监管需要。

（一）网信领导机关统筹协调网络安全工作

网信领导机关包括中央和地方各级党委网络安全和信息化委员会及其办公室，构成了具有中国特色的网信领导管理体系。国家网信部门应当统筹协调有关部门对关键信息基础设施的安全保护采取措施，依法履行网络信息安全监督管理职责，统筹协调有关部门加强网络安全信息收集、分析和通报工作，按照规定统一发布网络安全监测预警信息。地方各级网信部门及有关部门对接国家网信部门及有关部门，按照职责做好相应工作。

中央网络安全和信息化委员会，是中央关于网信工作的决策和议事协调机构，前身是中央网络安全和信息化领导小组。2014年2月27日，中央网络安全和信息化领导小组宣告成立，由中国共产党中央委员会总书记、中共中央军事委员会主席、中华人民共和国主席、中华人民共和国中央军事委员会主席习近平任组长；时任中央政治局常委、国务院总理、党组书记李克强，时任中央政治局常委、中央书记处书记、中央宣传部部长刘云山任副组长。中央网络安全和信息化领导小组着眼国家安全和长远发展，统筹协调涉及经济、政治、文化、社会及军事等各个领域的网络安全和信息化重大问题，研究制定网络安全和信息化发展战略、宏观规划和重大政策，推动国家网络安全和信息化法治建设，不断增强安全保障能力。中央网络安全和信息化领导小组下设的办事机构是中央网络安全和信息化领导小组办公室，由国家互联网信息办公室承担具体职责。为加强党中央对网信工作的集中统一领导，强化决策和统筹协调职责，2018 年 3 月，根据中共中央印发的《深化党和国家机构改革方案》，将中央网络安全和信息化领导小组改为中央网络安全和信息化委员会，负责网络安全和信息化领域重大工作的顶层设计、总体布局、统筹协调、整体推进、督促落实。从管理组织建制上说，领导小组一般是议事协调机构，属于一种“阶段性工作机制”，非严格意义上的实体性组织，委员会则一般是成建制的固定机构，是为完成一定的任务而设立的专门组织，职能更加全面、机构更加规范、运行更加稳定、组织更加健全，“小组”上升到“委员会”体现长期性、稳定性。中央网络安全和信息化委员会下设的办事机构是中央网络安全和信息化委员会办公室。2018 年 3 月，中华人民共和国国务院下发《国务院关于机构设置的通知》，明确国家互联网信息办公室与中央网络安全和信息化委员会办公室，一个机构两块牌子，主要职责是落实互联网信息传播方针政策和推动互联网信息传播法治建设，指导、协调、督促有关部门加强互联网信息内容管理，负责网络新闻业务及其他相关业务的审批和日常监管，指导有关部门做好网络游戏、网络视听、网络出版等网络文化领域业务布局规划，协调有关部门做好网络文化阵地建设的规划和实施工作，负责重点新闻网站的规划建设，组织、协调网上宣传工作，依法查处违法违规网站，指导有关部门督促电信运营企业、接入服务企业、域名注册管理和服务机构等做好域名注册、互联网地址（IP 地址）分配、网站登记备案、接入等互联网基础管理工作，在职责范围内指导各地互联网有关部门开展工作。2023 年 3 月，中共中央、国务院印发了《党和国家机构改革方案》，将中央网络安全和信息化委员会办公室承担的研究拟订数字中国建设方案、协调推动公共服务和社会治理信息化、协调促进智慧城市建设、协调国家重要信息资源开发利用与共享、推动信息资源跨行业跨部门互联互通等职责划入国家数据局。

地方各级党委网络安全和信息化委员会，是地方各级党委关于网信工作的决策和议事协调机构，地方各级党委网络安全和信息化委员会下设办事机构是地方各级网络安全和信息化委员会办公室。地方各级党委网络安全和信息化委员会及其办公室的发展演变过程，紧紧跟随中央网络安全和信息化委员会及其办公室步伐。

（二）政府相关部门齐抓共管网络安全工作

中华人民共和国人民政府多个部门涉及网络安全管理工作，国务院、地方政府有关部门按照职责抓好各职责范围内的网络安全工作。

中华人民共和国国务院涉及网络安全的主要部门有公安部、工业和信息化部、国家安全部、国家保密局等。中华人民共和国公安部是全国公安工作的最高领导机关和指挥机关，其在网络安全方面主要职责任务：主管全国计算机信息系统安全保护工作，负责监督管理公共信息网络的安全监察工作，指导监督关键信息基础设施安全保护工作，在职责范围内依法对互联网信息内容实施监督管理。中华人民共和国工业和信息化部是国务院主管工业和信息化的职能部门，其在网络安全方面的主要职责任务：承担通信网络安全及相关信息安全管理的责任，负责协调维护国家信息安全和国家信息安全保障体系建设，指导监督政府部门、重点行业的重要信息系统与基础信息网络的安全保障工作，协调处理网络与信息安全的重大事件，依法对电信和互联网信息服务实施监督管理。中华人民共和国国家安全部是在中共中央、国务院绝对领导下开展国家安全工作的职能部门，其在网络安全方面的主要职责任务：依照法律规定办理网络领域危害国家安全（例如，阴谋颠覆政府、分裂国家、推翻社会主义制度；参加间谍组织或者接受间谍组织及其代理人的任务；窃取、刺探、收买、非法提供国家秘密；策动、勾引、收买国家工作人员叛变等）的刑事案件。中华人民共和国国家保密局是国务院主管全国保密工作的职能部门，与中共中央保密委员会办公室为一个机构两块牌子，列入中共中央直属机关的下属机构，其在网络安全方面的主要职责任务：完善网络安全保密相关法规，抓好全国网络安全保密工作的宏观管理、指导、检查、组织、协调等工作，维护国家的安全和利益。中华人民共和国国务院其他有关机关依照《中华人民共和国网络安全法》和有关法律、行政法规的规定，在各自职责范围内负责网络安全保护和监督管理工作。地方各级人民政府有关部门按照职责履行网络安全保护和监督管理职责。

二、企业的责任及义务

维护网络安全涉及的企业，按照信息承载和信息内容分为两大类：一是以关键信息基础设施运营者为主，主要负责网络系统、数据等安全；二是以网络信息内容服务平台为主，主要负责网络内容安全。

（一）关键信息基础设施运营者的责任及义务

关键信息基础设施运营者依照《关键信息基础设施安全保护条例》和有关法律、行政法规的规定以及国家标准的强制性要求，在网络安全等级保护的基础上，采取技术保护措施和其他必要措施，应对网络安全事件，防范网络攻击和违法犯罪活动，保障关键信息基础设施安全稳定运行，维护数据的完整性、保密性和可用性。其主要履行10条责任及义务：一是安全保护措施应当与关键信息基础设施同步规划、同步建设、同步使用。二是运营者应当建立健全网络安全保护制度和责任制，保障人力、财力、物力投入。运营者的主要负责人对关键信息基础设施安全保护负总责，领导关键信息基础设施安全保护和重大网络安全事件处置工作，组织研究解决重大网络安全问题。三是运营者应当设置专门安全管理机构，并对专门安全管理机构负责人和关键岗位人员进行安全背景审查。审查时，公安机关、国家安全机关应当予以协助。四是专门安全管理机构具体负责本单位的关键信息基础设施安全保护工作，履行下列职责：建立健全网络安全管理、评价考核制度，拟订关键信息基础设施安全保护计划；组织推动网络安全防护能力建设，开展网络安全监测、检测和风险评估；按照国家及行业网络安全事件应急预案，制定本单位应急预案，定期开展应急演练，处置网络安全事件；认定网络安全关键岗位，组织开展网络安全工作考核，提出奖励和惩处建议；组织网络安全教育、培训；履行个人信息和数据安全保护责任，建立健全个人信息和数据安全保护制度；对关键信息基础设施设计、建设、运行、维护等服务实施安全管理；按照规定报告网络安全事件和重要事项。五是运营者应当保障专门安全管理机构的运行经费、配备相应的人员，开展与网络安全和信息化有关的决策应当有专门安全管理机构人员参与。六是运营者应当自行或者委托网络安全服务机构对关键信息基础设施每年至少进行一次网络安全检测和风险评估，对发现的安全问题及时整改，并按照保护工作部门要求报送情况。七是关键信息基础设施发生重大网络安全事件或者发现重大网络安全威胁时，运营者应当按照有关规定向保护工作部门、公安机关报告。发生关键信息基础设施整体中断运行或者主要功能故障、国家基础信息以及其他重要数据泄露、较大规模个人信息泄露、造成较大经济损失、违法信息较大范围传播等特别重大网络安全事件或者发现特别重大网络安全威胁时，保护工作部门应当在收到报告后，及时向国家网信部门、公安部门报告。八是运营者应当优先采购安全可信的网络产品和服务；采购网络产品和服务可能影响国家安全的，应当按照国家网络安全规定通过安全审查。九是运营者采购网络产品和服务，应当按照国家有关规定与网络产品和服务提供者签订安全保密协议，明确提供者的技术支持和安全保密义务与责任，并对义务与责任履行情况进行监督。十是运营者发生合并、分立、解散等情况，应当及时报告保护工作部门，并按照保护工作部门的要求对关键信息基础设施进行处置，确保安全。

（二）网络信息内容服务平台

网络信息内容服务平台根据《网络信息内容生态治理规定》，应当履行信息内容管理主体责任，加强本平台网络信息内容生态治理，培育积极健康、向上向善的网络文化。其主要履行 9 项责任及义务：一是网络信息内容服务平台应当建立网络信息内容生态治理机制，制定本平台网络信息内容生态治理细则，健全用户注册、账号管理、信息发布审核、跟帖评论审核、版面页面生态管理、实时巡查、应急处置和网络谣言、黑色产业链信息处置等制度；应当设立网络信息内容生态治理负责人，配备与业务范围和服务规模相适应的专业人员，加强培训考核，提升从业人员素质。二是网络信息内容服务平台应当加强信息内容的管理，不得传播违法信息，应当防范和抵制传播不良信息，发现违法信息、不良信息的，应当依法立即采取处置措施，保存有关记录，并向有关主管部门报告。三是网络信息内容服务平台应当坚持主流价值导向，优化信息推荐机制，加强版面页面生态管理，在服务类型、位置版块等重点环节呈现有利于营造良好网络生态的信息，不得呈现不良信息。四是网络信息内容服务平台采用个性化算法推荐技术推送信息的，应当设置符合规定要求的推荐模型，建立健全人工干预和用户自主选择机制。五是网络信息内容服务平台应当开发适合未成年人使用的模式，提供适合未成年人使用的网络产品和服务，便利未成年人获取有益身心健康的信息。六是网络信息内容服务平台应当加强对本平台设置的广告位和在本平台展示的广告内容的审核巡查，对发布违法广告的，应当依法予以处理。七是网络信息内容服务平台应当制定并公开管理规则和平台公约，完善用户协议，明确用户相关权利义务，并依法依约履行相应管理职责；应当建立用户账号信用管理制度，根据用户账号的信用情况提供相应服务。八是网络信息内容服务平台应当在显著位置设置便捷的投诉举报入口，公布投诉举报方式，及时受理处置公众投诉举报并反馈处理结果。九是网络信息内容服务平台应当编制网络信息内容生态治理工作年度报告，年度报告应当包括网络信息内容生态治理工作情况、网络信息内容生态治理负责人履职情况、社会评价情况等内容。

三、社会组织及网民的责任及义务

社会组织及网民都有维护网络安全的责任及义务，总的来讲，任何个人和组织使用网络应当遵守宪法法律，遵守公共秩序，尊重社会公德，不得危害网络安全，不得利用网络从事危害国家安全、荣誉和利益，煽动颠覆国家政权、推翻社会主义制度，煽动分裂国家、破坏国家统一，宣扬恐怖主义、极端主义，宣扬民族仇恨、民族歧视，传播暴力、淫秽色情信息，编造、传播虚假信息扰乱经济秩序和社会秩序，以及侵害他人名誉、隐私、知识产权和其他合法权益等活动。任何个人和组织有权对危害网络安全的行为向网信、电信、公安等部门举报。

在维护网络运行安全方面，任何个人和组织不得从事非法侵入他人网络、干扰他人网络正常功能、窃取网络数据等危害网络安全的活动；不得提供专门用于从事侵入网络、干扰网络正常功能及防护措施、窃取网络数据等危害网络安全活动的程序、工具；明知他人从事危害网络安全的活动的，不得为其提供技术支持、广告推广、支付结算等帮助。

在维护网络信息安全方面，任何个人和组织不得窃取或者以其他非法方式获取个人信息，不得非法出售或者非法向他人提供个人信息。任何个人和组织应当对其使用网络的行为负责，不得设立用于实施诈骗，传授犯罪方法，制作或者销售违禁物品、管制物品等违法犯罪活动的网站、通信群组；不得利用网络发布涉及实施诈骗，制作或者销售违禁物品、管制物品以及其他违法犯罪活动的信息。任何个人和组织发送的电子信息、提供的应用软件，不得设置恶意程序，不得含有法律、行政法规禁止发布或者传输的信息。个人发现网络运营者违反法律、行政法规的规定或者双方的约定收集、使用其个人信息的，有权要求网络运营者删除其个人信息；发现网络运营者收集、存储其个人信息有错误的，有权要求网络运营者予以更正。

第四节　网络安全法律法规

网络安全法律法规，是指网络安全的法律、行政法规、地方性法规及其他规范性文件，用以规范网络行为，明确哪些是合法的、可以做，哪些是非法的、不可以做，以及相应的惩罚措施，发挥着明示、预防和校正作用。《中华人民共和国网络安全法》是网络安全的基本法，需要系统了解其意义和内容，在此基础上，还需要对整个网络安全法律法规体系有一个全面认识，为依法上网、依法用网、依法建网提供基本遵循。

一、网络安全法

2014 年 2 月 27 日，在中央网络安全和信息化领导小组第一次会议上，习近平总书记指出，没有网络安全就没有国家安全，没有信息化就没有现代化。中央网络安全和信息化领导小组要发挥集中统一领导作用，统筹协调各个领域的网络安全和信息化重大问题，制定实施国家网络安全和信息化发展战略、宏观规划和重大政策，不断增强安全保障能力。2015 年 7 月 1 日，第十二届全国人民代表大会常务委员会第十五次会议通过新的《中华人民共和国国家安全法》，明确“国家建设网络与信息安全保障体系，提升网络与信息安全保护能力”。在此背景下，为保障网络安全，维护网络空间主权和国家安全、社会公共利益，保护公民、法人和其他组织的合法权益，促进经济社会信息化健康发展，由全国人民代表大会常务委员会于 2016 年 11 月 7 日发布《中华人民共和国网络安全法》，自 2017 年 6 月 1 日起施行。

（一）重大意义

《中华人民共和国网络安全法》是中国第一部全面规范网络空间安全管理方面问题的基础性法律，是中国网络空间法治建设的重要里程碑，是依法治网、化解网络风险的法律重器，是实施网络强国战略的重要保障。其重大意义在于：一是明确了政府部门、企业、社会组织和个人的权利、责任和义务，为构建国家网络安全工作体系提供基本依据；二是规定了国家网络安全工作的基本原则、主要任务和重大指导思想、理念，为维护网络安全提供基本遵循；三是将成熟的政策规定和措施上升为法律，为政府部门的工作提供了法律依据，体现了依法行政、依法治国要求；四是建立了网络安全一系列基本制度，具有全局性、基础性特点，是推动工作、夯实能力、防范重大风险所必需的。

（二）主要内容

《中华人民共和国网络安全法》包括总则、网络安全支持与促进、网络运行安全、网络信息安全、监测预警与应急处置、法律责任和附则七章，共七十九条法律条款。

第一章　总则。开宗明义申明了中国的网络主权，明确该法是为了维护网络空间主权和国家安全、社会公共利益，保护公民、法人和其他组织的合法权益，适用范围包括中国国内建设、运营、维护和使用的所有网络，以及网络安全的监督管理；同时阐明了国家监测、防御、处置来源于中华人民共和国境内外的网络安全风险和威胁。在处理安全与发展关系上，明确国家坚持网络安全与信息化并重，遵循积极利用、科学发展、依法管理、确保安全的方针；既要推进网络基础设施建设，鼓励网络技术创新和应用，又要建立健全网络安全保障体系，提高网络安全保护能力。在维护网络安全上，坚持共同治理原则，明确了政府部门、网络运营者、社会组织和个人的权责、义务，规定了国家网信部门负责统筹协调网络安全工作和相关监督管理工作，国务院电信主管部门、公安部门和其他有关机关依法在各自职责范围内负责网络安全保护和监督管理工作的“1＋X”监管体制，符合当前互联网与现实社会全面融合的特点和中国监管需要。在国家网络安全战略上，明确中国致力于推动构建和平、安全、开放、合作的网络空间，建立多边、民主、透明的网络治理体系，第一次通过国家法律的形式向世界宣示网络空间治理目标，明确表达了中国的网络空间治理诉求，提高了中国网络治理公共政策的透明度，与中国的网络大国地位相称，有利于提升中国对网络空间的国际话语权和规则制定权。

第二章　网络安全支持与促进。阐明中国应当从发展角度出发，鼓励和促进产学研一体化，重点规范四个方面：一是国家建立和完善我国自身的网络安全标准体系，支持企业、研究机构、高等学校、网络相关行业组织参与网络安全国家标准、行业标准的制定。二是国家和地方扶持重点网络安全技术产业和项目，支持网络安全技术的研究开发和应用，推广安全可信的网络产品和服务，保护网络技术知识产权。三是国家推进安全服务体系建设，开发数据保护和数据利用技术。四是国家应当加强网络安全宣传和培训教育工作，支持开展网络安全相关教育与培训。

第三章　网络运行安全。分为两个层面：第一个层面是一般规定。从保障网络安全出发，旗帜鲜明地确立了中国实行网络安全等级保护制度，明确网络运营者应当按照网络安全等级保护制度的要求，履行安全保护义务，保障网络免受干扰、破坏或者未经授权的访问，防止网络数据泄露或者被窃取、篡改；明确网络产品、服务应当符合相关国家标准的强制性要求。第二个层面是关键信息基础设施的运行安全。首次提出“关键信息基础设施”的概念，并明确其范围包括公共通信和信息服务、能源、交通、水利、金融、公共服务、电子政务等重要行业和领域；强调在网络安全等级保护制度的基础上实行重点保护，明确关键信息基础设施的运营者负有更多的安全保护义务，并配以国家安全审查、个人信息和重要数据境内存储等法律措施，确保关键信息基础设施运行安全；引入了建设关键信息基础设施的三同步原则，即同步规划、同步建设和同步使用的原则；规定了国家网信部门在关键信息基础设施安全保护中的权责，包括进行安全风险抽查检测、组织网络安全应急演练、促进网络安全信息共享、提供技术支持和协助等。

第四章　网络信息安全。重点针对个人信息保护，明确网络运营者收集、使用个人信息，应当遵循合法、正当、必要的原则，公开收集、使用规则，明示收集、使用信息的目的、方式和范围，并经被收集者同意；不得泄露、篡改、毁损其收集的个人信息，未经被收集者同意，不得向他人提供个人信息；任何个人和组织不得窃取或者以其他非法方式获取个人信息，不得非法出售或者非法向他人提供个人信息，并明确相关责任、制度机关等以实现对个人信息保护的监督检查。

第五章　监测预警与应急处置。重点把监测预警与应急处置工作制度化、法治化，明确国家建立网络安全监测预警和信息通报制度，建立网络安全风险评估和应急工作机制，制定网络安全事件应急预案并定期演练。

第六章　法律责任。重点明确违法后的处罚措施，当违反网络安全法规定尚不构成犯罪的，由执法机关根据违法情节轻重依法处置，主要手段是处以罚款、警告、责令改正、暂停业务；当已经构成犯罪的，则上升至刑事责任，按《中华人民共和国刑法修正案》处罚，同时对执法机关滥用法律进行相应的处罚。相较以前网络安全的法律法规，明显加大了惩处力度。

二、网络安全法律法规体系

网络安全法律法规体系，是由网络安全法律、规章和规范性文件构成的体系，是国家法律法规体系的重要构成。国家法律法规体系由三个层级、七个部分构成，三个层级为法律、行政法规、地方性法规，七个部分为宪法及宪法相关法、民商法、行政法、经济法、社会法、刑法、诉讼与非诉讼程序法。网络安全法律法规体系遵循国家法律法规体系基本层级框架，可纳入行政法这一部分，区分网络安全的法律、行政法规、地方性法规三个层级。

（一）法律层级

网络安全法规体系中，网络安全法律由中国最高权力机关全国人民代表大会和全国人民代表大会常务委员会按照规定程序制定颁布，一般均以“法”字配称。网络安全法律主要包括《中华人民共和国网络安全法》《中华人民共和国数据安全法》《中华人民共和国个人信息保护法》等。其中，《中华人民共和国网络安全法》是为了保障网络安全，维护网络空间主权和国家安全、社会公共利益，保护公民、法人和其他组织的合法权益，促进经济社会信息化健康发展而制定的法律，对中国网络空间法治化建设具有重要意义；该法于2016年11月7日由中华人民共和国第十二届全国人民代表大会常务委员会第二十四次会议通过，自2017年6月1日起施行。《中华人民共和国数据安全法》是为了规范数据处理活动，保障数据安全，促进数据开发利用，保护个人、组织的合法权益，维护国家主权、安全和发展利益而制定的法律；该法于2021年6月10日由中华人民共和国第十三届全国人民代表大会常务委员会第二十九次会议通过，自2021年9月1日起施行。《中华人民共和国个人信息保护法》是为了保护个人信息权益，规范个人信息处理活动，促进个人信息合理利用而制定的法律；该法于2021年8月20日由中华人民共和国第十三届全国人民代表大会常务委员会第三十次会议通过，自2021年11月1日起施行。

除了行政法这一部分外，国家法律体系中的刑法、民商法等部分也涉及相关网络安全内容。例如，《中华人民共和国刑法修正案（十一）》于2020年12月26日由中华人民共和国第十三届全国人民代表大会常务委员会第二十四次会议表决通过，自2021年3月1日起施行，该法第二百八十五条规定“违反国家规定，侵入国家事务、国防建设、尖端科学技术领域的计算机信息系统的，处三年以下有期徒刑或者拘役”；第二百八十六条规定，“违反国家规定，对计算机信息系统功能进行删除、修改、增加、干扰，造成计算机信息系统不能正常运行，后果严重的，处五年以下有期徒刑或者拘役；后果特别严重的，处五年以上有期徒刑”。再如，《中华人民共和国民法典》于2020年5月28日由中华人民共和国十三届全国人民代表大会第三次会议表决通过，自2021年1月1日起施行，该法第一千一百九十五条规定：“网络用户利用网络服务实施侵权行为的，权利人有权通知网络服务提供者采取删除、屏蔽、断开链接等必要措施。”

此外，《中华人民共和国对外关系法》于2023年6月28日由中华人民共和国第十四届全国人民代表大会常务委员会第三次会议表决通过，自2023年7月1日起施行。该法是一部综合性涉外法律，是新时期中国外交工作的基本遵循和行动指南，体现了中国维护世界和平，促进共同发展的外交政策，彰显了中国推动构建人类命运共同体、弘扬全人类共同价值的坚定信念，也成为中国参与国际网络安全合作的基本法律遵循。

（二）行政法规层级

网络安全法律法规体系中，行政法规由中华人民共和国国务院及其所属政府部门根据宪法和法律规定而制定。这些法规多称为条例，也可以是全国性法律的实施细则，具有全国通用性，是对法律的补充，在成熟的情况下会被补充进法律，其地位仅次于法律。

网络安全行政法规，主要包括中华人民共和国国务院及其所属公安部、工业和信息化部、国家互联网信息办公室制定颁布的网络安全相关条例、规定、办法等，例如《中华人民共和国计算机信息系统安全保护条例》《中华人民共和国电信条例》《互联网信息服务管理办法》《计算机信息网络国际联网安全保护管理办法》《信息安全等级保护管理办法》《通信网络安全防护管理办法》等。这些行政法规，同时也是网络安全政策的主要体现形式。

（三）地方性法规层级

网络安全法律法规体系中，地方性法规由省（自治区、直辖市）以及较大的市的地方人民代表大会及其常委会根据本地区实际需要，在不与宪法、法律、行政法规相抵触的前提下，制定颁布在本行政区域内实施的规范性文件。

网络安全地方性法规，主要包括由省（自治区、直辖市）以及较大的市制定颁布的网络安全相关条例、意见等，例如《广东省计算机信息系统安全保护条例》《广东公安网安部门信息安全检查细则》《关于进一步加强互联网管理工作的意见》（粤办发〔2005〕25 号）等。

第四章 网络安全技术

网络安全的本质在对抗，对抗的本质在攻防两端能力的较量，攻防力量要对等。网络安全要以技术对技术，以技术管技术，做到“魔高一尺、道高一丈”。网络安全保障依赖于技术措施，经过多年的发展，已经从单一计算机的用户鉴权、信息加密、病毒防治等技术丰富完善到对整体网络的边界保护、访问控制、渗透防御和犯罪取证等技术。同时，安全保护的内涵越来越丰富，技术覆盖的范畴越来越广泛，技术创新的步伐越来越快，网络安全技术体系和标准体系也得到建立和完善。

第一节 网络安全技术基础

一、密码技术

（一）概述

密码学是研究密码编制、密码破译和密钥管理的一门综合性应用科学。密码学作为信息安全的关键技术，在信息安全领域有着广泛的应用。密码学在信息安全领域起着基本的、无可替代的重要作用，信息安全如果是一座大厦，密码学就是大厦的基础，如图 4 - 1 所示。

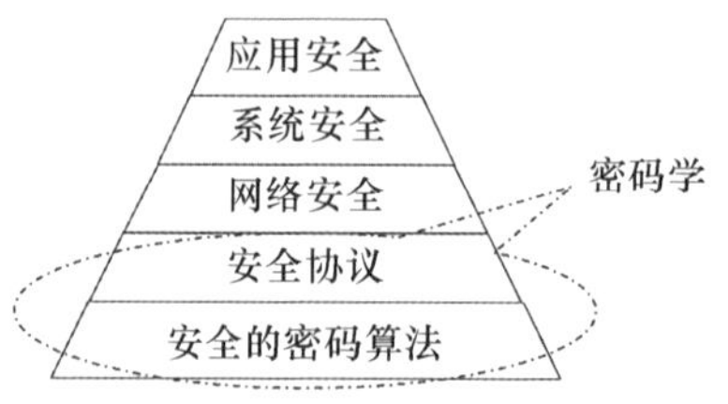

图 4 - 1 密码学的地位

密码学是解决网络信息安全问题的关键技术，是现代信息安全的核心。密码学要解决的问题也是信息安全的主要任务，就是解决信息资源的保密性、完整性、认证性、可用性和不可否认性。从信息安全的五个属性来看，密码学上的安全机制可以保证信息安全属性的实现，如图4－2所示。

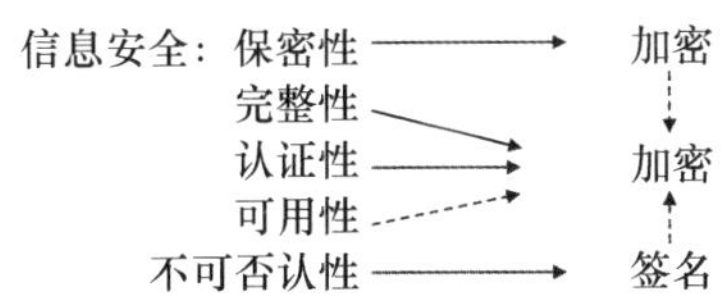

图4－2　密码机制的作用

（二）密码学的基本概念

一个加密系统由五个要素构成：明文、密文、加密算法、解密算法和密钥，如图4－3所示。

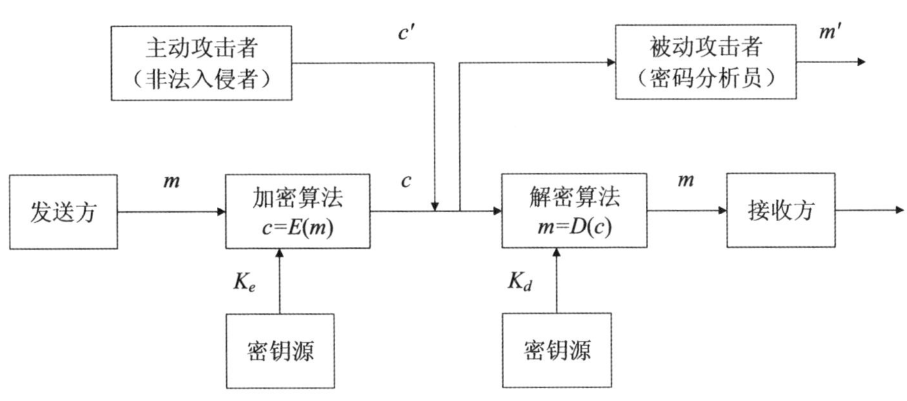

图4－3　加密系统的构成

（1）明文：加密前的消息被称为明文 m 。

（2）密文：加密后的消息称为密文 c 。

（3）加密算法：用某种方法对消息编码以隐藏明文内容。

（4）解密算法：把密文转变为明文的过程。

（5）密钥：加密和解密算法的一个秘密输入值。

加密密钥：加密算法所使用的密钥 K_e 。

解密密钥：解密算法所使用的密钥 K_d 。

根据加密密钥 K_e 和解密密钥 K_d 是否相同，现代密码学可以分为两种密码体制，一是单钥（私钥或对称）密码体制，即加密密钥和解密密钥相同或近似，$K_e = K_d$ ；二是双钥（公钥或非对称）密码体制，即加密密钥和解密密钥不同，$K_e \neq K_d$ 。

（三）加密算法

1. 分组密码算法①

分组密码算法是现代密码学中的一个重要研究方向，是保障信息机密性和完整性的重要技术手段。现代分组密码的研究始于 20 世纪 70 年代中期，至今已有 50 年左右的历史，这期间人们在这一研究领域已经取得了丰硕的研究成果。早期研究基本上是围绕数据加密标准（Data Encryption Standard，DES）进行的，后被高级加密标准（Advanced Encryption Standard，AES）替代。我国也设计和提出了 SM4 分组密码标准。

（1）数据加密标准

数据加密标准（DES 算法）是一种密码学历史上非常经典的对称分组算法。1973 年 5 月，美国国家标准与技术研究院（National Intitute of Standards and Technology，NIST）开始征集加密算法标准。IBM 提交了 LUCIFER 算法，这就是 DES 算法的前身。1977 年，美国国家标准与技术研究院正式公布了 DES 算法。

DES 使用 56 比特密钥，将输入的明文分为 64 比特的数据分组，每个 64 比特明文分组数据经过初始置换、16 轮迭代和逆初始置换 3 个主要阶段，最后输出得到 64 比特密文。

DES 的密钥长度是 56 比特，所以会有 2^{56} 种可能的密钥空间，而这对现代高性能的计算机来说，其抗穷举法攻击能力较弱。1998 年，电子边境基金会曾经动用一台价值 25 万美元的高速计算机，在 56 小时内利用穷举法破解了 DES 的 56 比特的密钥。如前所述，DES 作为加密算法的标准已经近 50 年了，可以说是一种很古老的算法。目前，DES 还在使用，一般使用三重 DES 加密方式，加长了密钥，达到了更高的安全性。

---

① 石陈敏：《对称密码的加密算法探究》，华东师范大学 2009 年硕士学位论文。

（2）高级加密标准

高级加密标准（AES 算法），又称 Rijndael 密码算法，是美国联邦政府采用的新的分组加密标准。这个标准被美国国家标准与技术研究院设计用来替代原先的 DES 算法，已经被多方分析且被全世界广泛使用。高级加密标准在 2002 年 5 月 26 日成为标准，目前，AES 已经成为对称密码中最流行的算法之一。该算法是比利时密码学家 Vincent Rijmen 和 Joan Daemen 设计的，并结合两位作者的名字，以 Rijndael 命名。

AES 算法属于对称密码体制，密钥长度支持为 128 比特、192 比特和 256 比特，分组长度为 128 比特，其基本变换包括字节代换层（SubByte）、行位移（Shift Rows）、列混淆层（Mix Columns）、轮密钥加（Add Round Key）以及密钥扩展（Key Extension）。AES 汇集了安全性能、效率、可实现性、灵活性等优点。AES 算法比三重 DES 算法快，至少与三重 DES 算法一样安全，AES 算法比较容易用各种硬件和软件实现。

（3）SM4 算法

在美国 AES 计划和欧洲 NESSIE（New European Schemes for Signatures, Integrity and Encryption）计划中，分组密码算法的设计与分析理论得到了深入的研究与发展，同时各国也竞相设计能同时满足安全性及实现效能需求的分组密码算法。为配合我国 WAPI 无线局域网标准的推广应用，SM4 分组密码算法（原名 SMS 4）于 2006 年公开发布。随着我国密码算法标准化工作的开展，SM4 算法于 2012 年 3 月发布成为国家密码行业标准《SM4 分组密码算法》（GM/T 0002 -2012），并于 2016 年 8 月发布成为国家标准《信息安全技术 SM4 分组密码算法》（GB/T 32907 -2016）。2021 年 6 月，SM4 算法作为国际标准 ISO/IEC18033 -3：2010/AMD1：2021《信息技术安全技术加密算法第 3 部分：基于分组密码修正案 1：SM4》，由国际标准化组织（International Organization for Standardization，ISO）正式发布。

与 DES 算法和 AES 算法类似，SM4 算法是一种分组迭代密码算法。SM4 算法的明文分组长度为 128 比特，经过 32 轮迭代和一次反序变换，得到 128 比特密文。密钥生成器产生 32 个子密钥，分别参与到每一轮的变换中完成轮加密。SM4 算法的加密结构与解密结构相同，只是轮密钥的使用顺序相反。SM4 算法框架如图 4 -4 所示。相较于 DES 和 AES，SM4 算法的计算轮数更多，并增加了非线性变化，更加安全。

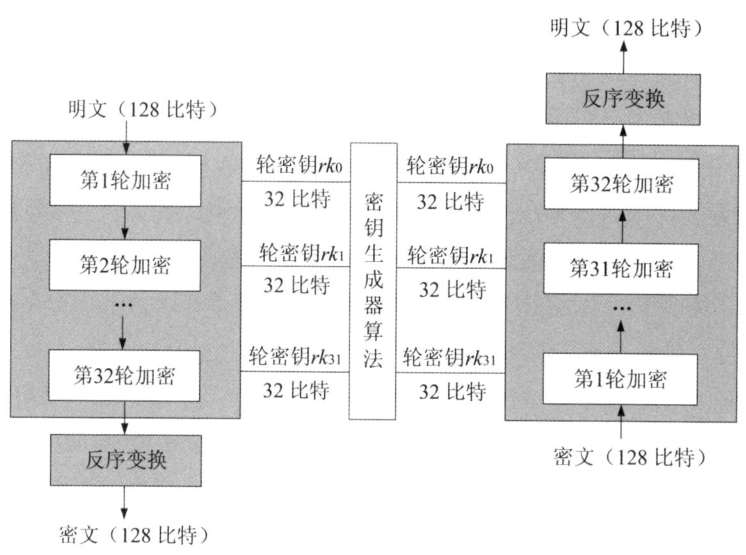

图 4-4　SM4 算法加密（左）和解密（右）过程

2. 序列密码算法

序列密码也称为流密码（Stream Cipher），是对称密码算法的一种。序列密码具有算法简单、便于硬件实现、加解密处理速度快、没有或只有有限的错误传播等特点，因此在实际应用中，特别是专用或机密机构中保持着优势，典型的应用领域包括无线通信、外交通信。序列密码涉及大量的理论知识，提出了众多的设计原理，也得到了广泛的分析，但许多研究成果并没有完全公开。目前，公开的序列密码算法主要有 RC4（Rivest Cipher 4）、SEAL 等，我国也提出并公开了祖冲之序列密码算法。

序列密码的加密和解密原理非常简单，就是用一个随机密钥序列与明文序列进行异或来产生密文，用同一密钥序列与密文序列进行异或来恢复明文。

设明文序列为 $m = m_1, m_2, \cdots, m_i \in GF(2), i \geqslant 0$。

设密钥序列为 $k = k_1, k_2, \cdots, k_i \in GF(2), i \geqslant 0$。

设密文序列为 $c = c_1, c_2, \cdots, c_i \in GF(2), i \geqslant 0$。

加密变换为：

$$c_i = m_i \oplus k_i, i \geqslant 0$$

解密变换为：

$$m_i = c_i \oplus k_i, i \geqslant 0$$

其中，$\oplus$ 表示异或，即二元域 $GF(2)$ 中的加法，又称模 2 加法。

序列密码的加密和解密过程如图 4－5 所示。其中 k_I 为密钥序列生成器的初始密钥或称种子密钥。为了密钥管理的方便，k_I 一般较短，它的作用是控制密钥序列生成器生成长的密钥序列 $k = k_1, k_2, \cdots$。

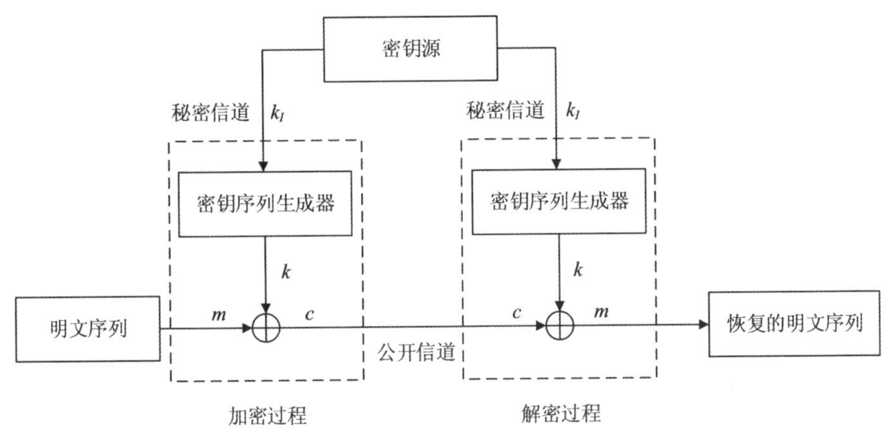

图 4－5　序列密码的加密和解密过程

（1）RC4 算法

序列密码算法在当今应用十分广泛，比较著名的有 RC4 算法和 A5 算法。RC4 算法是 1987 年由麻省理工学院的罗恩·里维斯特（Ron Rivest）发明的，它可能是世界上使用最广泛的序列密码算法，被应用于 Microsoft Windows、Lotus Notes 等软件应用程序中。它还被应用于 SSL 协议以及无线通信中。A5 算法则被应用于 GSM 通信系统中，用来保护语音通信。

RC4 算法是一个面向字节操作、具有密钥长度可变特性的序列密码，是目前为数不多的公开的序列密码算法。RC4 算法的特点是算法简单、运行速度快，而且密钥长度是可变的，可变范围为 1～256 字节（8～2048 比特）。在如今技术支持的前提下，当密钥长度为 128 比特时，用暴力法搜索密钥已经不太可行，所以 RC4 的密钥范围仍然可以在今后相当长的时间内抵御暴力搜索密钥的攻击。实际上，如今也没有找到对于 128 比特密钥长度的 RC4 算法的有效攻击方法。

(2) 祖冲之密码算法

祖冲之密码算法的名字源于我国古代数学家祖冲之，它包括加密算法 128 - EEA3 和完整性保护算法 128 - EIA3，主要用于移动通信系统空中传输信道的信息加密和身份认证，以确保用户通信安全。2011 年 9 月，在第 53 次第三代合作伙伴计划（3GPP）系统架构组（SA）会议上，祖冲之密码算法被批准成为 LTE 国际标准，成为第一个中国自主研发的国际密码标准。这是我国商用密码算法首次走出国门参与国际标准制定取得的重大突破。2012 年 3 月，祖冲之密码算法被发布为国家密码行业标准《祖冲之序列密码算法》（GM/T 0001—2012）。2016 年 10 月，祖冲之密码算法被发布为国家标准《信息安全技术 祖冲之序列密码算法》（GB/T 33133—2016）。

祖冲之序列密码算法，简称“ZUC 算法”，是一个面向字的流密码。它采用 128 比特的初始密钥作为输入和一个 128 比特的初始向量，并输出关于字的密钥流（从而每 32 比特被称为一个密钥字）。密钥流可用于对信息进行加密/解密。

ZUC 算法是中国第一个成为国际密码标准的密码算法。其标准化的成功，是中国在商用密码算法领域取得的一次重大突破，体现了中国商用密码应用的开放性和商用密码设计的高能力，其必将增大中国在国际通信安全应用领域的影响力，且今后无论是对中国在国际商用密码标准化方面的工作还是商用密码的密码设计来说都具有深远的影响。

3. 公钥密码算法

1976 年，论文《密码学的新方向》（*New Directions in Cryptography*）提出了非对称密码体制，即公钥密码体制的概念，开创了密码学研究的新方向。该论文的发表拉开了公钥密码研究的序幕，之后，各种公钥密码体制的实现方案不断被提出，所有这些方案的安全性都是基于求解某个数学难题的。按照所基于的数学难题主要分为以下三类：

基于大整数因子分解问题（Integer Factorization Problem，IFP）的公钥密码体制，如 RSA 算法。

基于有限域上离散对数问题（Discrete Logarithm Problem，DLP）的公钥密码体制，如 EIGamal 算法。

基于椭圆曲线上的离散对数问题（Elliptic Curve Discrete Logarithm Problem，ECDLP）的公钥密码体制，如 ECC 算法和 SM2 算法。

公钥密码体制就是使用不同的加密密钥与解密密钥，是一种由已知加密密钥推导出解密密钥在计算上是不可行的密码体制。公钥密码就是基于这一原理而设计的，将辅助信息（陷门信息）作为解密密钥。公钥密码的安全强度取决于它所依据的数学问题的计算复杂度。

在公钥密码体制中，加密密钥（公钥）PK 是公开的，而解密密钥（私钥）SK 是需要保密的。加密算法和解密算法也都是公开的。虽然私钥 SK 是由公钥 PK 决定的，却不能根据 PK 计算出 SK。

公钥密码的加密和解密过程如图 4-6 所示，有以下步骤：

第一，接收消息的用户 B，生成一对用来加密和解密的密钥（PK_B，SK_B），其中 PK_B 是公钥，SK_B 是私钥。

第二，接收者 B 将公钥 PK_B 予以公开，私钥 SK_B 则被保密。

第三，A 要向 B 发送消息 m，使用 B 的公钥 PK_B 加密，表示为 $c = E_{PK_B}(m)$，其中 c 是密文，E 是加密算法。

第四，B 收到密文 c 后，用自己的私钥 SK_B 解密，表示为 $m = D_{SK_B}(c)$，其中 D 是解密算法。

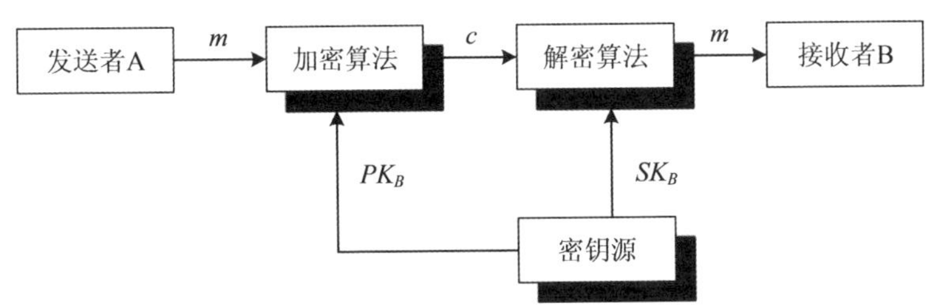

图 4-6 公钥密码的加密和解密过程

因为只有 B 知道 SK_B，所以其他人都无法对密文 c 解密。

非对称密码体制的特点：安全性较高、密钥管理方便、可以实现数字签名方案，但是由于计算复杂度较高，加密和解密速度比对称密码慢。

（1）RSA 算法

RSA 公钥密码算法是 1977 年由罗恩·里维斯特、阿迪·萨莫尔（Adi Shamir）和伦纳德·阿德曼（Leonard Adleman）三人在美国麻省理工学院开发的，RSA 的取名就是来自这三位发明者的姓氏的第一个字母。1982 年，他们创办了以 RSA 命名的公司 RSA Data Security Inc. 和 RSA 实验室，该公司和实验室在公开密钥密码系统的研究和商业应用推广方面具有举足轻重的地位。

目前，RSA 算法已经成为公钥密码体系中的标准规范，是最成熟的算法代表之一。RSA 公钥密码算法是一种基于大整数因子分解问题的加密算法。

（2）SM2 算法

密码安全对国家安全至关重要，为了防止国际非对称密码算法存在后门等安全隐患，我国通过运用国际密码学界公认的公钥密码算法设计及安全性分析理论和方法，在吸收国内外已有 ECC 研究成果的基础上，于 2004 年研制完成了 SM2 算法。SM2 算法于 2010 年 12 月首次公开发布，国家密码管理局规定从 2011 年 7 月 1 日起，新研制的含有公钥密码算法的商用密码产品必须支持 SM2 算法。2012 年 3 月，SM2 算法成为国家密码行业标准《SM2 椭圆曲线公钥密码算法》（GM/T 0003—2012），2016 年 8 月，SM2 算法成为国家标准《信息安全技术 SM2 椭圆曲线公钥密码算法》（GB/T 32918—2016）。2016 年 10 月，ISO/IEC SC27 会议通过了 SM2 算法标准草案，SM2 算法进入 ISO 14888 - 3 正式文本阶段。SM2 算法成为国际标准后，将进一步促进 SM2 算法的应用和推广。

（四）消息认证与 Hash 函数

1. 消息认证

消息认证（Message Authentication）就是验证消息的完整性，当接收方收到发送方的消息时，接收方能够验证收到的消息是真实的和未被篡改的。它包含两层含义：一是消息源认证，验证信息的发送者是真正的而不是冒充的，即身份认证；二是验证信息在传送过程中未被篡改、重放或延迟等，即消息完整性认证。

消息认证所用的摘要算法与一般的对称或非对称密码算法不同，它并不用于防止信息被窃取，而是用于证明消息的完整性和准确性，也就是说，消息认证主要用于防止信息被篡改。

2. Hash 函数

（1）Hash 函数的概念

密码学上的 Hash 函数也称杂凑函数或报文摘要函数等，是一种将任意长度的消息 m 压缩（或映射）到某一固定长度的消息摘要 $H(m)$ 的函数。$H(m)$ 也称消息 m 的指纹。一个 Hash 函数是一个多对一的映射。

从应用需求上来说，Hash 函数 H 必须满足以下性质：

1) H 能够应用到任何大小的数据块上；

2) H 能够生成大小固定的输出；

3）对任意给定的 x，$H(x)$ 的计算相对简单，使得硬件和软件的实现可行。

从安全意义上来说，Hash 函数 H 应满足以下特性：

1）对任意给定的散列值 h，找到满足 $H(x) = hx$ 的在计算上是不可行的；

2）对任意给定的 x，找到满足 $H(x) = H(y)$ 而 $x \neq y$ 的 y 在计算上是不可行的；

3）要发现满足 $H(x) = H(y)$ 而 $x \neq y$ 的 (x,y) 在计算上是不可行的。

满足以上前两个性质的 Hash 函数叫作弱 Hash 函数，或称为 Hash 函数 $H(x)$ 为弱无碰撞的；如果还满足第三个性质，就叫作强 Hash 函数，或称为 Hash 函数 $H(x)$ 为强无碰撞的。

（2）主流的 Hash 函数

下面对主流的 Hash 函数做简单介绍。

1）MD4

MD4 是美国麻省理工学院教授罗纳德·李维斯特于 1990 年设计的一种 Hash 函数。其消息摘要长度为 128 比特，一般 128 比特长的 MD4 散列被表示为 32 比特的 16 进制数字。这个算法影响了后来的算法，如 MD5、SHA 家族和 RIPEMD 等。MD4 由于被发现存在严重的算法漏洞，后被 1991 年完善的 MD5 所取代。

2）MD5

MD5（RFC 1321）是罗纳德·李维斯特于 1991 年对 MD4 的改进版本。它的输入仍以 512 比特分组，其输出是 128 比特（32 个 16 进制数字），与 MD4 相同。它在 MD4 的基础上增加了“安全－带子”（safety－belts）的概念。虽然 MD5 比 MD4 复杂度大一些，但却更为安全，在抗分析和抗差分攻击方面表现更好。

3）SHA－1

SHA 是由美国国家安全局所设计的 Hash 函数，由美国国家标准与技术研究院发布，它是美国的政府标准，有时称为 SHA-1。它在许多安全协议中被广为使用，包括 SSL/TLS、PGP、SSH、S/MIME 和 IPSec 等。SHA-1 可以对长度小于 264 比特的输入数据生成长度为 160 比特的散列值，因此抗穷举性更好。SHA-1 设计时基于和 MD4 相同原理，并且模仿了该算法。

（3） Hash 函数的应用

Hash 函数在信息安全方面的应用，主要体现在以下三个方面：

1） 文件校验

MD5 等 Hash 函数的"数字指纹"特性，使它成为目前应用最广泛的一种文件完整性校验和算法（Checksum），不少 Unix 系统有提供计算 MD5 校验和的命令。

2） 数字签名

由于非对称密码算法的运算速度较慢，所以在数字签名协议中，Hash 函数扮演了一个重要的角色。对待签名的消息先计算 Hash 摘要，然后对该 Hash 摘要再进行数字签名，由于 Hash 函数的单向性，可以认为与对文件本身进行数字签名是等效的。

3） 鉴权协议

鉴权协议又被称作"挑战－认证"模式：在传输信道是可被监听但不可被篡改的情况下，这是一种简单而安全的方法。

（五） 数字签名

数字签名（又称公钥数字签名、电子签章）是一种类似写在纸上的普通的物理签名，但是使用了公钥密码技术实现，用于鉴别数字信息的方法。数字签名，就是只有信息的发送者才能产生的别人无法伪造的一段数字串，这段数字串同时也是对信息的发送者真实性的一个有效证明。

由于公钥密码算法的运算速度较慢，在实际应用中，通常是对待签名的消息先计算 Hash 摘要，然后对该 Hash 摘要进行数字签名。签名和认证过程如图 4－7 所示。

1. 发送方数字签名的过程

（1） 发送方用单向散列函数对消息正文 M 进行计算，产生消息摘要 H；

（2） 发送方用其私钥对消息摘要 H 进行加密，把加密后的摘要 H' 和消息正文 M 一起发送出来。

2. 接收方验证签名的过程

（1）接收方用单向散列函数对接收到的消息正文 M 进行计算，产生消息摘要 $H1$；

（2）接收方用发送方的公钥对接收到加密摘要 H' 进行解密，还原得到消息摘要 $H2$；

（3）比较消息摘要 $H1$ 和消息摘要 $H2$ 是否一致。如果 $H1 = H2$，则通过验证，证明消息的确由发送方发出，并且在传输过程中没有被篡改。

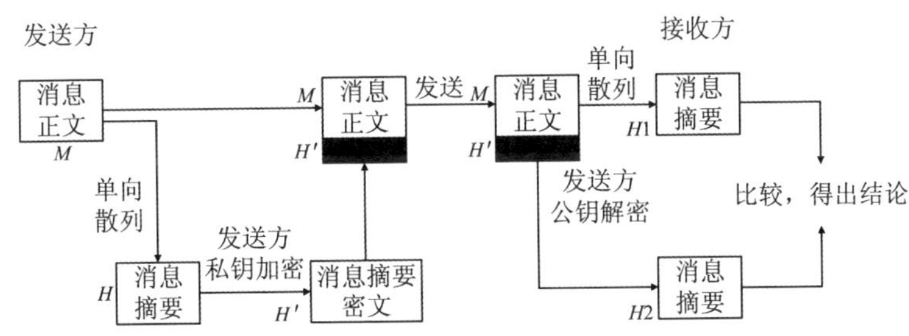

图 4-7　数字签名和验证过程

二、网络安全协议

TCP/IP 在设计时并没有考虑到安全性问题。信息在传输过程中的安全性无法保证，信息会被监听和篡改，接收方无法确认发送方的身份，也无法判定接收到的信息是否与原始信息相同。因此，网络安全研究人员在数据链路层、网络层和传输层开发了相应的网络安全协议。网络安全协议所具有的功能包括：双向身份鉴别、数据加密、数据完整性检测、防重放攻击机制等。[①] 常见的使用密码技术的网络安全协议有：互联网安全协议、安全套接层协议、安全传输层协议等。

（一）互联网安全协议

互联网安全协议（Internet Protocol Security，IPSec）是国际互联网工程任务组（The Internet Engineering Task Force，IETF）于 1998 年制定的基于密码技术的网络安全通信协议。IPSec 工作在 IP 层，它为互联网上传输的

---

① 季庆光、冯登国：《对几类重要网络安全协议形式模型的分析》，《计算机学报》2005 年第 7 期。

数据提供了高质量的、可互操作的、基于密码学的安全保证。

IPSec 提供了以下几项安全服务：

第一，数据机密性：IPSec 发送方在通过网络传输前对数据包进行加密。

第二，数据完整性：IPSec 接收方对接收到的数据包进行认证，以确保数据在传输过程中没有被篡改。

第三，数据来源认证：IPSec 在接收端可以认证发送 IPSec 报文的发送端是否合法。

第四，防重放：IPSec 接收方可检测并拒绝接收过时或重复的报文。

IPSec 具有以下几个优点：

第一，支持互联网密钥交换，可实现密钥的自动协商功能，减少了密钥协商的开销。可以通过互联网密钥交换建立和维护系统的服务，简化 IPSec 的使用和管理。

第二，所有使用 IP 协议进行数据传输的应用系统和服务都可以使用 IPSec，而不必对这些应用系统和服务本身做任何修改。

第三，对数据的加密是以数据包为单位的，而不是以整个数据流为单位，这不仅灵活而且有助于进一步提高 IP 数据包的安全性，可以有效防范网络攻击。

（二）安全套接层协议

安全套接层（Secure Sockets Layer，SSL）协议是为网络通信提供数据加密、数据完整性和身份认证的一种网络安全协议，于 1994 年由网景通信公司发布。SSL 协议在传输层与应用层之间对网络通信进行加密和认证，用以保障在互联网上数据传输的安全。它已被广泛地用于 Web 浏览器与服务器之间的身份认证和加密数据传输。

SSL 协议运行于 TCP 协议之上，其体系结构中包含两个协议子层，其中底层是 SSL 记录协议层（SSL Record Protocol Layer），高层是 SSL 握手协议层（SSL Handshake Protocol Layer）。

SSL 协议可以保证应用数据传输的保密性、完整性以及传输双方身份认证。

第一，保密性：握手协议定义会话密钥后，所有传输的报文被加密，防止数据泄露。

第二，完整性：传输的报文中增加消息认证码（Message Authentication

Code，MAC），用于检测数据是否被篡改。

第三，身份认证：可选的客户端认证，强制的服务端认证。

（三）安全传输层协议

安全传输层（Transport Layer Security，TLS）协议是国际互联网工程任务组制定的一种新的协议，它建立在 SSL 3.0 协议规范之上，是 SSL 3.0 的后续版本。在 TLS 与 SSL 3.0 之间存在着显著的差别，主要是它们所支持的加密算法不同，所以 TLS 与 SSL 3.0 不能互操作。

三、网络安全技术体系

（一）防火墙技术

防火墙是位于两个（或多个）网络间实施网间访问控制的一组组件的集合，内部和外部网络之间的所有网络数据流必须经过防火墙，而只有符合安全策略的数据流才能通过防火墙，防火墙自身是对渗透免疫的。防火墙是一种将内部网络和公众访问网络分开的方法，它实际上是一种隔离技术。防火墙是在两个网络进行通信时执行的一种访问控制尺度，它被用来保护计算机网络免受非授权人员的骚扰，防止黑客的入侵。防火墙犹如一道护栏隔在被保护的内部网络与不安全的非信任网络之间。它是不同网络或网络安全域之间信息交流的唯一出入口，而且它能根据企业的安全政策（允许、拒绝、监测）控制出入网络的信息流，它本身具有较强的抗攻击能力。它是提供信息安全服务，实现网络和信息安全的基础设施。

在逻辑上，防火墙是一个分离器、一个限制器，它有效地监控了内部网和互联网之间的所有活动，保证了内部网络的安全。我国公共安全行业标准《信息安全技术 第二代防火墙安全技术要求》（GA/T1177—2014）中定义了第一代防火墙为一个或一组不同安全策略的网络或安全域之间实施访问控制的系统，第二代防火墙还具有应用流量识别、应用层访问控制、应用层安全防护、深度内容检测等特征。本质上，防火墙是一种网络边界访问控制设备，是置于不同网络安全域之间传输通道上的一组软件或硬件的组合，能根据安全策略控制（包括允许、拒绝、监视、记录等）在网络之间或主机与网络之间的通信。

防火墙作为常用的安全技术，其主要的使用场景有三种，一是本地主机与网络之间，二是内部网络与互联网之间，三是内部网络的具有不同安全策略的子网之间。防火墙作为访问控制系统，其核心功能包含四种：一是对网络服务进行控制，根据需求对不同的网络服务数据采用不同的控制手段；二是对服务方向进行控制，即控制哪些网络服务在外网、哪些在内网或隔离区域等；三是对用户进行控制，即对使用网络服务和提供网络服务的用户权限进行分级划分；四是对网络行为进行控制，控制用户与网络服务之间的交互行为，如用户访问网页的内容过滤、用户应用程序对网络的访问权限、带宽流量限制、上网行为分析等。

（二）入侵检测技术

入侵检测技术是计算机网络安全防范的有效技术策略，当前最常用的入侵检测技术为误用入侵检测技术和异常入侵检测技术。

1. 误用入侵检测技术

该技术需要预先定义入侵模式，根据入侵发生情况对入侵检测模式进行匹配。误用入侵检测系统采用以下几项技术：

（1）专家系统

在计算机网络中配置专家系统，用于检测外网入侵行为。专家系统采用入侵行为编码，利用“IF 条件 THEN 动作”规则。IF 条件是对某些域中的审计记录编写限制条件，THEN 动作是当系统检测到符合限制条件的行为时采取处理动作，可以提高专家系统对用户行为检测的敏感度。专家系统可以识别一个入侵行为产生的一系列审计事件，判断这些审计事件是否符合入侵行为描述。

（2）入侵签名分析技术

该技术需要将入侵攻击行为描述转换为系统审计迹中发现的信息，用于匹配数据模式，无须将其描述为语义级攻击。在商用入侵检测系统一般都采用入侵签名技术识别入侵行为，但是该技术通常要在同一时间段识别每一种入侵攻击的多个入侵签名，增加了入侵签名库更新的难度。

（3）状态迁移分析技术

该技术能够将某些行为的初始状态迁移到危及系统安全的状态，用系统属性描述这一状态，对初始状态的安全性进行识别，分析两个状态迁移中的关键活动，判断入侵行为对系统安全的影响。状态迁移分析技术能够检测出协同攻击者，快速识别出利用用户会话攻击网络系统的行为。

2. 异常入侵检测技术

该技术是基于行为采取的入侵检测技术，需要以收集入侵性动作为信息基础，生成异常活动子集，通过判断入侵攻击活动与系统正常活动之间的差异识别出入侵行为。异常入侵检测系统需要建立起用户正常行为特征轮廓，当审计迹数据与特征轮廓出现较大差异时，即判定为系统遭受入侵攻击。异常入侵检测系统主要采用以下几项技术：

（1）统计分析技术

在系统中，需要运用统计分析技术统计出主体特征变量的均值、频度、方差、行为属性等特征值，如用户登录时间、资源占用时间、内存使用情况等。系统提取出统计性特征模块，将其应用到监控程序中，用于检测非授权操作行为。

（2）神经网络技术

系统采用神经网络从正常用户活动数据中提取出特征数据，无需采用统计分析方式建立起用户特征行为数据集，能够提高审计数据分析效率，解决数据快速更新问题。

（3）计算机免疫技术

在入侵检测系统使用计算机免疫关键程序后，能够自动分析用户行为的易变性，在正常执行轨迹中调用短序列集，建立起行为活动特征轮廓。当系统检测到执行轨迹不符合调用序列集中的条件后，即判定为系统受到攻击。

（三）身份认证技术

身份认证技术是对某实体身份进行鉴别和确认的技术，该技术的认证方式包括口令、钥匙、指纹、视网膜，以及数字证书等。以下对口令认证和数字证书举例说明。

1. 口令认证

对每个用户均提供唯一性的口令或标识，当用户登录系统操作界面后，要输入正确的口令或标识，待系统通过验证后允许用户进入系统。如果用户输入口令错误，则系统拒绝用户登录。与其他身份认证技术相比，口令认证虽然易于操作，但是安全性偏低。

2. 数字证书

数字证书是对通信各方身份信息进行标志的数据，该证书由权威机构发行，用于通信各方识别对方的身份。在数字证书使用中，计算机网络还要建立身份认证系统，保证从信息发送到信息接收期间不会出现信息被窃取或篡改的风险，并且避免发送方对发送信息出现抵赖行为。

（四）防病毒技术

计算机网络安全易受到病毒入侵威胁，为保证网络安全，应采用防病毒技术消除病害，防止病毒入侵网络。计算机网络系统应建立起多层次的病毒防护体系，采用有效的病毒防护策略，具体技术策略如下：

第一，在计算机操作系统、服务器以及互联网网关上安装防病毒软件，24 小时在线监测网络安全运行状态，第一时间隔离病毒。防病毒软件要具备系统兼容性、易用性、可管理性等特点，能够强力查杀各类病毒，防范病毒扩散。

第二，计算机网络用户可以建立病毒防杀中心，通过中心管理多台联网计算机，统一查杀联网计算机病毒。查杀后及时公告病毒查杀信息，定期升级病毒库，确保病毒防杀中心能够有效查杀最新病毒。在域外联网计算机病毒查杀中，病毒防杀中心要提供电子邮件病毒网关功能、在线杀毒功能、病毒引擎功能等，有效防范域外联网状态下的病毒传播。

第二节　网络攻击技术

一、网络攻击技术模型

（一）网络攻击的基本步骤

在介绍网络攻击技术模型之前，我们首先介绍网络攻击的基本步骤，这是理解攻击模型必不可少的技术基础。进行网络攻击的基本步骤包括侦察和扫描、获取访问权限、保持访问权限、清除痕迹四个阶段。

1. 侦察和扫描

在网络攻击的侦察与扫描环节中，攻击者的目的是尽可能多地收集目标网络的各种信息，从而找到潜在的漏洞，便于其发动网络攻击。

为了更方便地进行攻击，攻击者会进行前期的信息收集工作。他们会利用网络上公开的源（如各种搜索引擎、社交媒体）来进行开源情报收集，进而获得一些公开的但是有一定价值的情报。这个过程仍处于合法阶段。

扫描任务可以通过手工输入探测命令来完成，但是这样的扫描效率太低了。现如今对于网络上数以千万计的网络系统来说，攻击者更倾向于利用一些自动化扫描工具对目标网络进行扫描，用以初步了解目标网络的拓扑结构、开放的端口、运行的服务及存在的一些安全漏洞等基本信息。

2. 获取访问权限

攻击者通过利用在侦察和扫描阶段获取的漏洞消息，来尝试进一步攻击目标网络，获取访问权限。攻击者在这个阶段会想尽一切办法来获取目标网络高级别账户的权限（如管理员权限）。他们会尝试使用口令破解工具来通过目标网络系统的验证，通过提权将其访问权限升级，甚至通过社会工程学的办法，向目标网络的一些员工发送钓鱼电子邮件——一旦有人在其内网中的一个计算机上访问该电子邮件中的可疑链接或恶意程序，攻击者就会得到该计算机的控制权，从而便于其进一步对目标网络发起攻击。

3. 保持访问权限

当攻击者获得对目标网络系统的访问权限后，其会采取多种措施来保持访问权限，以便于继续控制该网络系统。攻击者会在目标网络系统中进行设置后门程序、安装恶意软件或者创建新账户等操作。

当成功设置后门程序后，攻击者就能够绕过正常的身份验证程序，从而再次进入系统。安装后门可以使攻击者在初始入侵点被修复后仍然能够访问和控制系统；攻击者也可以创建一个新的用户账户（拥有更高权限的账户），以保持其系统访问权限；为方便其窃取受害者的个人隐私或充分利用受害者的运算资源，攻击者会在目标网络系统中安装恶意软件（键盘记录器或挖矿软件）。

4. 清除痕迹

为避免被发现和追踪，隐藏其恶意行为，攻击者会尽力清除其攻击痕迹。他们会修改日志文件，或者直接删除记载其攻击行为的关键日志文件，隐藏其安装的恶意软件的进程；或者在消息传递过程中使用加密或混淆技术，来进一步隐藏其恶意行为，以及使其恶意代码更难被理解。

（二）常见的网络攻击模型

网络攻击模型作为一种攻击者视角的攻击场景表示，能够综合描述复杂多变环境下的网络攻击行为，是常用的网络攻击分析与应对工具之一。下面介绍几种主要的网络攻击模型，包括传统树、图、网结构模型，

ATT&CK（Adversarial Tactics，Techniques，and Common Knowledge）模型，杀伤链模型。

1. 传统树、图、网结构模型

树结构模型可用于表示网络攻击的阶段或步骤。攻击树用于描述攻击者可以达到其目标的所有可能路径，如图4－8所示。在这个模型中，根节点代表最终的攻击目标，而叶节点代表可以实现这个目标的具体攻击手段或步骤。中间节点代表子目标，它们可以通过逻辑关系（如与、或、顺序等）链接起来。在攻击树模型中，为节点赋以各种数值可以实现一些复杂网络攻击的分析。

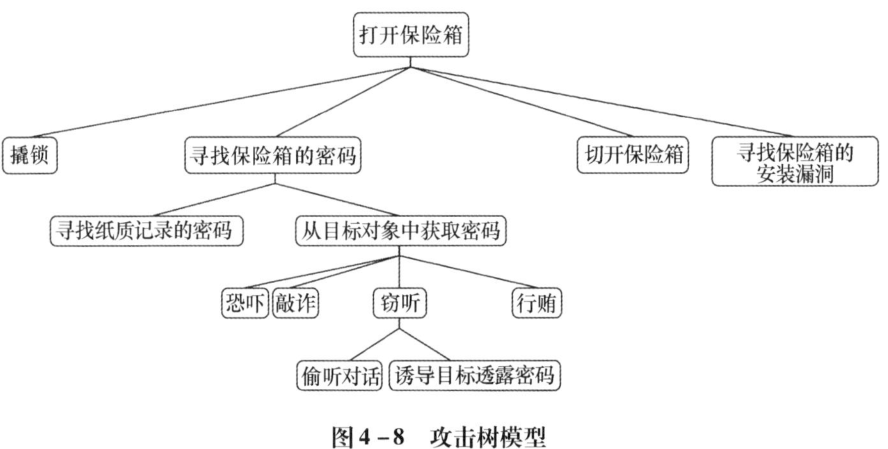

图4－8 攻击树模型

图结构模型则更加灵活，能够表示更复杂的关系。攻击图是一种可以展示网络中所有可能的攻击路径的模型，是当前应用最广泛的网络攻击模型。它的节点代表系统的状态，边代表攻击的步骤或操作。攻击图模型如图4－9所示，通过分析攻击图，可以找出系统的薄弱环节及防御策略的优先级。

在数据结构中，“网”通常是指一种特殊类型的图结构，叫作加权图或网络。在网络安全领域，攻击网模型使用网络结构表示整个系统或网络环境。在这种模型中，节点代表不同的网络元素，如主机、服务器、用户、进程、服务等。边代表节点之间的连接，如网络连接、数据流或权限关系等。攻击者可以通过这个网络结构中的路径从一个节点（如一个受感染的计算机或一个已被窃取凭证的用户）移动到另一个节点（如一个目标

攻击者获取主机甲的超级用户权限
利用SSH守护进程缓冲区溢出漏洞
获取主机乙的用户权限
利用FTP远程主机验证漏洞
建立主机甲到丙的远程登录可信关系
利用FTP远程主机验证漏洞
建立主机乙到丙的远程登录可信关系
利用FTP远程主机验证漏洞
建立主机甲到丙的远程登录可信关系
利用SSH守护进程缓冲区溢出漏洞
获取主机乙的用户权限
利用FTP远程主机验证漏洞
获取主机乙的用户权限
利用存在的远程登录可信关系
从主机乙获取到三机丙的用户权限
利用FTP远程主机验证漏洞
获取主机乙的用户权限
利用FTP远程主机验证漏洞
建立主机甲到乙的远程登录可信关系
利用FTP远程主机验证漏洞
获取主机乙的用户权限
利用FTP远程主机验证漏洞
建立主机丙到甲的远程登录可信关系
利用FTP远程主机验证漏洞
建立主机甲到乙的远程登录可信关系
利用存在的远程登录可信关系
从主机乙获取到主机丙的用户权限
在主机丙上利用本地缓冲区溢出漏洞
获取主机丙的超级用户权限

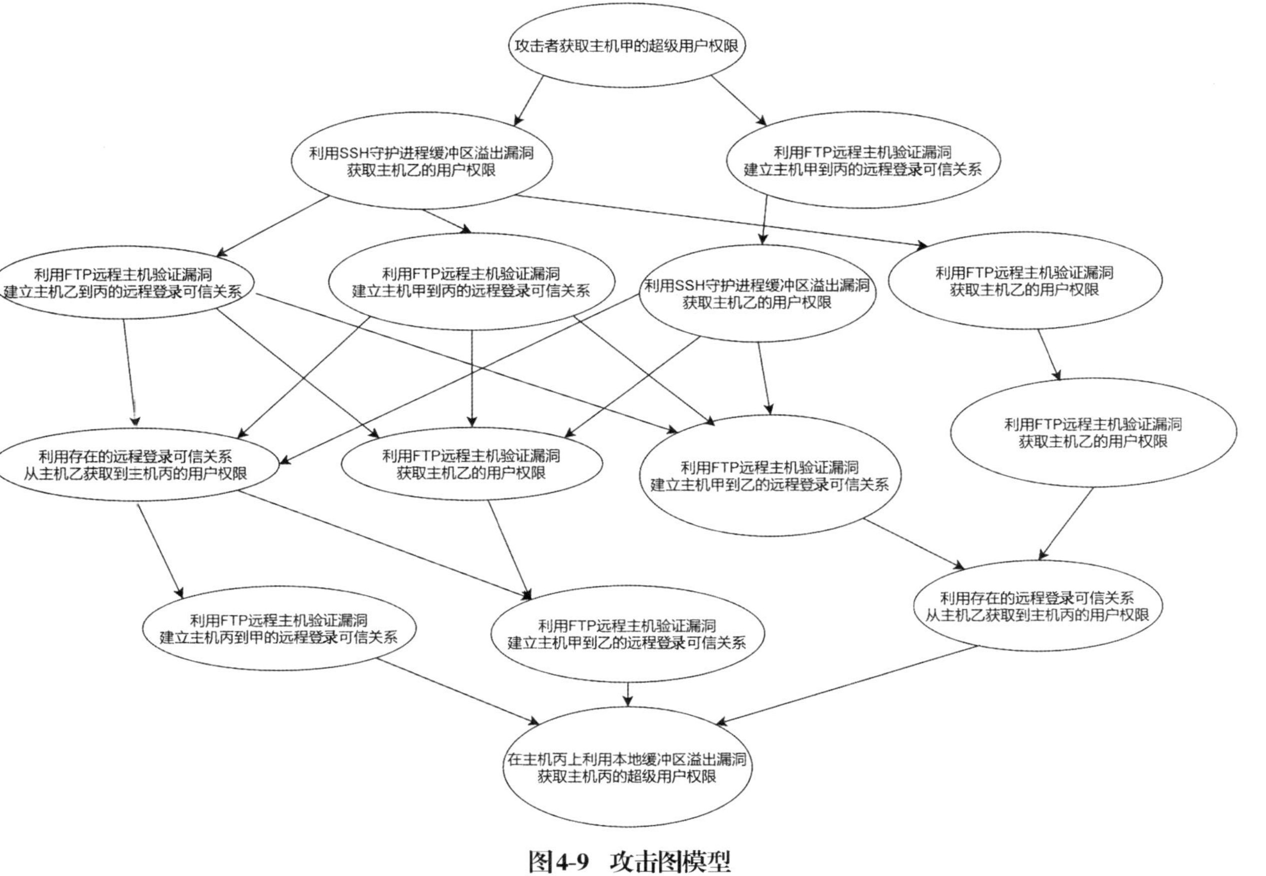

图4-9　攻击图模型

服务器或一个敏感的数据存储），这种攻击者在网络中的移动通常被称为横向移动或内部渗透。攻击网模型容易修改、便于扩展，对行为和结果作了区分，攻击网模型如图 4－10 所示。

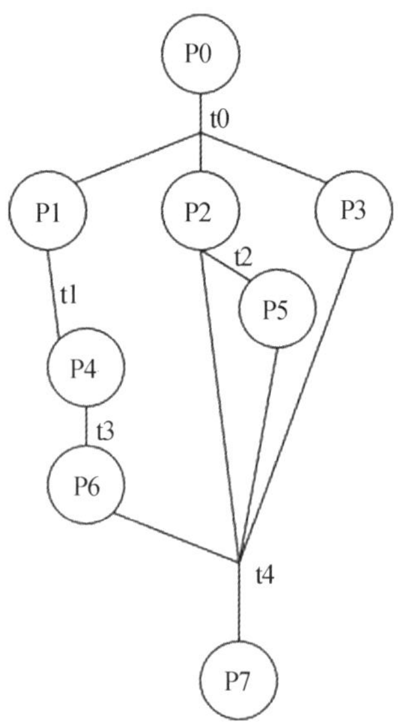

图 4－10　攻击网模型

2. ATT&CK 模型

ATT&CK（Adversarial Tactics，Techniques，and Common Knowledge），它是一个站在攻击者的视角来描述攻击中各阶段用到的技术的模型。ATT&CK 模型中有 4 个关键对象，即攻击策略、技术工具、黑客组织和软件集，如图 4－11 所示。

第一，攻击策略反映了执行网络攻击的基本策略，如“执行恶意代码”或“接入被攻击者的网络”。

第二，技术工具是完成某个攻击策略所涉及的技术。每一种攻击策略下有多种技术工具，每种技术工具可以为多种攻击策略服务。

第三，黑客组织负责记录已知的黑客团体的行为模式和攻击手法，用以识别和分类不同的威胁源，从而便于网络安全团队根据这些信息制订防御计划。

第四，软件集用于记录攻击者经常使用的软件，包括工具、组件和恶意软件。

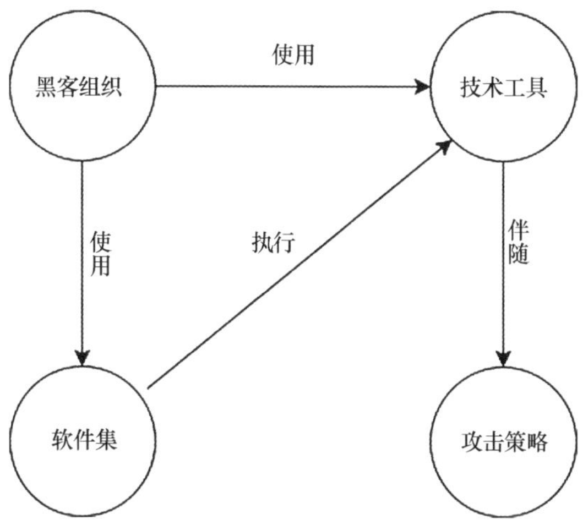

图 4 – 11 ATT&CK 模型 4 个关键对象间的关系

总的来说，ATT&CK 模型是一个维护各种威胁的知识库，用于帮助网络安全专业人员理解、预防和对抗网络攻击，为信息安全从业者提供了一个可执行的中等抽象化的模型。

3. 杀伤链模型

杀伤链模型是由洛克希德·马丁公司提出的，它描述了黑客或网络攻击者从开始计划攻击到最终实施攻击的整个过程，如图 4 – 12 所示。

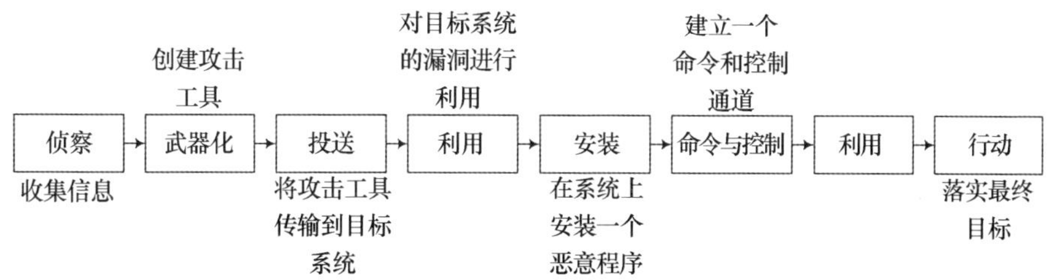

图 4 – 12 杀伤链模型

杀伤链起初是一种军事术语，指的是探测目标、瞄准目标、与敌方交战并评估交战结果的闭环过程。网络安全中的杀伤链模型将军事模型应用于网络攻击各个阶段的描述，以便于网络安全专业人员提前发现和阻止网络攻击。杀伤链模型主要包含 7 个阶段，即侦察、武器化、投送、利用、安装、命令与控制、行动。

第一，侦察。在此阶段，攻击者会收集关于目标的信息，这包括公开可获取的信息（如网络上的公开文档、社交媒体等）和秘密获取的信息（如通过网络侦察、社会工程等手段）。这一阶段的目标是找到可以被利用的攻击路径或者弱点。

第二，武器化。攻击者在这一阶段会创建或获取一个攻击工具，如病毒、木马或者利用某种漏洞的攻击代码。这些工具会被设计成能够通过网络传输并在目标系统上执行。

第三，投送。此阶段的目标是将武器化的工具传输到目标系统上。这可以通过多种手段实现，如电子邮件附件、网页链接、USB 设备等。

第四，利用。这一阶段，攻击者会利用其发送到目标系统的工具，对目标系统的漏洞进行利用，以便在系统上执行恶意代码。

第五，安装。一旦攻击者成功利用了目标系统的漏洞，其会试图在系统上安装一个恶意程序，如后门、键盘记录器等，以便能够持续控制该系统。

第六，命令与控制。攻击者会建立一个命令和控制通道，使其能够远程控制被攻击的系统，并发送进一步的命令或者恶意软件。

第七，行动。在这一最后阶段，攻击者会开始落实其最终目标，包括数据窃取、破坏系统、拒绝服务等。

总的来说，杀伤链模型为网络安全工作者提供了一种有用的视角来理解和防御网络攻击。这个模型通过描述攻击者从规划到执行攻击的过程，帮助安全人员识别潜在的威胁、制定有效的防御策略，并评估防御措施的有效性。

二、网络攻击技术体系

（一）网络攻击技术的定义

网络攻击技术是指，攻击者利用某种策略和手段，试图破坏、阻断或非法访问一个计算机网络的一种行为。实施网络攻击的行为可能触犯《中华人民共和国刑法》第 285 条非法获取计算机信息系统数据、非法控制计算机信息系统罪，第 286 条非法侵入计算机信息系统罪以及第 287 条提供侵入、非法控制计算机信息系统程序、工具罪。

（二）网络攻击技术体系

网络攻击技术体系可以更为宏观地分为侵入攻击、拒绝服务攻击、网络欺诈和社交工程。它涵盖了从基础的尝试猜测密码到高级的恶意软件和零日攻击等一系列复杂的技术和策略，这些攻击的目标可以是个人、企业或政府的计算机系统或网络，甚至可以是整个互联网基础设施。

1. 侵入攻击

侵入攻击是一种常见的网络攻击形式，其目标是入侵系统或网络，以获取对其的控制权。攻击者利用各种手段实现这个目标，例如利用系统漏洞、获取用户凭证或通过其他方法进行未授权访问。这些手段都是为了突破系统的防御，以便攻击者能够执行其恶意活动。

利用系统漏洞是一种常见的侵入方式，包括利用未修复的软件漏洞、硬件漏洞或网络配置问题。这些漏洞被攻击者用来绕过系统的防御，获取对系统的控制权。此外，攻击者会利用弱密码或者未保护的用户凭证来登录系统。这种方式的攻击通常包括密码猜测、暴力破解或者凭证复用攻击。

2. 拒绝服务攻击

拒绝服务攻击通常是利用传输协议的漏洞、系统存在的漏洞、服务的漏洞，对目标系统发起大规模的进攻，用超出目标处理能力的海量数据包消耗可用系统资源、带宽资源等，或造成程序缓冲区溢出错误，致使其无法处理合法用户的正常请求，无法提供正常服务，最终致使网络服务瘫痪，甚至引起系统死机。这是破坏攻击目标正常运行的一种“损人不利己”的攻击手段。

最常见的拒绝服务攻击行为有网络带宽攻击和连通性攻击。网络带宽攻击指以极大的通信量冲击网络，使得所有可用网络资源都被消耗殆尽，最后导致合法的用户请求无法通过。连通性攻击指用大量的连接请求冲击计算机，使得所有可用的操作系统资源都被消耗殆尽，最终计算机无法再处理合法用户的请求。

3. 网络诈骗和社会工程学

网络诈骗和社会工程学是一种更加隐蔽的攻击方式，为了获得在开源情报收集中难以获取的敏感信息，不法分子利用各种手段，诱使受害者自愿地抑或被动地提供敏感数据信息。不法分子会对个人或者组织进行详细研究，研究他们的行为习惯、偏好、社交关系，从而更好地实施这一欺骗行为（点击恶意链接、下载恶意文件或者透露敏感信息）。

网络诈骗涉及各种形式，如发送假冒邮件、提供虚假广告或伪造网站。社会工程学则涉及更多的人际交往技巧，如伪装身份、建立信任关系、利用人的心理弱点等。

第三节 网络防御技术

网络防御是指为保护己方网络和设备正常工作、信息数据安全而采取的措施和行动。其目的是保护己方数据的保密性、完整性、真实性、可用性、可控性和可审查性等。研究并积极部署网络防御技术，是达到“网络攻防平衡”的前提和基础。

网络安全防御技术可以分为被动安全防御和主动安全防御两类。被动安全防御也称为传统的安全防御，主要是指以抵御网络攻击为目的的安全防御方法。典型的被动安全防御技术有：防火墙技术、加密技术、虚拟专用网络技术等。主动安全防御则是及时发现正在遭受攻击，并及时采用各种措施阻止攻击者达到攻击目的，尽可能减少自身损失的网络安全防御方法。典型的主动安全防御技术有：入侵检测、网络引诱、网络安全态势预警、安全反击等。

一、网络防御技术模型

网络安全防御模型是信息安全防御的关系模型，传统的安全防御方法是对网络进行风险分析，制定相应的安全策略，采取安全技术作为防护措施。传统信息安全模型的特点是以防为主，侧重于静态防护和被动防护，这种安全模型的成果依赖于完善的防御手段和对系统正确的配置，并且很大程度上是针对固定的威胁和环境弱点。然而，信息安全没有统一不变的过程和方法，是矛与盾的无限循环，网络防御是一个动态的不断完善的过程，以下各类模型由此应运而生。

（一）Protection – Detection – Response（PDR）模型

PDR 模型源自美国国际互联网安全系统公司 ISS 提出的自适应网络安全模型（Adaptive Network Security Model，ANSM），是一个可量化、可数学证明、基于时间的安全模型。PDR 模型是基于防护、检测、响应的安全模型。PDR模型在传统的防护基础上，增加了检测与响应两个环节，将传统的静态、被动防护转化为针对安全问题的动态防护与主动防护，PDR模型如图4-13所示。

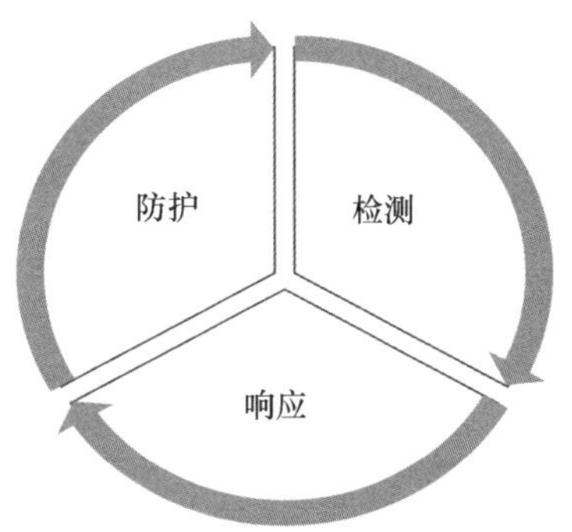

图4-13　PDR模型

一是防护，是指针对目前已知面临的安全威胁采取一些保护措施。具体保护措施有身份认证、访问控制、信息存储与传输安全、防火墙、VPN、防病毒等技术，这些措施可以抵抗大多数入侵事件的发生，但是无法针对利用新的系统漏洞或新的攻击手段的入侵活动实现有效防护。

二是检测，主要用于检测和发现攻击的发生。检测这一过程具体通过漏洞扫描、实时监控、入侵检测、安全审计等技术实现。漏洞扫描用于发现系统的安全漏洞和隐患，入侵检测用于实时发现已知或未知的入侵行为，安全审计用于记录系统中的事件，以查证是否发生入侵事件和用于事后追踪，分别对应攻击发生的事前、事中与事后的处置情况。

三是响应，主要针对攻击行为发生后的响应技术，对危及安全的事件、行为、过程及时作出响应处理，杜绝危害的进一步蔓延扩大，力求将安全事件的影响降到最低。主要技术包括漏洞修补、报警、终止服务、数据备份与容灾等。响应的目标是对安全事件作出快速反应，尽量减少和控制对系统影响的程度。

（二）Policy-Protection-Detection-Response（P^2DR）模型

P^2DR模型是指策略—防护—检测—响应模型，是在PDR模型的基础上发展出来的模型。该模型的核心思想是所有的防护、检测、响应都是依据安全策略实施的，模型包括4个主要部分：策略、防护、检测和响应，如图4-14。

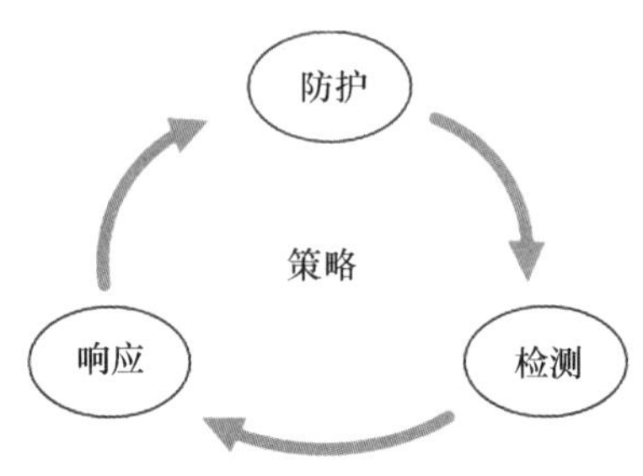

图4-14 P²DR模型

一是策略，是模型的核心，所有的防护、检测和响应都是依据安全策略实施的。安全策略一般由总体安全策略和具体安全策略两部分组成。

二是防护，是根据系统可能出现的安全问题而采取的预防措施，这些措施通过传统的静态安全技术实现。采用的防护技术通常包括数据加密、身份认证、访问控制、授权和虚拟专用网技术、防火墙、安全扫描和数据备份等。

三是检测，是指当攻击者穿透防护系统时，检测功能就发挥作用，与防护系统形成互补。检测是动态响应的依据。

四是响应，是指当系统一旦检测到入侵，响应系统就开始工作，进行事件处理。响应包括应急响应和恢复处理，恢复处理又包括系统恢复和信息恢复。

P^2DR 模型是在整体的安全策略的控制和指导下，在综合运用防护工具（如防火墙、操作系统身份认证、加密等）的同时，利用检测工具（如漏洞评估、入侵检测等）了解和评估系统的安全状态，通过适当的反应将系统调整到“最安全”和“风险最低”的状态。防护、检测和响应组成了一个完整的、动态的安全循环，在安全策略的指导下保证信息系统的安全。

（三）Protection - Detection - Reaction - Restore（PDR^2）模型

PDR^2模型是防护、检测、响应、恢复有机结合的动态技术体系。

一是防护，充分利用防火墙系统，实现数据包策略路由、路由策略和数据包过滤技术，应用访问控制规则达到安全、高效的访问；应用网络地址转换（Network Address Translation，NAT）及映射技术实现 IP 地址的安全保护和隔离。

二是检测，是利用防火墙系统具有的入侵检测技术及系统扫描工具，配合其他专项监测软件，建立访问控制子系统，实现网络系统的入侵监测及日志记录审核，以利及时发现透过访问控制子系统的入侵行为。

三是响应，是指在安全策略指导下，通过动态调整访问控制系统的控制规则，发现并及时截断可疑链接、杜绝可疑后门和漏洞，启动相关报警信息。

四是恢复，是指在多种备份机制的基础上，启用应急响应恢复机制实现系统的瞬时还原；进行现场恢复及攻击行为的再现，供研究和取证；实现异构存储、异构环境的高速、可靠备份。

（四）Protection－Policy－Detection－Response－Recovery（P^2DR^2）模型

P^2DR^2模型即PPDRR模型，是在PDR模型的基础上新增加了策略和恢复，这样一旦发生了系统安全事件，也可以恢复系统的正常运行，恢复系统功能和数据等。由于信息恢复在信息保障之中的重要性，加上安全策略，策略需要根据安全事件的出现进行动态调整于是P^2DR^2模型应运而生。该模型在防护的前提下，通过不断监视网络，发现威胁和弱点来实现安全措施。通过给用户循环反馈以便及时制定有效安全策略并掌握响应过程。

（五）网络安全滑动标尺模型

美国系统网络安全协会在2015年提出了网络安全滑动标尺模型，将网络安全体系建设过程分为架构建设、被动防御、积极防御、智能学习和进攻反制五个阶段，按照每个阶段的建设水平来对安全防护能力进行评估，并指导未来安全防护能力的建设。

第一阶段是架构假设，解决的是从无到有的问题。第二阶段为被动防御，意即根据架构完善安全系统、掌握工具和方法，具备初级检测和防御能力。第三阶段为积极防御，指主动分析检测、应对，从外部的攻击手段和手法进行学习，该阶段开始引入了渗透测试、攻防演练和外部威胁情报。第四阶段为智能学习，指利用流量、主机或其他各种数据通过机器学习，进行建模及大数据分析，开展攻击行为的自学习和自识别，进行攻击画像、标签等活动。第五阶段指利用技术和策略对对手进行进攻反制。网络安全滑动标尺模型是一种用于评估和管理网络安全风险的方法，旨在于安全性和便利性之间找到一个平衡点。该模型通过一个可调节的标尺，将安全性和便利性表示在一个连续的范围上，用户可以根据实际需求将标尺滑动到合适的位置，以获得满足其特定需求的安全设置。

网络安全滑动标尺模型的优点在于提供了一种个性化的安全设置方法，可以根据不同的需求和情境进行灵活调整。它既能够满足安全性的要求，又能够提供良好的用户体验和便利性。然而，在使用滑动标尺模型时，需要进行风险评估和权衡，确保在追求便利性的同时不牺牲过多的安全性。

（六）网络安全纵深防御模型

网络安全纵深防御模型的基本思路就是将信息网络安全防护措施有机组合起来，针对保护对象，部署合适的安全措施，形成多道保护线，各安全防护措施能够相互支持和补救，尽可能地阻断攻击者的威胁。网络安全的纵深防御的思想是指通过设置多重安全防御系统，实现各防御系统之间的相互补充，即使某一系统失效也能得到其他防御系统的弥补或纠正。本质上是通过增加系统的防御屏障，既避免了对单一安全机制的依赖，也可以避开不同防御系统中可能存在的安全漏洞，从而提高抵御攻击的能力。

目前，安全业界认为网络需要建立四道防线：安全保护是网络的第一道防线，能够阻止对网络的入侵和危害；安全监测是网络的第二道防线，可以及时发现入侵和破坏；实时响应是网络的第三道防线，当攻击发生时维持网络“打不垮”；恢复是网络的第四道防线，使网络在遭受攻击后能够以最快的速度“起死回生”，最大限度地降低安全事件带来的损失。

二、网络防御技术体系

网络防御技术中较多方法已在本章第一节的“三、网络安全技术体系”中进行了列举，但其基本属于被动防御技术，本小节重点介绍一种典型的主动防御技术，即蜜罐技术。

蜜罐是一种在互联网上运行的计算机系统，是专门为吸引并“诱骗”那些试图非法闯入他人计算机系统的攻击者而设计的。蜜罐系统是一个包含漏洞的诱骗系统，它通过模拟一个或多个易受攻击的主机，给攻击者提供一个容易攻击的目标。蜜罐并没有向外界提供真正有价值的服务，因此所有连接尝试都被认为是可疑的。蜜罐技术改变了传统防御的被动局面。早期的蜜罐一般伪装成存有漏洞的网络服务，对攻击链接做出响应，从而对攻击方进行欺骗，增加攻击代价并对其进行监控。由于这种虚拟蜜罐存在着交互程度低、捕获攻击信息有限且类型单一、较容易被攻击者识别等问题。兰斯·斯皮茨纳（Lance Spitzner）等安全研究人员提出并倡导蜜网

（Honeynet）技术，蜜网是由多个蜜罐系统加上防火墙、入侵防御、系统行为记录、自动报警与数据分析等辅助机制所组成的网络体系结构，在蜜网体系结构中可以使用真实系统作为蜜罐，为攻击者提供更加充分的交互环境，也更难被攻击者所识别。蜜网技术使得安全研究人员可以在高度可控的蜜罐网络中，监视所有诱捕到的攻击活动行为。

分布式蜜罐、蜜网能够通过支持在互联网不同位置上进行蜜罐系统的多点部署，有效地提升安全威胁监测的覆盖面，克服了传统蜜罐监测范围窄的缺陷，因而成为目前安全业界采用蜜罐技术构建互联网安全威胁监测体系的普遍部署模式，具有较大影响力的包括世界蜜网项目组织（The Honeynet Project）的 Kanga 及其后继全球分布式蜜网（Global Distributed Honeynet）系统、巴西分布式蜜罐系统、欧洲电信的 Leurre、Com 与 SGNET 系统、中国 Matrix 分布式蜜罐系统等。在互联网和业务网络中以分布式方式大量部署蜜罐系统，特别是在包含提供充分交互环境的高交互式蜜罐时，需要部署方投入大量的硬件设备与 IP 地址资源，并需要较高的维护人力成本。

蜜罐系统最重要的功能是对系统中所有的操作和行为进行监视和记录，网络安全专家通过精心的伪装设计，使攻击者在进入目标系统后仍不知自己所有的行为都处于系统的监视之中。为了吸引攻击者，网络安全专家通常还故意在蜜罐系统中留下一些安全后门或放置一些攻击者希望得到的敏感数据，以吸引攻击者上钩。蜜罐的另一个用途是拖延攻击者对真正目标的攻击，让攻击者在蜜罐上浪费时间，这样最初的攻击目标得到了保护，真正有价值的内容并没有受到侵犯。此外，蜜罐还可以为追踪者提供有用的线索，为起诉攻击者搜集有利的证据。

第四节　网络安全取证技术

一、介质取证与数据鉴定

（一）介质取证技术概述

在数字取证中[①]，介质通常指的是存储介质，也称为媒介。存储介质

---

① 刘浩阳、李锦、刘晓宇：《电子数据取证》，清华大学出版社 2015 年版，第 78—79 页。

是指用于存储和保存数据的物理设备或媒介。它可以是硬件设备，如硬盘驱动器、固态硬盘、闪存卡、光盘等，也可以是软件层面上的虚拟介质，如虚拟磁盘映像文件或云存储。

在数字取证过程中，取证人员通过对这些存储介质进行分析和调查，可以获得存储在其中的数据、文件、日志以及其他相关信息。这些数据和信息可能包含有关犯罪行为、安全事件或其他调查对象的关键证据。

介质取证的基本原理是将物理介质中的数据进行完整性验证、提取、分析等操作，以获取关键的证据和信息。在介质取证中，通常需要采用专业的取证工具和软件，并遵循一系列严格的取证流程和规范，以确保取证过程的合法性和可靠性。常见的取证工具包括 Forensic Toolkit、Encase、AccessData、Smart Phone Examiner 等，国产介质取证软件以美亚柏科的取证大师和上海盘石 Safe Analyzer 为代表，以简单实用、快速、针对性强为显著特征，强调易用性和面向一线计算机水平相对较弱的人员使用，加强了规范化、程序化、专业化要求，在实战中取得明显效果。这些工具具有较高的数据提取和鉴定能力，可用于对不同类型的介质进行取证和数据分析。

在介质取证中，首先需要对介质的完整性进行验证，以确定数据是否被篡改、删除或移动。这可以通过计算 Hash 值、检查文件系统结构、查找损坏文件等方式实现。其次，需要对介质中存储的数据进行提取和分析，以确认数据的类型、内容和来源。数据提取的方式包括物理取证和逻辑取证两种，其中物理取证是指直接从物理介质中复制数据，而逻辑取证是通过操作系统或应用程序获取数据。

在现代数字环境中，存储介质的种类和形式不断发展和演变。新兴的技术（如云存储、移动设备和虚拟化等）也带来了新的挑战和机会，需要取证人员不断更新和适应取证方法和工具。

（二）不同介质的取证方法

不同类型的存储介质在数字取证中具有各自的特点和取证方法。下面将详细说明几种常见的存储介质及其特点和取证方法。

1. 硬盘驱动器

硬盘驱动器是计算机系统中最常见的存储介质之一。它具有大容量、高速度、可读写性和易于安装的特点。硬盘驱动器通常采用磁性媒体来存储数据，包括磁头、磁盘片和驱动电机等组件。

取证方法：硬盘取证是数字取证中最常见和重要的一部分。取证人员可以通过制作硬盘的物理副本，使用专业的取证工具和技术来获取数据。常用的硬盘取证方法包括磁盘镜像、磁盘分区的分析、文件系统分析和数据恢复等。

2. 固态硬盘

固态硬盘使用闪存存储技术，相对于传统硬盘具有更快的读写速度、更低的功耗和抗震抗摔能力。固态硬盘没有移动部件，更加耐用。

取证方法：固态硬盘的取证相对传统硬盘较为复杂。由于其特殊的数据存储和垃圾回收机制，数据的分布和提取方式与传统硬盘有所不同。取证人员需要使用特定的固态硬盘取证工具和技术，如芯片级取证、TRIM分析和闪存控制器分析等。

3. 闪存卡（SD 卡、USB 闪存驱动器等）

闪存卡是一种小型、可移动、易于使用的存储介质。它被广泛应用于移动设备、相机、存储器和其他便携式设备中。闪存卡具有高容量、快速读写速度和可擦写的特点。

取证方法：闪存卡的取证方法通常包括逻辑取证和物理取证两种。逻辑取证主要涉及文件系统的分析和数据提取，可以通过常见的取证工具进行。物理取证则需要对闪存芯片进行读取和分析，可能需要专门的闪存芯片读取设备和技术。

4. 光盘（CD、DVD 等）

光盘是一种使用激光技术读取数据的存储媒介。它具有高存储密度、可靠性和广泛的兼容性。光盘可分为只读光盘（CD-ROM、DVD-ROM 等）和可写光盘（CD-R、DVD-R 等）。

取证方法：光盘的取证方法主要涉及数据的提取和分析。对于只读光盘，取证人员可以使用光盘镜像工具来创建镜像文件，并通过文件系统分析等技术来提取数据。对于可写光盘，需要考虑数据的写入和修改情况，需要特定的取证工具和技术来分析数据结构和元数据。

5. 虚拟磁盘映像文件

虚拟磁盘映像文件是将整个存储介质（如硬盘、光盘）的内容以文件的形式进行存储的一种方式。它可以是物理磁盘的完整镜像或分区的镜像，也可以是虚拟机磁盘的映像文件。

取证方法：对于虚拟磁盘映像文件的取证，取证人员可以使用虚拟机软件或专门的磁盘工具来加载和分析映像文件。取证过程类似于对实际硬盘进行取证，包括文件系统分析、数据提取和分析等。

除了上述介绍的常见存储介质，还有其他类型的介质，如网络存储设备、移动设备（智能手机、平板电脑）等。这些存储介质也具有各自的特点和取证方法。取证人员需要根据具体情况选择合适的取证工具和技术，进行相应的数据提取、分析和鉴定工作。

（三）数据鉴定

数据鉴定是介质取证的一个重要环节，其目的是确认数据的真实性、可信度和可用性。数据鉴定的目标是确保取证的数据可以作为有效的证据，并能够经受住审查。数据鉴定的方式包括数据比对、数据搜索、数据恢复、数据解密、数据分析等。数据比对是指将取证数据与原始数据进行比对，以验证数据的完整性和准确性。数据搜索是从整个介质空间包括隐藏空间、未分配空间等找到相关数据，这些数据可能是些残缺数据或文件碎片。数据恢复是指从已删除或损坏的数据中恢复出原始数据，并将这些数据以可以理解的形式表达出来。数据解密是指对加密数据进行解密，以获取原始数据。数据分析是指对数据进行分析和挖掘，以发现其中的关联和规律。

下面将进一步探讨介质取证中的数据鉴定方法和技术。

1. Hash 值比对

Hash 值是通过特定的算法将数据转换为固定长度的唯一标识。在数据鉴定中，可以计算被取证数据的 Hash 值，并与已知数据的 Hash 值进行比对。如果两者匹配，就可以确认数据的完整性和准确性。常用的 Hash 值包括 MD5、SHA-1 和 SHA-256。

2. 时间戳分析

时间戳是记录数据创建、修改和访问时间的信息。通过对取证数据的时间戳进行分析，可以验证数据的时间顺序和合理性，进一步确定数据的来源和修改历史。时间戳的分析可以使用专门的工具和技术，如时间戳提取工具和时间线分析工具。

3. 元数据分析

元数据是描述数据的数据，如文件名、大小、创建者、修改日期等。通过分析元数据，可以了解数据的属性和特征，进一步验证数据的真实性和完整性。元数据可以通过取证工具或元数据提取工具进行提取和分析。

4. 文件签名验证

文件签名是使用加密算法生成的唯一标识，用于验证文件的完整性和真实性。在数据鉴定中，可以对取证数据进行文件签名验证，以确保数据没有被篡改或修改。文件签名验证可以使用专门的工具和技术，如数字签名验证工具和证书验证工具。

5. 数据结构分析

对于特定类型的数据，如数据库文件、日志文件等，可以进行数据结构分析。通过了解数据的结构和特征，可以验证数据是否符合预期的格式和规范。数据结构分析可以使用专门的工具和技术，如数据库分析工具和日志文件分析工具。

6. 恢复已删除数据

在某些情况下，可能需要对已删除的数据进行恢复，以获取更完整的证据。恢复已删除数据的方法包括逻辑恢复和物理恢复。逻辑恢复是通过文件系统的分析和恢复技术来还原已删除的文件和目录结构。物理恢复是通过对存储介质进行低级别的扫描和数据恢复来获取已删除的数据片段。

7. 数据验证工具和技术

在数据鉴定过程中，可以使用各种数据验证工具和技术来确保数据的真实性和完整性。这些工具和技术可以用于验证文件格式、数据一致性、数据的内部结构等方面。常用的数据验证工具包括数据验证软件、文件格式分析工具、文件签名验证工具、数据完整性检查工具等。通过使用这些工具，取证人员可以对取得的数据进行深入的分析和验证，以确保数据的可信度和可靠性。

在进行数据鉴定时，取证人员需要遵循一系列的原则和方法，以确保数据的真实性、完整性和可靠性。这包括可追溯性和记录、校准和验证工具、样本对比和验证、数据还原和恢复、质量控制和质量保证等方面。同时，取证人员还需要遵守适用的法律要求和标准，确保数据鉴定过程符合法律规定，并能够经受住审查。

介质取证和数据鉴定在网络安全事件调查和处置中具有重要的作用。例如，在发生数据泄露事件时，调查人员可以通过对介质进行取证和数据鉴定，追踪泄露源头，并确认受影响的数据类型和范围。同时，在网络攻击事件中，调查人员也可以通过对介质进行取证和数据鉴定，确定攻击手段和攻击目标，并找出攻击者的身份和攻击路径，为后续的取证和处置工作提供重要的信息和依据。

总之，介质取证和数据鉴定是网络安全取证技术的重要组成部分，是网络安全治理和防范的重要手段。通过采用先进的取证和鉴定技术，可以更加精准和有效地确定网络安全事件的发生和影响，从而更好地保障国家和社会的安全和稳定。

二、远程取证与数据分析

（一）远程取证概述

首次提出电子数据远程取证适用范围的规范是《关于办理刑事案件收集提取和审查判断电子数据若干问题的规定》第九条第二、第三款：“对于原始存储介质位于境外或者远程计算机信息系统上的电子数据，可以通过网络在线提取。为进一步查明有关情况，必要时，可以对远程计算机信息系统进行网络远程勘验。进行网络远程勘验，需要采取技术侦查措施的，应当依法经过严格的批准手续。”用精练的文字层层递进地阐述三种不同的电子数据取证措施，即“网络在线提取—网络远程勘验—网络技术侦查”并以适用情形收缩为依据组成远程取证体系。

电子数据远程取证是指侦查人员依照相关技术标准和程序规范，在不直接对目标设备进行物理接触的条件下，依法对可以证明案件事实的公开发布的电子数据或境内远程计算机信息系统上与案件相关的特定电子数据通过网络直接进行收集、提取的取证方式。

在取证勘验对象处于虚拟空间，或者不能实地接触取证对象的情况下，往往需要通过远程勘验提取和固定远程目标主机上的电子数据。根据公信安〔2005〕161号《计算机犯罪现场勘验与电子证据检查规则》的规定，远程勘验是指通过网络对远程目标系统实施勘验，以提取、固定远程目标系统的状态和存留的电子数据。远程勘验是侦查活动的组成部分。因此远程勘验必须由具备相应能力的电子数据勘验人员负责进行。远程勘验的对象应为网络远程目标，例如对境外远程主机进行勘验。远程勘验完成后需要形成远程勘验笔录并提取固定相关的电子数据作为证据材料。远程勘验的流程和注意事项与现场勘验基本一致。需要注意的是：

1. 远程勘验工作设备与工具配备需求

根据远程勘验工作的任务要求，应该配备相应的远程勘验工作用计算机，并配备勘验用远程登录工具、远程访问客户端，采用文件传输协议上传下载工具等。

2. 远程勘验记录工具准备

在远程勘验过程中要记录并提取相关屏幕显示信息、远程目标状态信息等，需要准备相关的屏幕录像工具、屏幕截屏工具，记录远程勘验过程的照相、摄像器材等。

3. 证据提取固定工具准备

远程勘验过程中发现的证据需要进行固定和提取，如远程服务器的系统日志文件、系统内的电子文档、特定程序文件等，要通过网络下载到勘验工作用计算机，并进行电子数据的复制备份、计算校验值固定等，因此需要在工作用计算机上准备 Hash 值计算工具、压缩工具以及光盘刻录机刻录用空白光盘等设备。

（二）远程取证常见技术

远程取证是在无须直接物理接触目标设备的情况下获取证据和进行取证分析的过程。为确保取证操作的有效性、合法性和可靠性，采取适当的技术措施是至关重要的。以下是远程取证过程中几项常见技术措施。

1. 安全远程访问

使用安全的远程访问协议和方法，确保远程连接的安全性和可信度。常见的安全远程访问协议包括安全外壳协议、远程桌面协议和虚拟专用网等。同时，采用强密码、双因素认证和防止暴力破解等措施可以增强远程访问的安全性。

2. 数据加密传输

在远程取证过程中，对传输的数据进行加密可以保护数据的机密性和完整性。使用安全的传输协议（如超文本传输安全协议）或在传输层对数据进行加密（如安全套接层协议/安全传输层协议）可以有效防止数据被窃取或篡改。

3. 远程镜像获取

采用远程镜像获取技术可以在无须直接接触目标设备的情况下，获取目标设备的完整镜像副本。通过远程访问目标设备，使用专业的取证工具对目标设备进行镜像获取，确保数据的完整性和准确性。

4. 数据完整性验证

在远程取证过程中，对获取的数据进行完整性验证是必要的。通过使用 Hash 算法计算数据的 Hash 值，并与原始设备上的 Hash 值进行比对，可以验证数据的完整性和可信度。

5. 取证记录和日志

在进行远程取证操作时，务必记录相关操作和事件的详细信息，包括操作时间、取证过程、使用的工具和方法等。这些记录和日志可以作为取证操作的证据，确保取证过程的透明性和可追溯性。

6. 合法性和权限

在进行远程取证时，必须确保取证操作的合法性和权限。遵守相关法律法规和组织政策，仅在授权的范围内进行取证操作，并获取相关的授权和许可。

7. 隐私保护

在远程取证过程中，必须尊重相关个人隐私权和数据保护法规。采取适当的措施保护取证过程中获取的个人敏感信息，并遵守隐私保护规定。

这些技术措施可以增强远程取证的安全性、可靠性和合法性。取证人员应根据具体的案件需求和组织政策，合理选择和应用这些技术措施，并确保取证操作的规范性和有效性。

（三）远程取证数据分析

根据公信安〔2005〕161 号《计算机犯罪现场勘验与电子证据检查规则》规定，电子证物检查是指检查已扣押、封存、固定的电子证据，以发现和提取与案件相关的线索和证据。电子证物检查笔录也是证据的一种类型。随着实践的不断深化，原有的电子证据检查职能会逐步被电子数据分析和电子数据鉴定检验所取代。所谓电子数据分析，是指对固定、封存后的电子数据进行技术分析，以发现新的线索和证据，为案件侦办提供指引，属于现场勘验、远程勘验等侦查活动的延续，一般由侦查人员进行，由于是对固定后的电子数据分析，一般完整性能够得到保障，分析后出具分析报告一般不移送检法，而仅归入侦查卷；而电子数据鉴定和检验也是对固定封存后的电子数据进行，但其目的是对专门性问题进行确定，一般由鉴定和检验人员进行，出具的鉴定意见或检验报告一般要移送检法。

远程取证数据分析是指对从远程系统或网络设备获取的数据进行分析和解释，以揭示潜在的证据和关联信息。以下是远程取证数据分析的一些常见技术和方法。

1. 网络流量分析

通过监控和分析网络流量数据包，可以了解网络通信的模式、协议使用和数据交换情况。网络流量分析工具如 Wireshark、Tcpdump 等可以捕获和分析网络数据包，识别通信行为、提取文件、查找异常活动等。

2. 日志分析

远程系统和网络设备生成的日志记录包含了关键的事件和活动信息。通过对系统日志、网络日志、安全日志等进行分析，可以还原远程系统的操作记录、网络链接记录、异常事件等，辅助取证和调查工作。常用的日志分析工具有 ELK Stack（Elasticsearch，Logstash，Kibana）等。

3. 文件系统分析

对从远程系统或设备获取的文件系统进行分析，可以发现文件、目录、元数据、文件权限等信息。分析文件系统可以揭示用户活动、文件访问记录、文件删除或隐藏等重要线索。常用的文件系统分析工具有 Autopsy、Sleuth Kit 等。

4. 内存取证与分析

通过获取远程系统的内存镜像，可以分析系统中运行的进程、打开的文件、网络链接等信息。内存分析可以揭示恶意软件活动、系统漏洞利用等关键证据。常用的内存取证与分析工具有 Volatility、Rekall 等。

5. 数据关联分析

将从远程系统和设备中获取的各种数据进行关联分析，揭示不同数据之间的关系和模式。通过关联分析可以发现隐藏的关联账户、共享资源、网络交互等，帮助构建完整的取证和调查图景。关联分析工具有 Palantir、IBM、i2 Analyst's Notebook 等。

三、通信数据类取证与鉴定

（一）通信数据类取证概述

通信数据类取证是网络安全领域中的一个重要方面，它涉及对通信数据进行取证、分析和审查，以揭示网络攻击、欺诈、数据泄露等违法犯罪行为的证据。通信数据包括电子邮件、即时通信记录、电话通话记录、短信等在网络通信中产生的数据。在进行通信数据类取证时，需要采用一系列的技术方法和工具来处理和分析这些数据，确保取证过程的可靠性和有效性。随着科技的进步和犯罪形态的演变，传统的犯罪行为也在网络空间中得到了延伸和变异。网络攻击、欺诈和数据泄露等犯罪行为普遍使用通信工具进行沟通和交流，因此对通信数据的取证和鉴定变得尤为重要。

（二）通信数据类取证技术

通信数据类取证涉及多种技术方法，用于获取、分析和鉴定通信数据。以下是几种常用的取证技术。

1. 数据获取技术

数据备份和提取：通过备份目标设备的数据或提取存储介质上的数据来取证，包括即时通信、电子邮件、短信、通话记录等。常用的工具有Cellebrite UFED、XRY、Magnet AXIOM 等。

网络流量分析：监控和捕获网络通信的数据包，用于分析通信行为、协议使用和数据交换。常用的工具有 Wireshark、Tcpdump、Bro IDS 等。

数据恢复：利用专业工具和技术从已删除或损坏的存储介质中恢复通信数据。常用的工具有 EnCase、R – Studio、FonePaw 等。

2. 数据分析技术

元数据分析：分析通信数据的元数据，如时间戳、发件人/收件人、IP地址等，以揭示通信活动的模式和关联性。常用的工具有 Magnet AXIOM、Autopsy、Sleuth Kit 等。

文本分析：使用自然语言处理和文本挖掘技术分析通信内容，识别关键词、情感倾向和语义信息。常用的工具有 NUIX、OpenText、IBM Watson 等。

关系分析：通过分析通信数据中的通信关系、联系人和互动模式，揭示关系网络和组织结构。常用的工具有 Palantir、IBM、i2 Analyst's Notebook、Maltego 等。

3. 数据鉴定技术

数据完整性验证：通过对通信数据的 Hash 值计算和比对，验证数据的完整性，确保数据在获取和传输过程中未被篡改。常用的工具有 HashCalc、MD5Checker、OpenSSL 等。

时间戳分析：分析通信数据中的时间戳和时间线信息，用于确定通信活动发生的顺序和时间关系。常用的工具有 LogParser、ELK Stack、TIMELINE 等。

鉴定工具和算法：使用数字取证工具和算法，如 Hash 函数、数字签名、加密解密等，对通信数据进行鉴定和验证。

4. 数据可视化技术

图表和图形展示：将通信数据可视化为图表、图形和关系图，以更直观地展示通信模式和关联关系。常用的工具有 Tableau、Gephi、Microsoft Power BI 等。

地理信息系统：将通信数据的地理位置信息与地图数据相结合，以展示通信活动的地理分布和轨迹。常用的工具有 ArcGIS、QGIS、Google Earth 等。

这些技术方法的应用可以帮助发现网络攻击、诈骗、犯罪活动等，并提供证据支持。通过对通信数据的细致分析和鉴定，调查人员能够还原通信活动的真实情况，追踪犯罪嫌疑人的行踪和关系网络。因此，通信数据类取证在网络安全和刑事调查中具有重要的应用意义。

第五节　网络安全技术标准

自《中华人民共和国网络安全法》颁布以来，以其为核心的相关网络安全法律法规和政策体系框架逐渐建立，随着国家网络安全工作部署不断深入，网络安全保障能力稳步提升。网络安全技术标准作为网络安全保障体系的重要组成部分，是做好网络安全工作的重中之重。围绕落实《中华人民共和国网络安全法》第十五条“国家建立和完善网络安全标准体系”等相关要求，中国不断强化标准与国家网络安全法律法规、政策制度的配套衔接，着手建立统一权威的网络安全国家标准工作机制，确定“加强标准体系建设”等重点工作方向和任务。

一、网络安全技术标准概述

网络安全技术标准主要依托全国信息安全标准化技术委员会（SAC/TC260）（以下简称“全国信安标委”）作为负责开展国家网络安全标准化工作的专业性技术机构。其主要任务包括对网络安全技术标准进行归口管理与正式发布，目前已覆盖密码、鉴别与授权、通信安全、信息安全评估、信息安全管理及大数据、云计算、物联网等新技术新应用安全领域。相关标准举例如下。

（一）密码相关标准

其主要包括基础类标准、基础设施类标准、产品类标准、应用支撑类标准、应用与检测类标准等。

（二）鉴别与授权相关标准

其主要包括授权类标准、鉴别类标准、凭证与核验类标准、标识类标准、集成应用与身份管理类标准等。

（三）信息安全评估相关标准

其主要包括系统类标准、产品类标准、服务类标准等。

（四）通信安全相关标准

其主要包括基础技术类标准、基础网络类标准、业务网络与应用类标准、终端安全类标准、安全管理类标准等。

（五）信息安全管理相关标准

其主要包括信息安全管理体系类标准、管理支撑技术类标准、政府监管类标准等。

（六）大数据安全相关标准

其主要包括大数据安全类标准、个人信息保护类标准、云计算安全类标准、智慧城市安全类标准等。

自标准化工作开展以来，中国网络安全国家标准研制工作取得了阶段性进展。网络安全技术标准成果为中国网络安全保障体系与保障能力建设提供了技术依据，在支撑国家网络安全法律法规与网络安全重点工作落地实施、推动信息技术产业发展等方面发挥着基础性、规范性和引领性作用。

二、网络安全技术标准体系

当今社会，互联网新技术、新应用、新业务不断涌现，网络安全新问题、新风险、新挑战不断变化，网络安全标准化工作在迈入新阶段的同时，面临着新形势新要求。《中华人民共和国网络安全法》等一系列网络安全相关法律法规与政策文件，为网络安全国家标准化工作构建了良好的氛围和环境，应把积极贯彻落实法律法规和政策文件要求作为网络安全技术标准化工作的首要任务。

网络安全技术标准体系包括基础共性、关键技术、安全管理、应用领域四大类标准。基础共性标准包括术语定义、技术框架、技术模型，相关标准为各类标准提供基础性支撑。关键技术标准从密码技术、鉴别、身份识别等方面着手，描述各类规范网络安全的关键性技术。安全管理标准从网络安全技术保护的管理视角出发，指导行业有效落实法律法规关于网络安全技术管理的要求。应用领域标准结合相关领域的实际情况和具体要求，指导行业有效开展重点领域网络安全技术保护工作。

（一）基础共性标准

基础共性标准是网络安全技术保护的基础性、通用性、指导性标准，包括术语定义、技术框架、技术模型等标准。

1. 术语定义

术语定义用于规范网络安全技术相关概念，为其他部分标准的制定提供支撑，包括技术、规范、应用领域的相关术语、概念定义、相近概念之间的关系等。

2. 技术框架

技术框架标准包括网络安全技术体系框架以及各部分参考框架，以明确和界定网络安全技术的角色、职责、边界、各部分的层级关系和内在联系。

3. 技术模型

技术模型标准用于指导对网络安全技术分类分级分化，给出其基本原则、维度、方法、示例等，为网络安全技术模型构建提供依据，为规范安全技术、评估网络安全等方面的标准制定提供支撑。

（二）关键技术标准

关键技术标准是规范网络安全相关技术系统、方法和应用的准则，它体现在密码基础、密码基础设施、密码应用、标识技术、认证与核验、鉴别与授权、集成应用与身份管理等多个方面。下面将从这些方面详细描述关键技术标准。

1. 密码基础

密码基础是网络安全中最重要的组成部分，技术标准对于密码学算法、密码协议等方面有着非常明确的规定和要求。常见的密码算法有AES、RSA、SHA等。此外，在关于密码复杂度、密码存储、密码传输等方面也有相关的技术标准。

2. 密码基础设施

密码基础设施包括密钥管理、数字证书、安全电子邮件、安全电子支付等内容。网络安全技术标准要求加密密钥必须进行有效的管理，并且数字证书必须符合国际标准。同时，技术标准还规定了安全电子邮件、安全电子支付等业务应具备的功能和安全性要求。

3. 密码应用

密码应用主要是指安全通信、安全存储等方面的内容。在安全通信方面，加密协议、数字签名、防窃听等技术标准起到至关重要的作用。在安全存储方面，技术标准要求密码保险箱、密码保护文件、密码锁等设备必须符合相关标准，以确保安全性和可靠性。

4. 标识技术

标识技术是区分身份、赋予权限的核心技术。网络安全技术标准要求统一身份认证和授权技术，能够实现跨平台和跨组织访问控制机制以及提供开放的接口和规范，以保障用户隐私和信息安全。

5. 认证与核验

认证与核验是验证用户身份和鉴别应用系统的真实性的过程。技术标准对于身份认证、多因素认证、生物特征识别、异常检测等方面有着具体的规定和要求，同时也要求认证和核验信息的安全性和可靠性。

6. 鉴别与授权

鉴别与授权是控制用户访问资源和获得权限的过程，是保障网络安全的关键。技术标准要求建立合理的用户权限管理机制，以及适用于不同安全需求的鉴别与授权方法。

7. 集成应用与身份管理

集成应用与身份管理是保障网络安全的重要手段之一。网络安全技术标准规定集成应用需要遵循用户身份信息管理、安全接入控制、应用对应的安全传输和数据加密等各项规定。此外，身份管理的技术标准还包括了单点登录、多个应用之间的互联等内容。

总之，网络安全技术标准从密码基础、密码基础设施、密码应用、标识技术、认证与核验、鉴别与授权、集成应用与身份管理等方面确立了一系列规程和要求，这些规范性的文件为网络安全的建设提供了有效的支持和保障。因此，严格地执行这些规定，是保障网络安全、保护网络用户合法权益的必要手段。

（三）安全管理标准

安全管理标准从网络安全技术的管理视角出发，指导行业落实法律法规以及政府主管部门的管理要求，包括信息安全管理体系、安全风险管理、运维管理、事件管理与应急响应、供应链安全、组织与人员、关键信息基础设施安全等。

1. 信息安全管理体系

信息安全管理体系是一个以安全管理为中心、持续改进为原则、全面开展信息安全保障工作的组织管理体系。针对信息安全管理体系，现有的网络安全技术标准主要包括 ISO/IEC 27001 和 GB/T 22080。首先是 ISO/IEC 27001 标准，该标准规定了信息安全管理体系的核心要素、政策文件和制度标准、流程和程序文件、指引文件、注册程序文件等。而 GB/T 22080 标准则是我国信息安全管理体系的法定标准，对于企业的信息安全责任、组织构架、安全策略等进行了明确规定。

2. 安全风险管理

安全风险管理主要是帮助企业评估现有信息系统、网络和应用程序所面临的安全风险，提供有效抵御安全攻击的策略和措施。目前，网络安全技术标准方面提出了一系列的信息安全风险管理的方法和体系，其中包括国际信息系统审计协会研究所推出的 Risk IT 框架、风险管理评估法、定量风险分析法等，这些都是为了更好地保护企业的信息及安全而制定的。

3. 运维管理

运维管理是对企业信息处理系统进行长期有效管理所必需的工作，包括硬件设备、软件程序、网络协议、人员考核、技术支持等多个方面。针对这一领域，网络安全技术标准制定了一系列的标准，如 ISO/IEC 20000－1：2018 信息技术服务管理通用要求、信息技术基础框架库（Information Technology Infrastruct－ure Library，ITIL）等。其中，ITIL 是较为著名的一种运维管理标准，其主要聚焦于信息技术服务管理的各个环节。

4. 事件管理与应急响应

事件管理与应急响应是指在发生网络攻击或其他信息安全事件时，及时处理、调查和取证，并以合适的方式进行登记、报告及跟进后续进展，以及制定通信、公关等相关策略以处置紧急情况。网络安全技术标准中已经提出了相关的处理方法和应急响应措施标准，包括 GB/T 20980 信息安全事件处置指南规范、ISO/IEC 27035：2016 信息安全事件管理等。它们的核心是对于网络攻击和其他网络安全事件进行及时处置，降低发生的不良影响。

5. 供应链安全

供应链安全是指防范和减轻来自供应商和合作伙伴的数据泄露及安全

漏洞带来的威胁，并且向企业内部进行信息敏感度等方面的风险评估和监控。针对供应链安全，网络安全技术标准通常会规定企业或组织应该实现对其供应链保护的类型、程度和步骤等问题。其中包括制定合适的内部控制措施、策略和流程；规划及落实供货商评估计划；制定并推进第三方检查、认证和审核等。

6. 组织与人员

网络安全技术标准也关注组织结构以及涉及网络安全管理人员的角色和职责。它通常会明确各角色在预防和处理渗透、数据泄露、恶意软件和其他威胁事件方面应该做什么。此外，该标准还会要求为高层管理人员和风险管理决策者提供关于网络安全风险、监视和报告等有关的培训程序，以确保他们能够完全理解和指导网络安全团队人员的工作。

7. 关键信息基础设施安全

针对关键信息基础设施安全，网络安全技术标准通常会规定企业或组织应该在技术、物理和行为方面建立合适的保障措施。例如，使用多因素身份认证、实施加密控制、建立完整性检查和审计追踪机制，以及在访问管控、数据备份和恢复等方面进行应急预案和测试等。此外，该标准还会要求各公司和组织应该规划相应的灾难恢复计划和业务连续性管理措施等。

（四）应用领域标准

在基础共性标准、关键技术标准、安全管理标准的基础上，结合新一代信息通信技术发展情况，重点在5G、移动互联网、车联网、物联网、工业互联网、云计算、大数据、人工智能、区块链等重点领域进行布局，并结合行业发展情况，逐步覆盖其他重要领域。结合重点领域自身发展情况和网络安全技术保护需求，制定相关网络安全技术标准。

1. 传统领域

在传统领域中，借助技术标准，企业可以制定更加明确、科学的安全策略和措施，并保证实施这些策略和措施的有效性。传统领域中比较常用的网络安全技术标准有 ISO 27001 等。ISO 27001 是一种国际标准，旨在为组织提供一种信息安全管理的框架，帮助其管理自己的风险并确保数据的保密性、完整性和可用性。此外，第三方支付行业数据安全标准也是另一种常用的网络安全标准，它是从信用卡行业推出的，专门针对信用卡支付方面的网络安全问题进行规范。

2. 工业互联网

工业互联网涉及多个领域，如可编辑逻辑控制器、仪表控制系统、设备监控管理等，这些都需要做好网络安全防护。相关的技术标准主要是IEC 62443 系列标准。该系列标准包括 IEC 62443 - 1 - 1、IEC 62443 - 2 - 1、IEC 62443 - 3 - 3 等标准，其中包括网络安全体系结构及设计、网络安全工程，以及网络安全操作等方面，为企业提供了一整套网络安全解决方案。

3. 云计算

云计算是一种通过互联网交付计算资源的方式。在云计算领域，主要应用技术标准是 ISO/IEC 27017 和 ISO/IEC 27018。ISO/IEC 27017 是一种针对云计算服务供应商的信息安全控制标准，旨在提高用户在云环境下的信心，规范云计算环境下的数据安全措施。ISO/IEC 27018 则是一种个人隐私保护标准，其目的是帮助云服务提供商确保个人数据得到妥善保护。

4. 大数据安全技术标准

大数据的产生是基于数据挖掘、分析和处理技术，其安全生态需要保证个人隐私、商业秘密的保护，强制可靠的身份验证、数据传输加密和完整性保护。大数据安全技术标准的制定可以提高大数据应用的安全级别，在数据采集、传输、存储、处理等方面综合考虑，必须制定合理、可靠的数据安全标准。比如，如果数据涉及个人隐私或关键数据，标准就需要明确针对该数据的加密方法和加密强度。

5. 智慧城市安全技术标准

智慧城市的建设旨在提供更高效、更便利、更优质、更智能的服务，但这些互联网相关的服务都面临着安全威胁。智慧城市安全技术标准需要针对不同的服务和系统的安全需求，包含智能交通、智能停车、智慧安防、智慧健康等方面的安全措施。比如，智慧安防必须考虑视频监控的加密问题，智能交通必须考虑车辆识别等措施。

6. 区块链安全技术标准

区块链的设计理念是基于去中心化、公开透明，并采用密码学技术做数据安全保护。但区块链有其独特性，每个节点存储同一份数据，如果其中一个节点出现问题，可能会导致整个系统失效。因此，区块链安全技术标准必须关注数据加密、密码学及去中心化存储等方面，这些方法可以防止篡改及验证区块链上的交易。

7. 人工智能安全技术标准

（1）安全算法标准

目前人工智能算法应用越来越广泛，但同时也带来了安全性问题，如数据隐私泄露、算法攻击等。因此，制定一系列安全算法标准是保证人工智能应用安全的重要手段。

（2）人工智能开发安全标准

制定人工智能开发安全标准可以有效提高人工智能系统的安全性，包括代码审查、编码规范、防范漏洞等方面。例如，要求开发人员必须使用最新版本的编译器和开发工具，并遵循安全编码规范。

（3）人工智能使用安全标准

在人工智能应用过程中，需要有一系列的人工智能使用安全标准，包括数据权限授权、操作授权、资源访问授权等方面的要求，如显示设置数据权限和访问权限、记录用户操作、记录系统行为等。

8. 物联网安全技术标准

（1）传输安全标准

物联网涉及各种类型的设备，需要一种基础性的传输安全标准，在设备之间安全地传输数据、命令以及其他信息。包括 TLS/SSL 协议、VPN 隧道技术、IPSec 协议等，这些协议可以实现传输时的加密、签名、身份验证等安全机制。

（2）身份管理标准

物联网中的每个设备都需要一个特定的身份认证机制，确保其通信内容安全、连通性可靠。身份管理标准包括设备身份管理、通信身份管理等。常用的身份认证技术包括公钥基础设施、数字证书等。

（3）接入控制标准

物联网中涉及设备较多，为了保障数据安全，必须实现终端设备接入控制。这一标准主要针对物联网中所有设备的接入控制。基于 MAC 的认证和基于 IP 的认证是两种较常见的方式。

第五章 网络安全管理

第一节 网络空间安全管理体系

网络安全牵一发而动全身，涉及因素众多、关系复杂。网络安全不单纯是技术问题，应当从网络安全的本质出发，以顶层设计来指导网络安全体系的构建和能力的提升。建立网络安全空间管理体系对企业、单位等组织机构具有以下几个重要意义：

第一，维护信息安全。安全管理体系帮助单位组织建立全面的信息安全保护机制，防止敏感信息被窃取、篡改或破坏，确保业务数据的机密性、完整性和可用性。

第二，防止网络攻击。通过安全管理体系，单位组织能够识别和应对各种网络攻击，如恶意软件、网络钓鱼、拒绝服务攻击等，减少因网络攻击造成的损失和业务中断。

第三，满足合规性和法律要求。遵循关于网络安全的法规和合规要求，建立安全管理体系有助于满足合规性要求，并确保单位组织符合相关法律法规的规定，避免违规行为带来的法律风险。

第四，业务连续性和稳定性。安全管理体系有助于提高单位组织的业务连续性和稳定性，防止网络故障、数据丢失或未经授权的访问对业务运作造成影响，保障持续的业务运行。

网络空间安全管理体系对单位组织来说至关重要，它不仅保护信息安全、预防网络攻击、维护业务连续性、确保合规性，而且还可以提升客户信任，为单位组织的稳定运行和可持续发展提供保障。

网络空间安全管理体系应当包括管理的制度和政策、组织架构和责任、应当遵循的标准和规范、风险评估管理机制等方面。其中管理的制度和政策包括信息安全政策、网络安全管理规程、风险管理制度等，用于指导和规范组织内的网络安全行为和管理流程。组织架构和责任是指明确网络安全管理的组织架构和责任体系，设立专门的网络安全部门或委员会，并明确各级管理人员和员工在网络安全管理中的职责和权限。需要遵循的标准和规范指采用国际、行业或政府制定的网络安全标准和规范，如 ISO/IEC 27001 信息安全管理体系标准、NIST 等，确保网络安全管理符合最佳实践和国际认可的标准。建立网络安全风险评估和管理机制，包括定期进行风险评估、制订风险管理计划、实施风险控制措施等，以及制订灾难恢复和业务连续性计划，确保能够应对网络安全事件和灾难。

一、网络空间管理框架

从国家总体宏观角度分析，网络空间安全管理体系的管理框架是一个综合覆盖政策法律、技术标准、机构组织等方面的架构。这种架构不是一成不变的，随着时代的不断进步，网络空间安全管理框架的内涵也在不断发展、完善，新时代赋予了网络空间管理框架以新的内涵。网络空间管理框架的发展，经历了起步、加强管理、集中统一领导三个阶段，每一阶段不断发展完善，建立更为完备的法律法规，以促进各级组织建立网络安全管理框架。

网络安全管理框架主要包括方针、原则、目标、方法、过程、核查表等要素。此框架是建立维护网络安全管理体系的标准，这一标准要求组织通过确定网络安全管理体系的范围、制定信息安全方针、明确管理职责、以风险评估为基础选择控制目标与控制方式等活动建立信息安全管理体系。管理框架包括信息安全管理手册、适用性说明、管理制度与规范、业务流程和记录表单等。构建网络安全管理框架的具体过程可以用 PDCA 概括，PDCA 分别代表着计划（Plan）、实施（Do）、检查（Check）、改进（Action）。计划是指根据风险评估结果、法律法规要求、组织业务运作自身需要来确定控制目标与控制措施；实施是指实施所选的安全控制措施。检查是指依据策略、程序、标准和法律法规，对安全措施的实施情况进行符合性检查；改进是指根据网络空间管理框架审核、管理评审的结果及其他相关信息，采取纠正和预防措施，实现网络空间管理框架的持续改进。

PDCA 过程模式包括四个步骤。计划：依照组织整个方针和目标，建立与控制风险、提高信息安全有关的安全方针、目标、指标、过程和程序；实施：实施和运作方针（过程和程序）；检查：依据方针、目标和实际经验测量，评估过程业绩，并向决策者报告结果；措施：采取纠正和预防措施进一步提高过程业绩。四个步骤成为一个闭环，如图5－1所示，通过这个环的不断运转，使信息安全管理体系得到持续改进，使信息安全绩效螺旋式上升。

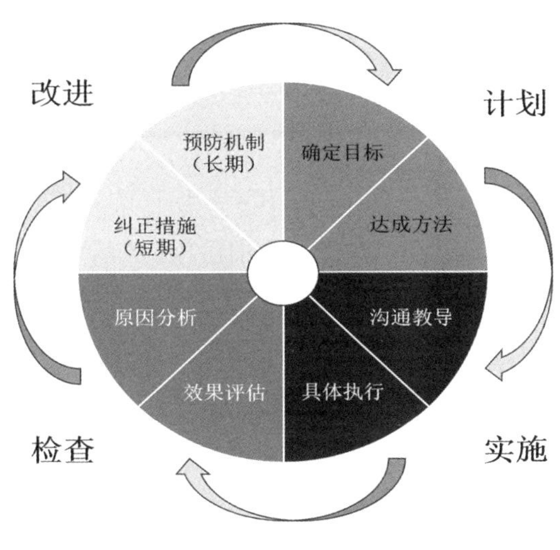

图5－1　PDCA循环模式

PDCA的具体应用：

（一）P——建立信息安全管理体系环境&风险评估

要启动PDCA循环，必须有“启动器”：提供必需的资源、选择风险管理方法、确定评审方法、文件化实践。设计策划阶段就是为了确保正确建立信息安全管理体系的范围和详略程度，识别并评估所有的信息安全风险，为这些风险制订适当的处理计划。策划阶段的所有重要活动都要被文件化，以备将来追溯和控制更改情况。

建立体系环境和风险评估的步骤包括：其一，确定范围和方针；其二，定义风险评估的系统性方法；其三，识别风险；其四，评估风险；其五，识别并评价风险处理的方法；其六，为风险的处理选择控制目标与控制方式；其七，获得最高管理者的授权批准。

（二）D——实施并运行

PDCA 循环中这个阶段的任务是以适当的优先权进行管理运作，执行所选择的控制，以管理策划阶段所识别的信息安全风险。对于那些被评估认为是可接受的风险，不需要采取进一步的措施。对于不可接受的风险，需要实施所选择的控制，这应该与策划活动中准备的风险处理计划同步进行。计划的成功实施需要有一个有效的管理系统，其中要规定所选择方法、分配职责和职责分离，并且要依据规定的方式方法监控这些活动。在不可接受的风险被降低或转移之后，还会有一部分剩余风险。应对这部分风险进行控制，确保不期望的影响和破坏被快速识别并得到适当管理。

（三）C——监视并评审

检查阶段，又叫作学习阶段，是 PDCA 循环的关键阶段，是信息安全管理体系分析运行效果，寻求改进机会的阶段。如果发现一个控制措施不合理、不充分，就要采取纠正措施，以防止信息系统处于不可接受风险状态。组织应该通过多种方式检查信息安全管理体系是否运行良好，并对其业绩进行监视，可能包括下列管理过程：其一，执行程序和其他控制以快速检测处理结果中的错误；其二，常规评审信息安全管理体系的有效性；其三，评审剩余风险和可接受风险的等级；其四，审核执行管理程序，以确定规定的安全程序是否适当、是否符合标准，以及是否按照预期的目的进行工作。

（四）A——改进

经过了计划、实施、检查之后，组织在改进阶段必须对所计划的方案给以结论，应当考虑是应该继续执行，还是应该放弃或重新进行新的计划。若该循环给管理体系带来明显的业绩提升，组织可以考虑是否将成果扩大到其他的部门或领域，这就开始了新一轮的 PDCA 循环。

网络空间安全管理的安全特性包括：机密性：确保在数据处理的每一个交叉点上都实施了必要级别的安全防护并阻止未经授权的信息披露；完整性：保证信息和系统的准确性和可靠性，并禁止对数据的非授权更改，保持信息内部一致性和外部一致性；可用性：保护确保授权的用户能够对数据和资源进行及时和可靠的访问。常见的网络安全管理体系中的安全控制从类型划分包括物理控制、技术控制、管理控制；从功能性划分包括预防性、检测性、纠正性、威慑性、恢复性、补偿性。

在建立网络空间安全管理体系中，还涉及一些标准与要求，包括但不限于：安全规划开发标准——ISO/IEC 27000 族，企业架构开发方法——TOGOF、DODAF、MODAF、SABSA 等，安全控制开发、IT 治理手段——COBIT、COSO、NIST SP800 - 53 等。

二、网络空间组织体系

网络空间组织体系是网络空间安全管理体系的基础，网络空间组织体系包括多个层面，分别是国家层面部门机构、行业协会、地方网络安全管理部门、学术机构、互联网企业和组织以及公众，各个层面都在网络空间安全管理中扮演着重要角色，发挥着不同的作用，协同合作构建起了中国完整的网络空间组织体系。

构建网络空间组织体系对具体的单位组织而言，主要涉及以下关键步骤：策略和政策、组织架构、责任和监督、技术控制和措施、监控和审计等。

（一）策略和政策

制定网络空间安全策略和政策，明确组织对网络安全的管理方针、目标和要求。这些策略和政策应该涵盖数据保护、访问控制、风险管理、应急响应等方面。

（二）组织架构

建立适应组织规模和业务需求的网络空间安全组织架构。确定网络安全团队的角色和职责，并明确各级管理人员和员工在网络安全管理中的职责和权限。

（三）责任和监督

确保网络安全责任的明确分配和监督机制的建立。每个成员都应该了解自己在网络安全中的角色和责任，并有相应的监督和评估机制。

（四）风险评估和管理

进行网络安全风险评估，识别和分析组织所面临的网络安全威胁和风险。制定相应的风险管理策略和措施，包括漏洞管理、安全事件响应、业务连续性计划等。

（五）标准和框架

遵循适用的网络安全标准和框架，如 ISO/IEC 27001 信息安全管理体系、NIST 等。这些标准和框架提供了指导和参考，以确保网络安全措施的合规性和有效性。

（六）培训和意识提升

提供网络安全培训和意识提升活动，使单位成员了解网络安全的重要性、风险和最佳实践。这有助于增强单位成员的安全意识和行为，减少内部安全风险。

（七）技术控制和措施

采用适当的技术系统和控制措施，包括网络防火墙、入侵检测系统、加密技术、身份认证和访问控制等，以保护网络系统和数据的安全。

（八）安全事件响应和处置

建立安全事件响应和处置机制，包括安全事件的报告和处理流程、应急响应团队的组织和培训，以及安全事件的跟踪和学习。

（九）监控和审计

建立网络安全的监控和审计机制，包括安全事件日志的监测和分析、系统和网络的漏洞扫描和评估，以及定期的安全性审计。

（十）持续改进和优化

通过定期的评估和反馈机制，不断改进和优化网络空间安全组织体系。关注新兴的安全威胁和技术发展，及时调整和完善安全策略和措施。

这些要素共同构成了一个完整的网络空间安全组织体系，以确保组织在网络空间中的安全性和防护能力。具体的实施方式需要根据组织的规模、行业和特定需求进行定制化。

网络空间安全管理体系中的组织体系和相关岗位设置可以根据组织的规模、业务需求和网络安全管理的复杂性而有所不同。就组织架构而言，网络空间安全管理体系中一般包括高级管理层、网络安全部门、业务部门网络安全责任人、内部审计人员。具体不同部门的相关岗位如表 5－1 所示。

表 5－1　网络空间安全组织体系中不同部门的相关岗位

组织层次	岗位名称	岗位职责
高级管理层	首席信息安全官	整体网络安全策略和决策，确保网络安全

续表

组织层次	岗位名称	岗位职责
网络安全部门	网络安全经理/主管	网络安全部门的日常管理
	安全架构师	设计评估组织的网络安全架构
	安全管理员	设备和系统配置、管理、维护
	安全分析师	网络安全事件的监测、分析和响应
	安全工程师	实施网络安全解决方案和技术措施
	安全运营专员	网络安全日程运营任务
	安全意识教育专员	组织和开展网络安全培训等
业务部门网络安全责任人	业务安全经理/主管	业务部门的网络安全管理
	业务安全分析师	业务系统和流程进行安全评估
内部审计人员	内部审计师	对网络安全管理体系的评估和审计
	技术审计师	对网络安全技术和系统的审计

首席信息安全官：负责组织的整体网络安全策略和决策，确保网络安全与业务目标的协调。

网络安全经理/主管：负责网络安全部门的日常管理和协调工作，监督网络安全策略的执行和运营。

安全架构师：负责设计和评估组织的网络安全架构，确保安全策略的实施和技术方案的合规性。

安全管理员：负责安全设备和系统的配置、管理和维护，包括防火墙、入侵检测系统、身份认证和访问控制等。

安全分析师：负责网络安全事件的监测、分析和响应，对安全威胁和漏洞进行调查和研究。

安全工程师：负责实施网络安全解决方案和技术控制措施，进行安全性评估和漏洞管理。

安全运营专员：负责网络安全日常运营任务，包括安全事件响应、日志分析、漏洞扫描和修复等。

安全意识教育专员：负责组织和开展网络安全培训、意识提升活动，提高员工对网络安全的认知和行为。

业务安全经理/主管：负责业务部门的网络安全管理，协助制定和实施网络安全策略和控制措施。

业务安全分析师：负责对业务系统和流程进行安全评估，识别和处理业务安全风险。

内部审计师：负责对网络安全管理体系的评估和审计，确保合规性和有效性。

技术审计师：负责对网络安全技术和系统的审计，包括安全设备和控制措施的检查和评估。

三、网络安全运行体系

构建网络空间运行体系的意义在于提升网络空间的稳定性和性能，支持创新和发展，加强安全防御，推进网络空间的治理和合作，为构建安全、稳定、繁荣的网络空间提供支持和保障。网络空间运行体系的建立可以通过规范和管理网络资源、网络服务和网络应用，提升网络空间的稳定性，加强网络空间的安全防御能力。通过有效的资源分配和调度，减少网络拥塞和故障，提高网络的可用性和可靠性，保障网络用户的正常使用和信息传输的顺畅性。通过网络资源的合理配置和优化调度，提高网络传输速度和响应时间、降低网络延迟和丢包率、提升网络的性能表现，为用户提供更好的网络体验。通过建立完善的安全机制和措施，监测和阻断网络攻击和恶意行为，保护网络空间的安全和隐私，提升网络的安全性和抗攻击能力。通过建立协调机制和合作框架，促进各方的合作与协调，共同制定网络空间的规则和标准，推动国际网络空间合作与交流，促进网络空间的开放和共享。

一个单位组织的网络安全运行体系包括网络安全策略和规划、网络安全运维和监控、网络风险评估和应急响应、合作与协同等几个方面。单位组织应根据其规模、业务需求和资源状况进行合理的规划和安排，确保网络安全策略的贯彻执行，加强安全运维和监控，持续评估和管理风险，并与内外部相关方进行合作与协同，共同保障网络安全的可靠性和稳定性。

（一）网络安全策略和规划

制定网络安全策略：明确组织的网络安全目标、原则和管理要求，指导网络安全的规划和实施；规划网络安全架构：设计和规划网络安全体系结构，包括网络拓扑、防护层次、安全设备和技术控制措施等；制定安全政策和流程包括：制定网络安全政策、操作流程和最佳实践，涵盖访问控制、数据保护、密码管理等方面。

（二）网络安全运维和监控

网络安全设备管理：部署、配置和管理安全设备，如防火墙、入侵检测系统（IDS/IPS）、安全信息和事件管理系统（SIEM）等；网络监控和日志管理：监控网络流量和行为，收集和分析安全事件日志，及时发现和响应异常活动；漏洞管理和修复：定期进行漏洞扫描和评估，及时修补系统和应用程序的安全漏洞。

（三）网络风险评估和应急响应

网络风险评估和管理：识别和评估网络安全风险，制定风险管理策略和措施，包括应对业务风险、技术风险和人员风险；制订网络安全应急响应计划：明确安全事件的报告、处理和恢复流程，建立应急响应团队；定期组织网络安全演练和测试：验证应急响应计划的有效性和组织应对能力。

（四）合作与协同

内部合作：促进内部各部门和团队之间的合作和协作，确保网络安全政策和措施的有效实施；外部合作：与供应商、合作伙伴和第三方安全服务提供商建立合作关系，共同维护网络安全；信息共享与协同：参与网络安全信息共享和协同机制，及时获取和分享有关威胁情报和安全事件的信息。

第二节　网络安全管理技术与方法

网络安全管理技术与方法是指应用各种技术手段和方法来保护网络和信息系统的安全性和可用性，以预防和应对网络安全威胁和风险。这些技术与方法涵盖多个方面，按照管理防护技术的侧重方面和实现途径，可以将其分为网络安全侦测、网络攻击防御、网络安全监测、安全漏洞修复、网络安全管控五个方面。

一、网络安全侦测

网络安全侦测是指通过监控、分析和检测网络中的活动，以识别和发现可能的安全威胁、攻击和异常行为的过程。它是网络安全管理的重要组成部分，旨在及时发现和应对潜在的安全风险，保护网络和系统免受恶意活动的侵害。蜜罐技术是一种较为典型的网络安全侦测技术，是一种诱骗攻击者的虚假系统或网络资源。它可以吸引攻击者进入，以便分析其攻击行为、研究新型威胁和保护真实系统。除蜜罐技术外，网络安全侦测技术还包括威胁情报分析技术、日志分析技术等。

网络安全侦测的主要步骤：

（一）监测和记录网络流量和日志

收集网络中的数据流量和系统日志，记录网络活动和事件。

（二）分析和识别异常行为

通过分析数据流量和日志，识别出与正常行为不符的模式和异常活动，如未经授权的访问、恶意软件传输等。

（三）漏洞扫描和弱点评估

对网络和系统进行扫描，识别潜在的安全漏洞和弱点，以及可能被攻击的目标。

（四）威胁情报收集和分析

收集来自各种来源的威胁情报数据，如漏洞公告、黑客组织的活动等，分析并应用于侦测过程中。

（五）响应和处置

在发现异常行为或安全事件时，及时采取措施进行响应和处置，限制攻击的影响范围，并修复系统漏洞。

二、网络攻击防御

通过对常见的网络攻击手段进行防御也是较为通用的网络安全手段，包括：

（一）网络边界访问管理

使用防火墙网络边界的安全设备，用于监控和控制进出网络的流量。它可以根据预设规则来过滤和阻断恶意流量，从而防止未经授权的访问和攻击。

（二）入侵行为管理

通过监测网络流量和系统日志来监测和防御入侵攻击。它可以实时监控并检测恶意行为，并采取相应的阻断措施。

（三）安全信息与事件管理

集中管理和分析来自不同安全设备和系统的日志和事件信息。它可以帮助实时监测和分析网络安全事件，并提供报警和响应功能。

（四）反病毒和反恶意软件管理

检测、识别和清除计算机病毒、恶意软件和间谍软件等恶意代码。其通常使用病毒定义库和行为分析等技术来保护计算机和网络免受恶意软件的影响。

（五）安全漏洞管理

识别和评估系统和应用程序中的安全漏洞，并采取补丁管理、配置管理和漏洞修复等措施来防御潜在的攻击。

（六）加密和认证管理

加密技术用于保护数据在传输和存储过程中的机密性，认证技术则用于验证用户身份和确保访问权限的合法性。这些技术可以防止数据泄露和未经授权的访问。

三、网络安全监测

网络安全监测是通过对网络系统、应用程序和设备进行评估和测试，以发现潜在的安全漏洞、弱点和威胁，从而提高网络安全性和防护能力的方式。对网络安全的监测主要集中在等级保护监测和产品认证监测两方面。

（一）等级保护监测

等级保护是指按照一定的标准和等级，对信息系统的安全性进行评估和认证。等级保护的监测侧重于评估信息系统的安全性能和合规性，确保其能够满足特定安全等级的要求。这种监测通常基于国家或行业标准，例如 ISO/IEC 27001 等，以提供对信息系统整体安全性的评估和保障。

（二）产品认证监测

产品认证监测是指对网络安全产品（如防火墙、入侵检测系统、加密设备等）进行评估和测试，以验证其安全性能和符合性。认证监测通常基于相关的安全标准和规范，如国际标准化组织的安全认证标准、美国国家标准与技术研究院的认证计划等。这种监测确保网络安全产品能够提供有效的安全保护，并符合规定的安全标准和要求。

（三）网络安全监测和测评的必要性

随着网络攻击的增加，更容易受到网络威胁和攻击的关键领域需要更强大的防御。网络关键设备采取依标生产、安全认证和安全监测制度，在流通销售之前进行产品质量管理，以假定网络攻击发生而在设计和开发的最初阶段采取策略将影响降到最低，从而减少恶意利用造成的危害风险并确保我国网络安全关键领域的稳定有序。进行网络安全监测和测评的必要性体现在以下几个方面：

1. 发现安全漏洞和弱点

通过监测和测评，可以识别和发现网络系统、应用程序和设备中的安全漏洞、弱点和配置错误等问题，从而及时采取措施修复这些问题，减少潜在的安全风险。

2. 评估安全性能

监测和测评提供了对网络系统和安全产品的安全性能进行客观评估的手段。通过评估安全性能，可以判断网络系统是否满足安全标准和要求，并评估其在面对安全威胁时的防护能力。

3. 遵守法规和合规性要求

许多行业和法规对网络安全有着明确的要求。通过监测和测评，组织可以确保其网络系统和安全产品符合适用的法规和合规性要求，避免违规和潜在的法律责任。

4. 促进社会健康创新发展

促进网络安全监测，并通过认证监测的反馈作用，引导消费和采购，形成有效的选择机制，维护用户的合法权益，向消费者、企业、政府、社会传递信任。推动网络安全监测，能够激发市场自主选择的活力，同时调动网络关键设备和网络安全专用产品行业“敢为争先”的主动性。

（四）监测服务工作机制的步骤

1. 确定监测目标

明确要监测的网络系统、应用程序或产品，并确定监测的范围和目标。

2. 收集信息

收集相关的系统配置信息、安全策略和文档等，以便进行后续的评估和测试。

3. 进行安全评估和测试

使用各种技术工具和方法，对网络系统进行安全评估和测试，包括漏洞扫描、渗透测试、代码审查等。

4. 分析和评估结果

对监测和测试的结果进行分析和评估，识别潜在的安全问题和风险，并进行优先级排序和分类。

5. 编写监测报告

根据评估和测试结果，编写详细的监检测报告，包括发现的安全问题、建议的改进措施和优化建议等。

6. 提供建议和支持

与组织合作，提供有关安全问题修复、合规性改进和安全管理的建议和支持。

网络安全监测服务可以定期进行，以确保网络安全的持续监测和保护。同时，组织也可以自行进行一些常规的监测和评估，如漏洞扫描、日志分析和系统审计等，以加强网络安全的可视性和实时性。

网络安全监测的相关技术可以分为两类，一类是实施安全监控技术，这种监控技术主要就是通过硬件和软件，对用户的实时数据进行安全监控，实时地把采集到的信息与系统中已经收集到的病毒或者木马信息进行比对，一旦发现相似即可对用户进行警告，使用户自己采取必要的手段进行安全防护。可行的方式可以是切断网络连接，也可以是通知防火墙系统调整访问控制策略，将入侵的数据包过滤掉。

另一类是安全扫描技术，主要有木马扫描、防火墙扫描、网络远程控制功能扫描、系统安全协议扫描等技术。主要对主机的安全、操作系统和安装的软件、网页站点和服务器、防火墙的安全漏洞等进行全面的扫描，及时地发现漏洞之后系统进行清除，保障网络系统的安全。

四、安全漏洞修复

安全漏洞修复是指在发现或被披露存在安全漏洞的情况下，采取措施对漏洞进行修复和补丁更新，以消除漏洞对系统和应用程序造成的潜在风险和安全威胁。安全漏洞是指系统或软件中存在的漏洞、错误或缺陷，可能被恶意攻击者利用以获取未经授权的访问权限、执行恶意代码、窃取敏感信息或导致系统崩溃等不良后果。安全漏洞通常是由设计缺陷、编码错误、配置错误或未及时更新等原因导致的。

（一）安全漏洞修复的过程

安全漏洞修复的过程包括以下几个步骤：

1. 漏洞评估

对已发现或被披露的漏洞进行评估，了解漏洞的严重程度、潜在影响和可能的攻击方式。

2. 漏洞分析

深入分析漏洞的原因和产生机制，确定修复的关键点和方法。

3. 补丁开发

根据漏洞分析的结果，开发针对漏洞的修复补丁。补丁可以是代码修正、配置更改、补丁程序或更新版本等形式。

4. 补丁验证

对开发的补丁进行验证和测试，确保修复措施有效且不会引入其他问题。

5. 补丁部署

将验证通过的补丁应用到受影响的系统、应用程序或设备中，确保漏洞被修复。

6. 漏洞追踪和管理

建立漏洞追踪系统，记录和跟踪漏洞修复的过程和状态，确保所有的漏洞得到及时修复并及时更新。

安全漏洞修复的目的是通过修复漏洞来提高系统和应用程序的安全性，防止被攻击者利用漏洞进行未经授权的访问、数据泄露、拒绝服务攻击等恶意行为。及时修复漏洞是网络安全管理的重要环节之一，有助于保护系统和用户的安全。同时，定期进行安全漏洞扫描和修复是维护系统安全的基本措施之一，以保持系统的健康和稳定运行。

（二）安全漏洞修复的技术

安全漏洞修复的技术包括：补丁和更新管理，即及时安装供应商发布的补丁和安全更新，以修复已知漏洞。这包括操作系统、应用程序、数据库、网络设备等的更新管理。

1. 强化配置

审查和加强系统、应用程序和设备的配置，确保安全最佳实践得到遵守。这包括关闭不必要的服务、限制权限、设置安全策略和访问控制等。

2. 安全开发实践

采用安全开发生命周期（SDLC）方法，将安全性集成到应用程序的设计、开发、测试和部署过程中。这包括安全编码、输入验证、访问控制、错误处理等。

3. 漏洞扫描和评估

使用自动化漏洞扫描工具对系统和应用程序进行扫描，发现潜在的漏洞，然后进行评估和分析，确定漏洞的严重性和修复优先级。

4. 威胁情报和漏洞管理

监测威胁情报，及时了解新发现的漏洞和攻击技术。使用漏洞管理工具来跟踪和管理漏洞修复过程，确保漏洞及时得到修复。

5. 安全审计和日志分析

定期审计系统和应用程序的安全配置和访问记录，分析日志以检测异常行为和潜在的漏洞，及时采取措施来修复漏洞和阻止恶意活动。

6. 应急响应和恢复

建立应急响应计划，以应对安全事件和漏洞的快速修复，及时响应并采取必要的补救措施来恢复受影响的系统和应用程序。

五、网络安全管控

网络安全管控是指通过各种措施和技术手段对网络空间进行监测、控制和保护，以确保网络系统、信息资源和数据的安全性、完整性和可用性。网络安全管控旨在预防、检测和应对网络威胁和攻击，保障网络的正常运行和用户的合法权益。网络安全管控的主要目标包括：风险管控、访问控制、安全策略和规范、安全设备和技术控制、安全监控和响应、数据保护和备份等，其中风险管控是网络安全管控的重点目标。

风险管控是指对网络安全风险进行识别、评估、管理和控制的过程，旨在帮助组织识别潜在的网络安全威胁和风险，并采取适当的措施来减少或消除这些风险对组织的影响。风险管控的步骤和方法有风险识别、风险评估、风险管理、风险控制等。

风险识别是网络安全管理中的关键步骤，用于确定组织面临的网络安全危险和潜在风险。风险识别通过安全威胁情报分析、漏洞扫描与评估、安全事件分析、安全策略和合规性评估等技术实现。

风险识别能够帮助组织全面了解其面临的网络安全风险和威胁，并为后续的风险评估和管控提供基础，风险识别帮助组织确定重点关注的风险领域，并制定相应的风险管理策略和措施，以减少或消除潜在的安全风险。

第三节　网络安全与信息内容监管

网络安全与信息内容监管是一种综合性的管理措施，旨在保护网络空间的安全和规范信息内容的发布与传播。监管的重要手段便是对信息内容的过滤和审查。信息内容监管主要包括内容安全管理体系、安全监管技术与标准、网络舆情预警与应急处置三个方面。

一、内容安全管理体系

内容安全管理体系是一种综合性的管理体系，旨在确保网络平台、应用程序、网站和其他在线平台上的内容符合法律法规和道德标准，以保护用户免受有害、违法或不适宜内容的影响。它是网络安全的一个重要组成部分，涉及内容的监管、审核、过滤、筛选和管理。

网络内容安全管理体系的建立可以有效保护用户的合法权益。通过建立规范和标准，限制和防止传播违法、有害或欺诈性的内容，保障用户在网络空间的合法权益，如隐私保护、信息安全等。网络内容安全管理体系的建立有助于维护社会公共利益。通过过滤和限制不良、有害的内容，保护社会公众免受有害信息的侵害，维护社会稳定和公共安全。网络内容安全管理体系的建立可以促进良好的网络生态。通过规范网络内容的发布和传播行为，引导网络内容的合理、健康、积极向上，提高网络信息的质量和价值，营造良好的网络环境。网络内容安全管理体系的建立有助于防范网络风险和威胁。通过监测和识别有害内容和网络攻击，及时采取防范和应对措施，减少网络安全事件的发生，保护网络用户和系统的安全。网络内容安全管理体系的建立可以促进网络的发展与创新。通过保护知识产权和鼓励创新，激发网络产业的发展活力，推动优质内容的生产和传播，促进数字经济的繁荣。总之，建立网络内容安全管理体系的意义在于保护用户权益、维护社会公共利益、促进良好网络生态、防范网络风险和威胁，同时也为网络发展与创新提供有力保障。这有助于构建安全、健康、可信赖的网络环境，提升用户体验，推动数字社会的可持续发展。

（一）构建内容安全管理体系的具体方法

1. 制定内容安全政策和规范

明确平台的内容安全要求，制定相应的政策和规范文件。这些文件应包括内容审核标准、违规内容处理流程、用户投诉处理机制等。

2. 技术手段和工具支持

采用先进的技术手段和工具来辅助内容审核和过滤工作。这包括机器学习算法、自然语言处理技术、图像识别技术等，可以帮助自动化识别和过滤不符合规定的内容。

3. 建立内容审核团队

组建包括审核人员、技术人员和法务在内的内容审核团队。具备审核和处理违规内容的能力，并与法律团队密切合作以确保合规性。定期内容检查和审核，识别和移除违规、有害或不适宜的内容。这可以通过手动审核、自动审核和用户举报等方式进行。建立用户举报投诉机制，使用户能够方便地举报违规内容。平台应及时处理用户举报，对涉嫌违规的内容进行调查和处理。

4. 数据分析和监控

使用数据分析技术和监控工具对平台上的内容进行实时监测和分析。这可以帮助发现和应对新型威胁和风险，并对内容审核策略进行不断优化。向用户提供相关的教育和引导，让他们了解如何正确使用平台并避免违规行为。这可以通过发布用户守则、安全提示、使用指南等方式进行。与相关部门、行业组织和执法机构进行合作与监管，共同推进内容安全工作。这包括信息共享、技术支持、合规审查等方面的合作。

构建内容安全管理体系需要综合运用技术手段、人员培训和规范制定等方面的工作。通过持续改进和完善，确保平台上的内容符合法律法规和道德标准，为用户提供安全、健康的网络环境。

（二）内容安全管理的支撑技术

就构建内容安全管理体系而言，技术是基础，也是实现内容安全管理的难点，其中包括内容过滤、图像分析、自然语言处理、数据挖掘等。具体是以下几个方面：

1. 内容过滤技术

内容过滤技术用于检测和过滤不符合规定的内容。这些技术可以通过关键词过滤、文本匹配、机器学习等方法来识别和屏蔽敏感或违规内容。

常见的内容过滤技术包括敏感词过滤、URL 过滤、图像和视频识别等。

2. 图像和视频分析技术

为了检测和阻止包含不当、暴力、淫秽或其他违规内容的图像和视频，可以使用图像和视频分析技术。这些技术可以通过图像和视频识别、人脸识别、色情内容识别等方法来分析和识别违规内容。

3. 自然语言处理技术

自然语言处理技术用于处理和分析文本内容。在内容监管中，自然语言处理技术可以用于识别和分类违规的文本内容，如侮辱性言论、仇恨言论、违法内容等。自然语言处理技术包括文本分类、命名实体识别、情感分析等。

4. 数据挖掘和机器学习

数据挖掘和机器学习技术可以通过分析大量数据和模式以识别违规内容。这些技术可以训练模型自动检测和过滤违规内容，并不断学习和改进以适应新的威胁和变化。

5. 用户行为分析

通过监控和分析用户的行为和活动，可以识别潜在的违规行为和异常操作。用户行为分析技术可以检测到可能存在的恶意活动、网络攻击或其他违规行为，从而及时采取措施防止和应对。

6. 区块链技术

区块链技术可以用于确保内容的真实性和不可篡改性。通过将内容的 Hash 值存储在区块链上，可以提供可追溯性和验证性，从而减少虚假信息和不当内容的传播。

综上所述，进行内容监管的技术涵盖了内容过滤、图像和视频分析、自然语言处理、数据挖掘和机器学习、用户行为分析以及区块链等多个方面。这些技术的结合可以帮助监管机构和平台提高内容监管的准确性、效率和及时性，维护网络空间的安全和秩序。

二、安全监管技术与标准

网络空间安全监管技术与标准的建立有助于发现和预防各种网络安全威胁，如网络攻击、恶意软件、数据泄露等。通过制定统一的安全标准和规范，可以提供针对性的防护和防御措施，保护用户的个人信息和重要数据不受损失。建立网络空间安全监管技术与标准可以保护用户的权益。网络空间中存在着个人隐私泄露、网络诈骗等问题，建立相关技术与标准可以限制和防止这些不法行为的发生，确保用户在网络空间中的合法权益得到保护。网络空间安全监管技术与标准的建立有助于促进数字经济的发展。数字经济已经成为推动经济增长和创新的重要引擎，而网络安全是数字经济发展的基石。通过建立网络空间安全监管技术与标准，可以提高数字经济参与者的信心和信任度，为企业和用户提供安全保障，促进数字经济的良性发展。建立网络空间安全监管技术与标准是国家安全和社会稳定的需要。网络空间已经成为国家安全的重要组成部分，恶意的网络活动可能对国家的信息基础设施和关键系统造成严重威胁。通过建立相关技术与标准，国家可以加强对网络安全的监管，保护国家的核心利益和安全。

（一）网络空间安全监管技术

网络空间安全监管技术可以帮助识别、监测和防范各种网络威胁和攻击，包括恶意代码、网络病毒、黑客入侵、分布式拒绝服务（DDoS）攻击等。通过实时监控和及时响应，可以提前发现并应对网络安全事件，降低网络风险和损失。网络空间安全监管技术可以帮助组织保护其重要的信息资产。通过加密、访问控制、身份认证等技术手段，确保关键信息的机密性、完整性和可用性，防止信息泄露、篡改或滥用。网络空间安全监管技术有助于维护网络的秩序和规范。通过监测和过滤违法、有害或欺诈性的内容，限制网络犯罪活动的发生，维护公共利益和社会稳定。网络空间安全监管技术可以帮助组织遵守相关法律法规和合规要求。通过监测和记录网络活动、审计日志等手段，确保组织在网络空间的合法操作，并提供数据支持和证据链条以应对法律监管和调查。网络空间安全监管技术的应用可以为网络创新和发展提供保障。通过提供安全的网络环境和可信的服务，增加用户的信任度，鼓励用户参与网络活动，推动数字经济的繁荣和创新的蓬勃发展。网络空间安全监管技术包括以下几项：

1. 大数据监测预警

大数据监测预警技术是通过采集现网设备或软件系统存在的威胁信息，利用各种各样的大数据分析技术，对整个攻击过程中不同阶段的数据进行复杂的关联分析，挖掘事件之间的关联和时序关系，以便于发现某些高级恶意威胁，在此基础上实现全局威胁情报共享和整网安全联动，及时阻断、隔离或通知人工干预已发现的恶意威胁，减少或消除恶意威胁可能造成的破坏和损失。

2. 数据资源画像

数据资源画像对数据资源做标签化描述，从不同维度展示资源的信息全貌。通过目标解读、建模体系、维度分解和应用流程等多个步骤，分析资源使用场景，构建数据模型，多重维度地对资源进行分解和重构，最后针对不同的使用者设计画像流程和相应功能。

3. 大数据安全态势呈现

大数据安全态势呈现技术主要是通过基于网络流量数据、时间序列数据、日志数据的挖掘技术和安全态势分析技术，将大数据的网络、系统安全类数据和各种威胁态势数据通过大数据可视化技术直观地展现出来，帮助人们及时了解和分析大数据系统安全状况，识别系统异常或外部入侵行为，预测可能存在的安全威胁，评估系统安全，保证基础设施的安全。

4. 大数据应用权力监管

大数据应用权力监管技术针对数据共享交换阶段因数据权力界定不清导致的监管缺失问题，通过数据权力界定与控制、数据安全风险评估、数据流动监测与分析、数据溯源与安全审计等手段，实现对数据间权属关系的图谱化分析以及对数据来源和流向的全程监视，防止数据在融合、交换、二次利用过程中出现权力越界问题。

5. 大数据追踪溯源

大数据追踪溯源技术通过采用标记和密码技术相结合的方法，在数据采集、存储与处理等过程中对数据进行标记，并保存数据处理环节的标记信息，通过采用递归查询来检索源数据，实现对关键数据的流向、访问者、访问方式和访问时间的追踪，形成数据流向追踪图，重现数据的历史状态和演变过程，为敏感数据非法使用的取证提供支持。

6. 大数据系统漏洞检测与分析

大数据系统漏洞检测与分析通过对大数据集群和系统采用基于机器学习的智能流量异常检测模型，对流量进行实时监控和自主学习，对外界的恶意行为进行有效的防范，以及基于机器学习的智能垃圾过滤模型，实现自动有效的垃圾信息过滤。基于海量数据分析的僵尸网络检测模型、域名内容分析、域名流量与协议异常挖掘等技术，实现从访问流量中自动挖掘和智能发现僵尸网络。

（二）网络空间安全监管标准

网络空间安全监管标准是指规范和指导网络安全监管工作的标准文

件。常见的网络空间安全监管标准有：

1. ISO/IEC 27001

这是国际标准化组织 ISO 和 IEC 联合发布的信息安全管理系统（Information Security Management System，ISMS）标准。它提供了建立、实施、维护和持续改进信息安全管理体系的要求和指导。

2. NIST Cybersecurity Framework

美国国家标准与技术研究院发布的网络安全框架，用于评估和提高组织的网络安全能力，包括风险管理、威胁识别、防御措施、事件响应和恢复等方面。

3. 中国网络安全法

中国政府发布的网络安全相关法律法规旨在维护国家网络安全，规范网络运行和保护个人信息。

4. ITIL（信息技术基础架构库）

ITIL 是信息技术系统服务管理的最佳实践框架，包括对网络安全管理的指导和要求，涵盖了服务战略、设计、过渡、运营和改进等方面。

这些网络安全监管法律法规及标准提供了一套规范和指导，帮助单位组织制定和执行网络安全政策，建立适应性强、可持续改进的网络安全管理体系，并确保符合相关法规和法律要求。根据不同国家和行业的要求，可能会采用特定的标准或组合使用多个标准。

（三）建立网络安全监管技术和标准的意义

建立网络安全监管技术和标准对于维护网络安全、保护用户权益、促进可持续发展具有重要意义。随着网络安全威胁日益增多，网络犯罪活动层出不穷，建立统一的技术和标准体系可以帮助组织和机构规范和强化其网络安全措施，提高对威胁的识别和应对能力。

一是网络安全监管技术和标准提供了明确的指导和要求，帮助组织建立完善的网络安全管理体系，包括风险评估、安全控制、事件响应等方面。这有助于组织制定合适的策略和措施，加强对潜在威胁的预防和控制，降低网络安全风险。

二是网络安全监管技术和标准有助于促进信息共享和合作。通过统一的技术和标准，不同组织和机构可以更好地进行信息交流、合作和共享，加强对网络安全事件的预警和应对能力。这种合作机制可以加强信息共享、快速响应威胁，从而提高整体的网络安全水平。

三是网络安全监管技术和标准的制定还有助于保护用户的合法权益。标准可以要求组织采取必要的措施来保护用户的个人信息和隐私，并提供透明、安全的服务环境。这对于增强用户的信任感，推动网络应用和数字经济的健康发展至关重要。

四是建立网络安全监管技术和标准对于确保网络安全、保护用户权益、促进信息共享和合作具有重要意义。通过统一的规范和指导，可以提高网络安全管理的水平，降低网络安全风险，维护社会稳定和经济发展的良好环境。

三、网络舆情预警与应急处置

（一）网络舆情预警与应急处置的必要性

网络舆情预警与应急处置的必要性在于及时掌握和应对网络舆情的风险，保护个人、组织和社会的声誉和利益。随着互联网的快速发展和信息传播的广泛性，网络舆情已成为社会舆论和公众情绪的重要表达渠道，具有广泛的影响力和传播速度。因此，建立有效的网络舆情预警与应急处置机制至关重要。

一是网络舆情预警可以帮助个人和组织及时了解并掌握舆情动态。通过监测和分析网络上的信息流和言论趋势，可以预测和识别潜在的负面舆情，及早发现和应对可能对个人、组织或社会造成影响的事件。这使得个人和组织能够更加主动地应对舆情风险，保护自身的声誉和利益。

二是网络舆情应急处置是迅速、有效地应对突发舆情事件的关键环节。当负面舆情发生时，及时采取合适的措施进行舆情引导、回应和管理，有助于减轻舆情对个人和组织的不利影响。通过迅速响应和恰当的危机公关策略，可以有效控制舆情的扩散和负面影响，降低舆情对个人和组织声誉的损害程度。

三是网络舆情预警与应急处置也有助于维护社会稳定和公共安全。某些舆情事件可能引发社会动荡、群体事件或其他潜在风险，因此及时预警和应急处置可以帮助政府和相关部门快速采取措施，提升危机应对能力，维护社会秩序和公众安全。

通过建立健全的预警机制和应急处置体系，可以及时掌握和应对网络舆情风险，增强个人、组织和社会的防范能力和应对能力，减轻舆情带来的负面影响，维护社会稳定和公共安全。

（二）网络舆情预警与应急处置的实现

网络舆情预警与应急处置的实现需要借助先进的技术手段，如数据分析、机器学习和自然语言处理等；同时，也需要建立跨部门、跨组织的合作机制，确保预警信息的及时传递和应急处置策略的快速执行。定期的评估和改进也是保持网络舆情管理体系有效运作的重要环节。

1. 监测与收集

建立网络舆情监测系统，利用自然语言处理技术和机器学习算法对网络上的文本、图片、视频等进行实时监测和收集。监测范围可以包括社交媒体、新闻媒体、论坛、博客等各类网络平台。

2. 数据分析与挖掘

对收集到的网络舆情数据进行分析和挖掘，利用文本挖掘、情感分析、主题识别等技术手段识别舆情趋势、情感倾向以及重要事件等，并进行词向量、词频、主题分布等特征提取，建立网络舆情预警模型，对实时数据进行挖掘，监测舆情变化的趋势。通过对数据的处理和分析，能够快速识别潜在的负面舆情和舆情热点。

3. 预警与提醒

基于数据分析的结果，建立预警模型和预警规则，实现对潜在的负面舆情进行预警和提醒。预警可以采用多种方式，如即时通知、报警提示、邮件通知等，以便相关人员能够及时获得预警信息并采取相应措施。

4. 应急处置策略

根据不同类型的舆情事件制定相应的应急处置策略。这包括制订舆情引导方案、危机公关策略、信息发布计划等。应急处置策略应该考虑舆情事件的性质、影响范围、受众群体等因素，并与相关部门和团队进行紧密合作，快速响应和执行。

5. 舆情回应与管理

对于已经发生的负面舆情，及时采取回应措施并进行舆情管理。这包括发布正面信息、解释误解、修复声誉等。在舆情回应过程中，应该与公众、媒体、相关利益方进行有效的沟通和互动，以平息舆情并尽量减轻其对个人、组织和社会的不利影响。

6. 评估与改进

对网络舆情预警与应急处置工作进行评估和改进。通过分析实际应对效果、总结经验教训、改进预警模型和处置策略，不断提升网络舆情管理的水平和能力。

第四节　网络安全与关键信息基础设施管理

关键信息基础设施，是指公共通信和信息服务、能源、交通、水利、金融、公共服务、电子政务、国防科技工业等重要行业和领域，以及其他一旦遭到破坏、丧失功能或者数据泄露，可能严重危害国家安全、国计民生、公共利益的重要网络设施、信息系统等。关键信息基础设施十分重要，涉及国家安全、社会生活、经济发展的方方面面。对关键信息基础设施进行保护是十分必要的。

管理的目标是保护关键信息基础设施免受网络攻击、数据泄露和其他安全威胁的影响。它涉及识别和评估关键信息基础设施的网络安全风险，采取预防措施、监测威胁、响应安全事件，并建立紧急响应机制。

一、面临的风险隐患

网络安全和关键信息基础设施面临着多种多样的安全风险隐患，其主要集中在以下几个方面：

（一）信息泄露

网络中的敏感信息可能被黑客或内部人员窃取、泄露或滥用，包括个人身份信息、商业机密、财务数据等。

（二）网络攻击

网络攻击是指黑客或恶意分子利用漏洞、恶意软件或社交工程等手段，对网络基础设施发起的攻击。这可能包括 DDoS 攻击、恶意软件、网络钓鱼等。当前网络攻击已经成为网络战、网络武器的重要手段，以俄乌冲突为例，网络攻击已涉及各个方面，可以概括为舆论心理战、断网瘫痪战、数据摧毁战、间谍窃密战，其威胁等级逐渐增加。

（三）数据篡改

黑客可能通过篡改数据来破坏网络安全和关键信息基础设施的完整性和可靠性。这可能导致数据错误、信息丢失或误导。

（四）供应链攻击

供应链攻击是指黑客通过操纵或感染供应链中的组件或服务，将恶意代码或后门引入关键信息基础设施，从而获得对系统的控制权。

（五）物理安全威胁

关键信息基础设施的物理安全也是一个重要问题。攻击者可能试图直接进入关键信息基础设施的物理位置，进行破坏或操纵设备。

（六）缺乏安全意识和培训

用户的安全意识和培训是网络安全的关键因素。缺乏安全意识和培训可能导致不慎点击恶意链接、泄露凭据或不安全的行为。

（七）技术漏洞

关键信息基础设施使用的软件和硬件可能存在未修补的漏洞，这可能被黑客利用进行入侵和攻击。

（八）法规合规问题

管理网络安全和关键信息基础设施还需要考虑法规和合规要求。不符合适用的法规要求可能面临法律和合规风险。

二、保护制度框架

建立关键信息基础设施保护制度的目标是全面加强网络安全防范管理、监测预警、应急处置、侦查打击、情报信息等各项工作，及时监测、处置网络安全风险、威胁和网络安全突发事件，保护关键信息基础设施、重要网络和数据免受攻击、侵入、干扰和破坏，依法惩治网络违法犯罪活动，切实提高网络安全保护能力，积极构建国家网络安全综合防控体系，切实维护国家网络空间主权、国家安全和社会公共利益，保护人民群众的合法权益，保障和促进经济社会信息化健康发展。当前关键信息基础设施的保护制度框架如图 5 -2 所示。

关键信息基础设施安全管理体系主要包括网络安全管理制度体系、网络安全工作机制、网络安全控制措施和网络安全评估体系。其设计思路遵循整体防控、重点保护、动态防护、协同联动原则，通过安全风险分析将与关键信息基础设施相关的人、物和事串联在一起，将安全措施贯彻在“资产—脆弱性—威胁—责任”的完整体系中。同时，通过安全风险评估检验管理体系的有效性，进行不断完善和优化。

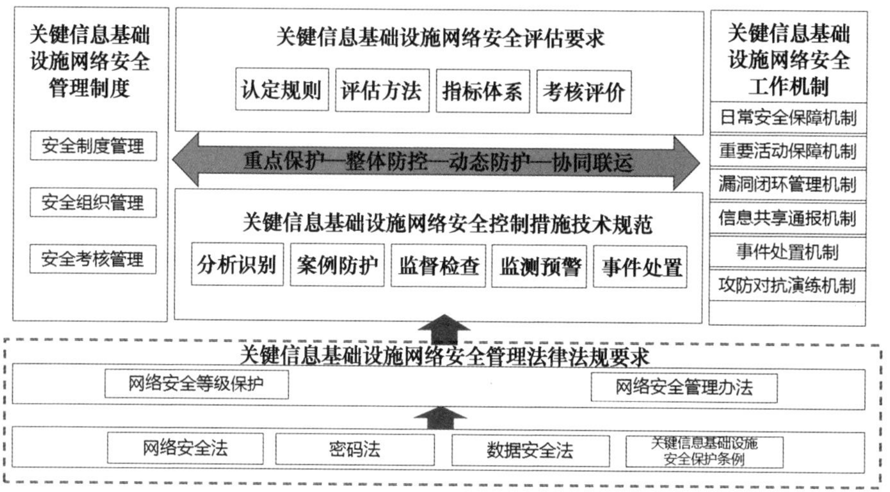

图 5-2 关键信息基础设施的保护制度框架

我国的关键信息基础设施保护自 2007 年公安部、国家保密局、国家密码管理局、国务院原信息化工作办公室联合印发了《信息安全等级保护管理办法》起，正式迈入发展历程。

2017 年 6 月 1 日，《中华人民共和国网络安全法》正式实施，第二十一条规定，国家实行网络安全等级保护制度，网络运营者应当按照网络安全等级保护制度的要求，履行安全保护义务，保障网络免受干扰、破坏或者未经授权的访问，防止网络数据泄露或者被窃取、篡改。

《中华人民共和国网络安全法》第三十一条规定，国家对公共通信和信息服务、能源、交通、水利、金融、公共服务、电子政务等重要行业和领域，以及其他一旦遭到破坏、丧失功能或者数据泄露，可能严重危害国家安全、国计民生、公共利益的关键信息基础设施，在网络安全等级保护制度的基础上，实行重点保护。

保障关键信息基础设施安全是贯彻落实我国《中华人民共和国网络安全法》的重点工作，也是《中华人民共和国国家安全法》《中华人民共和国密码法》《中华人民共和国数据安全法》《中华人民共和国个人信息保护法》的共同法律要求。为了进一步确保关键信息基础设施的安全，明确监管体制、关键信息基础设施范围和认定程序、保护工作部门职责、运营者责任义务、保障和促进措施、法律责任等内容，为关键信息基础设施保护工作提供根本法制保障，我国出台了《关键信息基础设施安全保护条例》（以下简称《条例》）。

《条例》明确在国家网信部门统筹协调下，国务院公安部门负责指导监督，国务院电信主管部门和其他有关部门依职负责安全保护和监督管理。其中，国家网信部门统筹协调体现在政策制定、总体规划、资源协调、信息共享等方面；指导是指引辅导，监督是监视督促，国务院公安部门的指导监督具有外部性，工信等行业领域主管、监管部门作为保护工作部门承担主管责任，其监督管理具有行业属性和内部约束力。

国务院公安部门负责指导监督。由国务院公安部门指导监督关键信息基础设施安全保护工作，有利于切实在网络安全等级保护制度基础上加强关键信息基础设施保护，确保不同行业领域保障水平协调一致。保护工作部门负责安全保护和监督管理。鉴于重点行业、领域业务及安全需求的特殊性与专业性，按照“谁主管谁负责”原则，重点行业、领域主管监管部门承担十分关键的监督管理职能。

同时，《条例》也明确了国家安全、保密行政管理、密码管理等网络安全专项管理部门的职责。关键信息基础设施运营者承担主体责任。《条例》强化主体责任，要求在网络安全等级保护的基础上，采取技术保护措施和其他必要措施以保障关键信息基础设施安全稳定运行。《条例》尤其重视“单位因素”和“人的因素”，强调单位和人员对关键信息基础设施保护的决定性作用，明确运营者主要负责人对关键信息基础设施安全保护负总责，承担组织和领导责任，规定专门安全管理机构的十余项安全保护职责，不履行保护义务可依法对单位和直接负责主管人员处以警告、罚款、处分乃至追究刑事责任。

此外，《条例》建立了运营者、保护工作部门、公安机关和网信部门等多层风险威胁发现与合作体系，以加强关键信息基础设施领域的风险发现和防御能力，调动各方力量共同消解网络安全风险。《条例》将开展网络安全监测、检测和风险评估，制定本单位应急预案，定期开展应急演练明确为运营者专门安全管理机构职责之一，要求运营者每年至少进行一次网络安全检测和风险评估。《条例》要求保护工作部门建立健全本行业、本领域的关键信息基础设施网络安全监测预警制度，及时掌握本行业、本领域关键信息基础设施运行状况、安全态势，预警通报网络安全威胁和隐患，指导做好安全防范工作。国家网信部门统筹协调有关部门建立网络安全信息共享机制，及时汇总、研判、共享、发布网络安全威胁、漏洞、事件等信息，促进有关部门、保护工作部门、运营者以及网络安全服务机构等之间的网络安全信息共享。①

三、安全检测和风险评估

检测评估工作是运营者开展关键信息基础设施安全保护的一项法定职责。安全检测和风险评估是指对网络系统和关键信息基础设施进行安全性评估、漏洞扫描、风险评估和威胁分析的过程。它旨在发现系统中的安全漏洞和潜在威胁，并评估其对网络安全和关键信息基础设施的风险程度。

安全检测是指通过使用各种安全工具和技术来主动扫描和测试网络系统和基础设施的安全性。这包括对网络设备、服务器、应用程序和数据库等进行漏洞扫描、配置审计、安全策略评估等，以发现存在的漏洞、弱点和配置错误。

风险评估是指对网络系统和关键信息基础设施进行全面的风险评估，包括识别潜在的威胁、评估风险的可能性和影响，并确定相应的应对措施。这通常涉及对系统的资产价值、威胁来源、攻击路径、安全控制措施等进行综合分析和评估，以确定安全风险的级别和优先级。

安全检测和风险评估的目的是及早发现和解决系统中的安全问题，减少潜在的风险和威胁对网络安全和关键信息基础设施造成的影响。通过定期的安全检测和风险评估，可以提高系统的安全性和稳定性，加强对网络安全和关键信息基础设施的管理和保护，确保其正常运行和可靠性。

安全检测主要是进行合规检查和技术检查。合规检查是指运营者在关键信息基础设施安全保护工作框架内，应满足基本的工作要求和职责。一是评估关键信息基础设施认定情况，检查是否已将支撑关键业务的网络设备和信息系统均纳入认定范围，确保没有漏报、误报、瞒报的情况。二是评估法律法规、政策文件和标准规范梳理情况，确保运营者没有遗漏重要的工作依据工作。三是网络安全等级保护落实情况，确保基本的等级保护合规工作落实到位。四是个人隐私数据保护情况，评估个人是否按照相关法律法规开展个人信息保护。五是安全管理机构设置和人员安全管理情

---

① 黄道丽：《国家关键信息基础设施安全保护的法治进展》，《中国信息安全》2022 年第 9 期。

况，确保专门安全管理机构设置、安全背景审查、安全教育、技术培训考核等工作落实到位。六是安全保障措施落实情况，如安全管理制度、安全建设、安全运维、日常监测、备份与恢复、应急响应与处置等工作落实情况。

技术检查是指运营者在合规检查的基础上，应开展技术检查。一是安全检测。以人员现场操作为主要手段，包括信息收集、漏洞扫描、漏洞验证、业务安全测试、社会工程学测试、无线安全测试、内网安全测试、安全域测试、入侵检测、安全意识测试、安全整改情况复查共 11 项内容。二是安全监测。以部署软硬件设备的方式为主要手段，在信息嗅探行为、漏洞利用攻击、间谍软件、病毒蠕虫攻击、木马后门攻击、恶意邮件攻击、应用攻击和漏洞、恶意域名、异常流量、敏感信息泄露共 10 个方面开展监测。

第三方安全检测是指组织委托专业安全机构或安全服务提供商进行独立的网络安全检测和评估。以下是第三方安全检测常见的步骤、程序和内容。

（一）确定检测范围和目标

第三方安全检测前，与组织明确检测的范围和目标。确定需要检测的网络系统、应用程序、设备、数据等，明确检测的目的和需求。

（二）收集信息和准备工作

第三方安全检测机构收集组织提供的相关信息，包括网络拓扑结构图、系统架构图、安全策略和配置信息等。准备检测所需的工具和环境。

（三）漏洞扫描和评估

使用漏洞扫描工具对网络系统和应用程序进行全面扫描，发现其中存在的安全漏洞和弱点。评估漏洞的严重性、影响范围和可能利用的潜力。

（四）渗透测试

模拟真实攻击场景，尝试突破安全防线并获取未授权访问或敏感信息。通过渗透测试，检测系统的抗攻击能力和漏洞的利用程度，发现可能的安全风险。

（五）安全配置和策略评估

对安全配置和策略，包括访问控制、身份认证、加密和安全日志等进行评估。检查配置是否符合最佳实践和安全标准，发现潜在的配置错误和缺陷。

（六）社会工程学测试

通过模拟钓鱼邮件、电话欺骗、员工身份冒用等手段，评估组织的员工对社会工程攻击的警觉性和防范能力。

（七）报告和评估结果

第三方安全检测机构整理检测结果，生成详细的检测报告。报告包括发现的漏洞和弱点、渗透测试的结果、配置和策略评估的意见，对风险的评估和建议的改进措施等内容。

（八）建议和改进

第三方安全检测机构根据检测结果和报告，提供专业的建议和改进措施。如修补安全漏洞、改进配置和策略、加强培训和意识提升等，以提升组织的网络安全能力。

四、安全监测预警

网络安全监测预警作为网络安全管理的重点工作，是关键信息基础设施保护工作中不可或缺的一环。它能够辅助运营者掌握设施的安全状态和安全趋势，有效提升关键信息基础设施的防护能力。关键信息基础设施的安全监测预警工作涉及多种技术，是一项繁杂的系统工程，涵盖了多项技术的应用和联动。

（一）安全监测预警的概念

安全监测预警是指通过实时监测和分析网络系统和关键信息基础设施的安全状态，及时发现并预警潜在的安全威胁和攻击行为，以便采取相应的应对措施。通过对网络系统和关键信息基础设施进行持续的监控和观察，以获取关于系统运行状态、安全事件和异常行为的信息。这包括对网络流量、日志记录、设备状态等进行实时收集和分析，以发现异常活动、入侵行为、漏洞利用等安全威胁。同时，基于安全监测的结果，通过使用安全技术和算法对潜在的安全威胁进行分析和识别，并发出相应的警报和预警信息。这包括对异常流量、异常登录、异常访问行为等进行实时监测和分析，以及利用威胁情报和安全规则库进行安全事件的识别和分类。

（二）安全监测预警的意义

网络安全与关键信息基础设施的安全监测预警的目的是及时发现和响

应安全威胁，防止潜在的攻击和破坏对系统的影响。通过建立有效的安全监测和预警机制，可以提高对网络安全和关键信息基础设施的实时监控和响应能力，减少安全事件造成的损失和影响，并确保系统的安全稳定运行。

1. 及时发现安全威胁

安全监测预警系统可以实时监测网络活动和安全事件，识别异常行为和潜在的安全威胁。通过及时发现威胁，组织可以迅速采取措施进行应对，避免或减少潜在的损失和影响。

2. 快速响应和处置

安全监测预警提供对安全事件的即时通知和警示，使安全团队能够快速响应和处置安全威胁。通过迅速采取适当的措施，组织可以限制安全事件的扩散，并尽早恢复受影响的系统和服务。

3. 预防潜在威胁

安全监测预警不仅能够发现已经发生的安全事件，还能提前发现潜在的威胁和漏洞。通过持续监测和预警，组织可以及时修补漏洞、加固防御措施，从而预防潜在威胁的实现，提高网络系统的整体安全性。

4. 提高安全防护能力

安全监测预警可以帮助组织提高安全防护能力。通过持续的监测和预警，组织可以了解当前的安全态势和风险情况，及时调整和优化安全策略和防御措施，提高对新型攻击和威胁的感知和应对能力。

5. 支持决策和规划

安全监测预警系统生成的报告和分析数据可以为组织的决策和规划提供重要参考。通过对安全事件的分析及趋势的研究，组织可以识别安全漏洞和风险的关键领域，并相应地进行改进和投资，提高整体的安全水平。

（三）发展历程

网络安全监测预警的发展历程可以追溯到早期计算机网络和信息安全发展的过程，从主要集中在基础设施的可用性和安全性，主要关注网络设备的运行状态、连接状态发展到利用入侵检测系统检测分析网络流量、系统日志以及异常行为，识别潜在的入侵活动并发出警报，再发展到安全信息和事件管理系统和人工智能技术的应用，通过整合安全监测、日志管理、事件响应、合规性审计等功能，分析威胁情报分析、行为分析监测预警潜在的安全威胁。随着云计算和云服务的广泛应用，云安全监测和预警将成为潮流。总的来说，安全监测预警在不断演进和发展中，从最初的基础设施监测到入侵检测系统、安全信息和事件管理系统，再到威胁情报和人工智能的应用，以及云安全监测和预警，不断提升了对网络安全威胁的识别和应对能力。随着技术的进一步发展和网络威胁的不断演变，安全监测预警将继续发展和完善，以应对日益复杂和多样化的安全挑战。

（四）工作内容与技术框架

安全监测预警技术框架如图5－3所示。

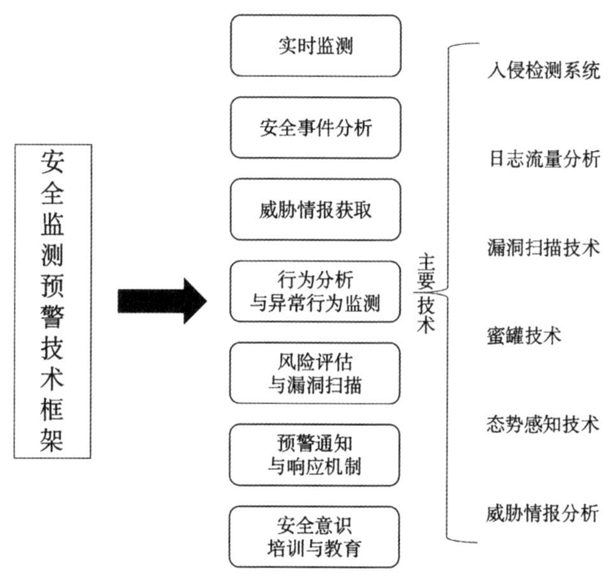

图5－3 安全监测预警技术框架

1. 实时监测

建立监测系统，对网络安全和关键信息基础设施进行实时监测，包括网络流量、系统日志、入侵检测系统、安全设备等，及时获取安全事件和异常活动的信息。

2. 安全事件分析

利用安全信息和事件管理系统等工具，对监测到的安全事件进行分析和处理，识别潜在威胁，确定事件的优先级和紧急程度。

3. 威胁情报获取

建立与安全厂商、合作伙伴、行业组织等的信息共享机制，获取及时的威胁情报，包括最新的攻击方式、漏洞信息、恶意软件等，以便及时应对潜在的威胁。

4. 行为分析与异常监测

使用行为分析和机器学习等技术，对网络和系统的正常行为进行建模，监测异常活动和不寻常的行为，如异常流量、异常登录、异常访问等，以及时发出预警。

5. 风险评估与漏洞扫描

定期进行系统的风险评估和漏洞扫描，发现系统中的漏洞和弱点，及时修复漏洞，减少潜在的安全风险。

6. 预警通知与响应机制

建立完善的预警通知和响应机制，当监测到安全事件或异常活动时，及时发送警报通知相关人员，并启动相应的应急响应措施，包括隔离网络、封堵攻击源、修复漏洞等。

7. 安全意识培训与教育

加强员工和管理人员的安全意识培训和教育，提高他们对网络安全和关键信息基础设施保护的认识，使其能够主动参与安全监测和预警工作。

综上所述，网络安全与关键信息基础设施的安全监测预警需要综合运用监测系统、安全事件分析、威胁情报获取、行为分析与异常检测、风险评估与漏洞扫描、预警通知与响应机制以及安全意识培训与教育等手段和技术，形成一个全面、高效的安全监测与预警体系。

关键信息基础设施安全监测预警首要的工作就是摸清关键信息基础设施的“家底”，即对关键信息基础设施资产情况进行全面的了解。网络空间测绘技术借鉴地理测绘中的描绘方式，通过探测、数据挖掘和算法分析等，发现识别网络空间基础设施和设备，并基于地理信息和逻辑关系进行图形绘制，最终直观展现出网络空间资产、属性、状态和安全态势等信息。网络测绘技术能够基于多维度的信息对不同的设施资产进行深层次关联并还原拓扑结构，有利于高效的管理和监测。

不同的测绘系统所使用的探测技术也有所差别。一些探测技术使用 IP 活性探测、端口扫描、指纹扫描和爬虫等技术主动对网络设施、网络协议和网络服务等信息进行探测，虽然高效快捷，但可能产生大量的异常流量，对正常服务造成影响。还有探测方法通过流量监听的方式从流量包中获取资产信息，需要长时间持续监听，可能造成探测资源的浪费。此外，有些探测方法对多源的数据进行融合，这些数据不仅数据量大而且是异构数据，需要建立高效的智能算法进行分析和数据挖掘，才能产出有用的成果。

此外，网络空间测绘在关键信息基础设施防护的应用过程中还面临另一个重要问题，网络空间测绘被自身用来管理和监控资产的同时，也极有可能被攻击者当作“窥探”网络内部的工具。因此，一方面需要优化网络结构、减少设施资产对外的暴露点，提升关键信息基础设施自身的防御能力；另一方面还要推进关键信息基础设施反测绘技术的相关研究和应用。

对安全监测预警来说，信息收集技术相当于伸向关键信息基础设施的“神经触手”，对各设施进行感知接触。信息收集技术是目标设施连接到安全监测预警系统的关键纽带，负责对设施的具体运行状态的信息和威胁信息进行收集，以驱动后续的分析研判，具体可分为两个方面：本身脆弱性信息和外部威胁信息。漏洞检测技术，本身的脆弱性信息主要是设施存在的漏洞信息。在漏洞信息的收集过程中，可以使用安全扫描的方法对设施进行定期的扫描以发现漏洞信息，对于潜在的和未知的漏洞可以使用源代码扫描、反汇编扫描、环境错误注入等方法进行收集。日志流量收集技术负责收集外部威胁信息，主要是设施遭受攻击和威胁所产生的信息。传统的方式是从内部对设施的流量和日志信息进行收集，这两种信息会记录设施运转过程中大部分的状态和事件，也会记录程序或系统产生的异常信息以及攻击者所产生的攻击痕迹。在收集这部分信息时，可以使用日志协议对日志信息进行收集，对流量收集时则可以采用流量探针或嗅探工具进行收集。

除了以上的信息采集技术，还可以使用一些方法在设施的外部或者边界进行信息采集。例如，从防火墙等防护设备中采集已拦截的威胁信息。此外，还可以通过设置蜜罐对威胁信息进行诱捕。蜜罐是对攻击者的欺骗技术，用以监视、检测、分析和溯源攻击行为。蜜罐本身的设置就是为了引诱和收集信息，因此蜜罐所产生的所有流量都预示着安全风险和恶意行为。近年来，蜜罐技术与人工智能技术相结合后表现出了更高的隐蔽性和学习性。还有些蜜罐技术与遗传演化计算结合，使蜜罐具备自适应、自组织、自演化等优势，从而可以更高效、隐蔽地对威胁信息进行收集。

态势感知技术为检测预警技术提供类似“大脑”的功能，在收集到关键信息基础设施的多方信息后，对繁杂的信息进行处理、挖掘、分析和研判，包括对设施目前所处状态的评估和后续状态趋势的预测，以达到监测和预警的效果。

针对关键信息基础设施的态势感知技术主要涉及两方面的技术，一个是设施安全态势评估技术，另一个是设施安全态势预测技术。常用的态势评估技术可以分为四类：基于数学模型的评估方法、基于知识推理的评估方法、基于模式分类的评估方法和基于机器学习的评估方法。基于数学模型的方法可以明确地给出数学表达式，也能给出明确的结果，但态势要素中可能存在不易定性表示的要素，因此表达式的建立比较困难。[①] 基于知识推理的方法是通过专家知识及经验建立评估模型，进而进行推理评估。常用的方法有基于产生式规则的推理、基于图模型的推理和基于证据理论的推理，虽然相对成熟但容易产生高复杂度的推理路径。基于模式分类的方法将安全要素等属性视为模式目标、将态势值视为模式类别或者分类器进行建模，该类方法过程资源占用相对较多。基于机器学习的方法则是在要素空间上建模，在训练的过程中完成要素到态势的映射，该方法的效果则比较依赖数据的质量和模型的选择。

态势预测中常用的方法有基于时间序列的预测方法和基于机器学习的预测方法。基于时间序列的预测方法将预测目标的历史数据按时间的顺序排列成为时间序列，然后分析其随时间的变化趋势，外推预测目标的未来值。该方法对具有非线性关系、非正态分布特性的宏观网络态势值所形成的时间序列数据处理效果不理想。基于机器学习的方法不需要过多依赖专家经验，能够从部分数据中学习后完成预测任务，但对结果难以提供可信的解释，而且预测效果容易受数据集质量和数量的影响。

关键信息基础设施的层次构成多样，与普通网络内的态势感知不同，针对关键信息基础设施的态势感知需要更广泛的信息和能力互通，需要建设条块结合、上下贯通的网络安全高速公路，提供跨地域、跨行业、跨网域的信息共享、指令传达，实现全网安全能力协同、重大事件联合指挥。另外还要建设网内高通量数据融合系统，覆盖更高（如太空网）、更深（如产业网）、更快（如 5G 网）、更广（如物联网）维度的网络空间；借助联邦机器学习、知识迁移技术，建设跨网态势协同感知系统，提升跨网复杂安全事件深层研判能力；构建任务驱动的多域联威胁情报技术在安全

---

① 孔珍、孔硕：《网络安全态势感知关键技术研究》，《中国信息化》2022 年第 4 期。

监测预警中也是重要的一环，其在安全态势感知的过程中发挥着强大作用。威胁情报是从安全数据中提炼的与网络空间威胁相关的信息，如威胁来源、威胁能力、威胁意图、威胁目标和威胁手法等，还包括用于解决威胁或应对危害的知识，相应的数据共享交换机制及智能处理技术。威胁情报旨在为防御者提供关于攻击者的知识，帮助防御者了解攻击者在防御者环境中的行动、攻击者的能力和攻击手法，进而从攻击者身上获得相关经验教训，以更好地识别威胁和作出响应，实现“一处发现、全局共享、全网防御”。在体系化的防护模式中，态势感知位于中上游环节，向下需要依托于一定的基础防护能力，向上需要广泛收集情报并有效利用，因此情报的应用是态势感知的重要环节。

威胁情报的核心内容包括威胁情报感知采集、威胁情报分析处理和威胁情报共享与应用。威胁分析与应用所需的情报数据量大、种类多、时效性强、更新频率快，需要对人工情报、开源情报等进行采集、去重、过滤、融合、存储。感知采集主要涉及多源情报采集和异构情报聚合与统一存储技术。分析处理主要包括情报智能校验、评估与推荐和情报关联分析。共享与应用则主要包括情报表达、数据共享交换规范和基于威胁情报的恶意行为发现等。

对关键信息基础设施的环境要素、信息进行处理分析后，会产生来自不同设施以及不同时间节点的威胁告警信息，这些离散的初始告警信息需要经过预警通报技术进一步的分析和处理后，才能报送呈现给运营管理者。这其中的核心技术是告警关联。告警关联的方法可以根据不同的场景进行选取，其中基于模型语言的关联方法是在知识库中明确攻击事件关联关系，该类方法需要人工描述攻击场景，具有简单高效的特点，但只能识别已知的攻击场景。并且，该方法对于漏告警比较敏感，存在漏报时无法将告警信息有效关联的问题。基于隐马尔可夫模型的关联方法则适用于攻击步骤的时间跨度较大、有多种相似类型、难以准确提供复杂攻击训练数据的应用场景。[①] 基于相似度的关联方法是通过建立相似度评估函数，依赖告警信息的属性进行相似度评估实现告警关联。另外，针对不同时间节点的告警信息可使用时间序列方法来解决，如自然语言处理领域常用方法

---

① 李祉岐、黄金垒、王义功等：《入侵告警信息聚合与关联技术综述》，《计算机应用与软件》2019 年第 4 期。

等，对告警的时间依赖关系进行挖掘，以此来关联时序上的告警信息。大多数的告警关联系统都会将多种方法相结合，以适应和解决可能出现的各种意外情况。

五、安全事件应急处置

（一）安全事件应急处置定义

安全事件应急处置是指在发生网络安全事件或威胁时，组织采取一系列措施来快速响应、分析、隔离和恢复的过程。其目的是尽可能减少安全事件的影响和损失，并恢复受影响系统和数据的正常运行。

（二）进行安全事件应急处置的意义

安全事件应急处置的意义和必要性主要体现在以下几个方面：

1. 快速响应和减少损失

安全事件应急处置可以帮助组织在安全事件发生时快速作出响应，迅速采取措施隔离和遏制威胁，减少事件造成的损失和影响。

2. 保护数据和隐私安全

安全事件可能导致数据泄露、盗窃或损坏，威胁用户隐私和敏感信息的安全。应急处置可以帮助组织及时阻止攻击，保护数据和隐私安全。

3. 维护业务连续性

网络安全事件可能导致业务中断或停顿，影响业务的正常运行。应急处置可以帮助组织迅速恢复受影响的系统和服务，维护业务的连续性。

4. 阻止攻击扩散

部分网络安全事件可能是攻击者入侵和渗透的前奏，及时处置可以阻止攻击扩散，保护其他系统和资源的安全。

5. 改进安全防护

通过应急处置过程，组织可以深入分析安全事件的原因和过程，从中吸取教训，改进安全防护措施，提高网络安全的能力。

6. 合规性要求

很多行业和国家都对组织进行网络安全合规性要求，包括及时响应和报告安全事件。应急处置是满足合规性要求的必要环节。

7. 增强公信力

安全事件的处理方式和结果，直接影响组织的公信力和声誉。积极应对安全事件，展现了组织的责任和专业性，增强了公众对组织的信任。

（三）应急处置的工作程序

安全事件应急处置包括以下几个关键步骤，如图5－4所示。

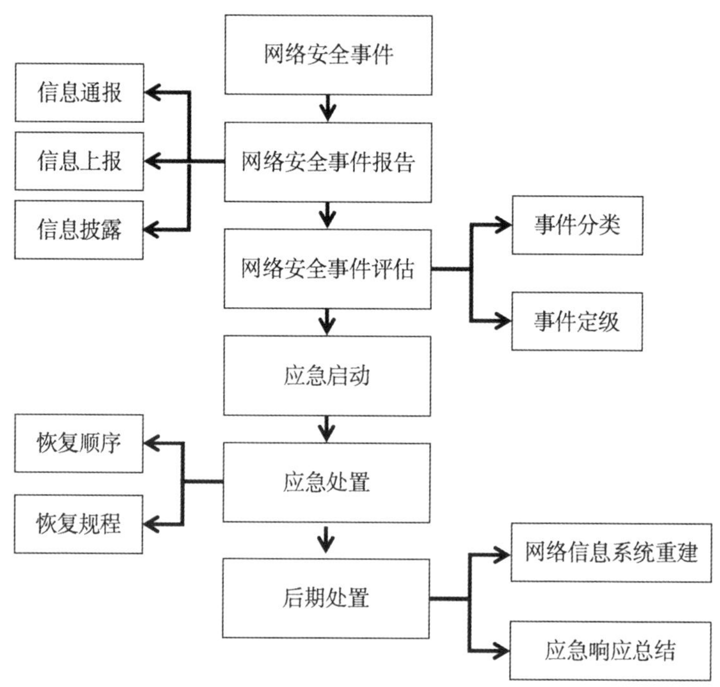

图5－4　安全事件应急处置的关键步骤

1. 事件报告

在发现网络安全事件后，及时向上级单位上报事件，并通报其他相关单位，以快速完成响应。

2. 事件评估

及时发现和确认安全事件，并对事件进行分类和等级评估，确定其重要性和紧急程度。

3. 应急启动

迅速启动应急响应计划，采取措施隔离受影响的系统或设备，防止事件扩散和进一步损害。

4. 应急处置

对事件进行深入调查和分析，确定事件的起因、影响范围、攻击手段等，收集证据并进行取证工作。根据事件的情况，进行系统的恢复和修复工作，修复被破坏的系统或设备，恢复其正常运行。

5. 后期处置

撰写事件报告，详细描述事件的经过、应急响应过程和效果，总结经验教训，并提出改进措施。

安全事件应急处置需要有专门的团队和流程来支持，包括应急响应团队的组建和培训、应急响应计划的制订和演练、应急资源和工具的准备等。同时，与相关合作伙伴和机构建立紧密的合作关系，进行信息共享和协同处置，提高应急响应的效能。

总之，安全事件应急处置是一项重要的工作，能够帮助组织及时应对网络安全事件，以减少损失，并提高网络安全和关键信息基础设施的保护水平。

（四）关键信息基础设施安全事件应急处置

当关键信息基础设施出现安全事件时，安全事件应急处置是指采取一系列措施和步骤来应对事件，保护关键信息基础设施的正常运行和数据的安全。

1. 确认安全事件

第一步是及时发现和确认安全事件的发生。这可以通过安全监测系统、入侵检测系统、日志分析等手段来检测异常行为、攻击尝试或已成功入侵的迹象。确认安全事件的准确性和可信度至关重要，因此需要进行仔细的分析和验证。

2. 紧急响应和隔离

一旦安全事件被确认，需要立即启动应急响应程序。这包括通知相关人员和团队、调动专业人员和技术资源，以及迅速隔离受影响的系统或网络，防止事件的进一步扩散和蔓延。

3. 评估事件影响

在事件得到控制后，需要对事件的影响范围和程度进行评估。这包括确定受影响的系统、服务和数据，分析事件对关键信息基础设施运行和用户的影响程度，以便进一步采取恢复和修复措施。

4. 收集证据和分析

在应急处置过程中，收集相关的证据和日志数据非常重要。这些证据可以用于事后的溯源分析和取证，帮助识别攻击者的行为、入侵途径和攻击手段。分析和理解事件的背后原因可以为进一步防御提供有价值的信息。

5. 恢复和修复

一旦事件得到控制，需要进行恢复和修复工作。这包括恢复受影响的系统和服务至正常运行状态，修复被攻击或受损的组件和软件，以及重新配置和强化安全措施，以防止类似事件再次发生。

6. 事件调查和分析

安全事件应急处置后，需要进行事件调查和分析，深入了解事件发生的原因、入侵途径和漏洞，评估现有安全措施的有效性，并提出改进建议和措施，以加强关键信息基础设施的安全性。

7. 报告和通知

安全事件的应急处置过程通常需要向相关方报告，包括上级管理部门、合作伙伴、用户等。报告应提供事件的概要、影响、采取的措施以及预防措施建议。通知相关方能够提高对安全事件的认知，并提供必要的安全建议和防范措施。

安全事件应急处置的意义在于保护关键信息基础设施的安全和稳定运行。及时有效的应急处置可以减少事件造成的损失和影响，降低数据泄露、服务中断和恶意破坏的风险。同时，应急处置过程中的事件分析和调查可以提供宝贵的经验教训，为未来的安全防御提供指导，不断提升关键信息基础设施的安全性和弹性。

（五）网络安全应急处置阶段

根据上述程序，可以将网络安全应急处置分为六个阶段，分别是准备、监测、抑制、根除、恢复、总结。

1. 准备阶段

准备阶段的目标是在安全事件真正发生之前为处理安全事件做好准备工作。准备阶段的主要工作包括建立合理的防御/控制措施、建立适当的策略和程序、获得必要的资源和组建响应队伍等。该阶段的控制点包括应急响应需求界定、服务合同或协议签订、应急服务方案制定、人员和工具准备。

2. 监测阶段

监测阶段的目标是对网络安全事件作出初步的动作和响应，根据获得的初步材料和分析结果，预估事件的范围和影响程度，制定进一步的响应策略，并且保留相关证据。

3. 抑制阶段

抑制阶段的目标是限制攻击的范围，抑制潜在的或进一步的攻击和破坏。抑制措施十分重要，因为安全事件很容易扩散和失控。攻击抑制措施可以在以下几个方面发挥作用，阻止入侵者访问被攻陷系统、限制入侵的程度、防止入侵者进一步破坏等。

4. 根除阶段

根除阶段的目标是在事件被抑制之后，通过对有关恶意代码或行为的分析结果，找出导致网络安全事件发生的根源，并予以彻底消除。对于单机上的事件，根据各种操作系统平台的具体检查和根除程序进行操作即可。但是大规模爆发的带有蠕虫性质的恶意程序，要根除各个主机上的恶意代码，则需投入更多的人力和物力。

5. 恢复阶段

恢复阶段的目标是将网络安全事件所涉及的系统还原到正常状态。恢复工作应该十分小心，避免出现误操作，导致数据的丢失。恢复阶段的行动集中于建立临时业务处理能力、修复原系统损害、在原系统或新设施中恢复运行业务能力等应急措施。

6. 总结阶段

总结阶段的目标是回顾网络安全事件处理的全过程，整理与事件相关的各种信息，并尽可能地把所有情况记录到文档中。这些记录的内容，不仅对有关部门的其他处理工作具有重要意义，而且对将来应急工作的开展也是非常重要的积累。

（六）网络安全事件应急预案

网络安全事件应急预案是组织在面对网络安全威胁和事件时制定的一系列措施和计划。它是为了在安全事件发生时能够迅速、有序地作出应急响应，以减少损失、保护系统和数据的安全，并尽快恢复受影响的业务和服务。如图 5－5 所示是网络安全事件处理的应急响应工作流程。

根据流程，设计的应急预案通常包括以下内容：

1. 应急响应团队和指挥结构

明确应急响应团队成员及其职责，建立应急指挥结构，确保在事件发生时能够迅速启动应急响应。

2. 应急联系人和联系方式

明确应急联系人的姓名、职务以及联系方式，保障信息传递的畅通。

3. 事件分类与级别

对不同类型的安全事件进行分类和分级，确定事件的严重程度，以便

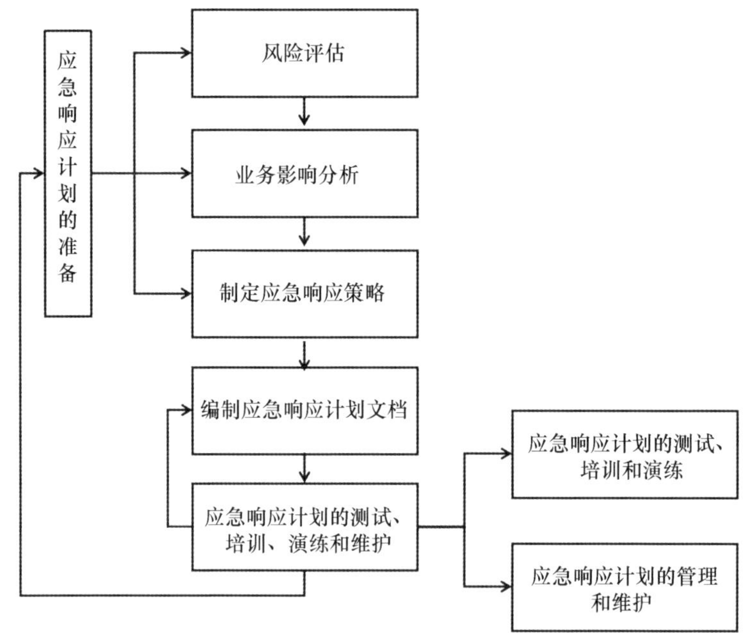

图 5-5　网络安全事件处理的应急响应工作流程

对高优先级事件优先进行处置。

4. 事件发现和报告流程

建立事件发现和报告的流程，确保异常情况能够及时被发现和报告。

5. 应急处置流程

明确应急处置的步骤和流程，包括隔离受影响的系统、采取防御措施、恢复服务等。

6. 信息收集和分析

建立信息收集和分析机制，对安全事件进行深入分析，了解事件的起因和影响。

7. 通信和协调

建立内部和外部的通信和协调机制，与相关部门和合作伙伴保持联络和沟通。

8. 恢复和修复计划

制订恢复和修复计划，确保受影响的系统和数据能够尽快恢复正常运行。

9. 事件报告和记录

对应急处置过程进行详细记录，编写事件报告，总结经验教训，为未来的应急处置提供参考。

10. 演练和培训

定期进行应急演练和培训，提高应急响应团队的技能和反应能力。

应急预案是网络安全管理中的重要组成部分，能够帮助组织在网络安全事件发生时迅速作出应急响应，减少损失，保护系统和数据的安全。因此，每个组织都应该建立完善的应急预案，并不断更新和完善，以应对不断变化的网络安全威胁。

第五节 网络主动防御理论与技术

习近平总书记在建设网络强国的重要论述中指出，“网络安全的本质在对抗，对抗的本质在攻防两端能力的较量”，并明确要求，“做到关口前移，防患于未然”。这是对我国应采取积极防御的网络空间战略提出的总体要求。网络主动防御理论是指在网络安全尚未受到威胁的情况下，运用网络攻防技术主动对有关网络系统实施全天候、全时空的攻击探测，发现网络系统是否存在漏洞、是否有木马等病毒正在对网络系统进行入侵威胁等风险，如发现应立即阻止其危害网络活动，防止损害程度扩大，及时修补漏洞，做好证据获取和溯源工作。网络主动防御重点是做到关口前移，防患于未然。[①] 美国专家多罗西・邓宁提出，主动防御是一种直接的防御行动，目标是挫败或消除针对本方力量和资产的网络威胁，或使其效力降低。主动防御既不具攻击性，也不一定是危险的。北约对主动防御的定义是：侦测或获取关于网络入侵、网络攻击或即将发生的网络行动信息的主动措施，或为确定网络行动的源头而实施的先发制人、预防性或反制行动。从技术层面讲，许多网络安全技术可以归纳为主动防御技术，代表性

① 程琳：《落实“四个坚持”创新人才培养模式》，《中国信息安全》2019 年第 10 期。

的如网络诱骗、黑客反击、攻防演练等。[①]

一、网络诱骗技术

网络诱骗技术就是一种主动的防御方法，作为网络安全的重要策略和技术方法，有利于网络安全管理者获得信息优势。网络诱骗技术、网络攻击陷阱可以消耗攻击者所拥有的资源，加重攻击者的工作量，迷惑攻击者，甚至可以事先掌握攻击者的行为，跟踪攻击者，并有效地制止攻击者的破坏行为，形成威慑攻击者的力量。目前，网络诱骗技术有蜜罐技术和陷阱网络技术。

蜜罐技术本质上是一种对攻击方进行欺骗的技术。[②] 蜜罐技术始于1989年，用于研究黑客和应对黑客攻击。通过引入蜜罐技术，防御方不仅可以更全面地感知到攻击者的态势，还能改变原来被动的防御思路，虚实结合，将攻击者引入事先准备好的诱捕陷阱中，做到主动出击。通过布置一些作为诱饵的主机、网络服务或者信息，诱使攻击方对其实施攻击，从而可以对攻击行为进行捕获和分析，了解攻击方所使用的工具与方法，推测攻击意图和动机。这种技术能够让防御方清晰地了解自身所面对的安全威胁，并通过技术和管理手段增强实际系统的安全防护能力。蜜罐好比是情报收集系统，可以获知攻击者入侵的途径，并随时了解针对服务器发动的最新攻击和漏洞，而且可以通过窃听黑客之间的联系，收集黑客所用的工具并掌握其社交网络。但是，蜜罐技术属于资源密集型的技术，设计、开发、部署和维护蜜罐需要大量的时间和专业知识。因此，在实施利用该技术之前，需要认真分析成本和保护目标。

美国MITRE公司推出的积极防御Shield框架，包括引导、收集、控制、检测、破坏、促进、合法化、测试8大战术和33种技术，其中欺骗防御在技术中占了近一半。在2021年美国信息安全大会上，MITRE将从被动到主动防御演变为五个阶段：被动阶段、准主动欺骗阶段、主动欺骗阶段、入侵互动阶段、主动防御阶段。其中从准主动欺骗阶段到入侵互动阶

---

① 程琳：《主动防御：将战争策略应用于网络安全领域》，《中国信息安全》2018年第12期。

② 石乐义、李阳、马猛飞：《蜜罐技术研究新进展》，《电子与信息学报》2019年第2期。

段，均以欺骗防御为核心，构建诱捕、监控、溯源体系，在最后的主动防御阶段，强调对攻击链的还原和对攻击者的反制。欺骗防御技术区别于传统安全产品的安全检测思路，以攻击者的目标、攻击思路、攻击步骤视角，构建覆盖整个攻击链路的防护链路，提供全面且主动性极强的安全防守能力，达到精准感知、全程监控、溯源反制、闭环处置等安全目标，确保网络和业务的安全性。

二、主动探测分析识别技术

主动探测分析识别技术主要是通过分析识别攻击者和攻击源，开展溯源和反制，涵盖一系列不同技术和工具。高级主动识别还包括反制，包括远程侵入黑客的服务器并擦除任何被盗的数据，使黑客的恶意软件失效，甚至发动 DDoS 攻击使罪犯的行动缓慢。

及时准确地检测出攻击事件，才能第一时间对攻击源、攻击过程、攻击扩散面、被攻击的业务系统、恶意程序造成的危害等情况进行深入的分析，缩小威胁影响面，帮助用户更好地判定攻击的性质、手段和影响，从而选择合理的应对措施。静态文件检测在不运行程序的情况下，对样本文件进行静态特征检测。针对已知家族的病毒，多个交叉检测的反病毒引擎，对病毒等恶意程序进行基于特征的静态检测和多 AV 检测模块交叉验证，最终给出检测结果。基因图谱检测采用人工智能检测技术，[①] 结合机器学习/深度学习、图像分析技术，将恶意代码映射为灰度图像，通过恶意代码家族灰度图像集合训练卷积神经元网络深度学习模型，建立检测模型，针对恶意代码及其变种进行家族检测，能够有效地检测使用特定封装工具打包（加壳）的病毒等恶意程序。动态沙箱检测针对未知家族的病毒，基于沙箱行为的未知威胁检测，对流量进行检测。反虚拟机和反调试行为检测，根据主机或网络行为判断其是否为恶意程序。采用网络入侵检测技术与主机入侵检测技术相结合的方式，实时监控蜜罐内部入侵行为，实时抓取入侵探测流量数据包，同时，任何触碰和进入蜜罐的行为均会被详细定位和分析，实现网络入侵的零误报，进而基于威胁数据进行融合与挖掘，有针对性地提出快速、高效的处置策略。

---

① 刘扬：《自然资源云中心安全态势感知平台设计》，《网络安全和信息化》2020 年第 10 期。

采用全流量重定向技术、混合入侵检测技术、全量威胁行为库，精准识别访问类型，提取行为数据特征，实现对攻击流量全量抓取，精确还原、清晰呈现攻击者从入侵到攻击执行的完整攻击路径，达到还原攻击路径、溯源攻击者信息、反制攻击者设备等关键目标。

三、攻防演练技术

网络安全攻防演练是在保障业务系统安全、正常运行的前提下，采用“不限攻击路径，不限制攻击手段”的攻击方式而形成的“有组织、有监控、有审计”的网络安全攻防演练行动。[①] 网络安全攻防演练包括沙盘推演、模拟演练、对抗演练 3 种形式。攻防演练能帮助国家、行业和企业增强网络安全管理保障工作的意识，积累网络安全管理和应急处置经验，并形成对网络安全应急响应计划和能力的有力检验。攻防演练以获取目标系统的最高控制权为目的，由多领域安全专家组成攻击队，由各重点防护单位的安全人员组成防守队，已经成为检验和提升网络安全能力水平的重要方式。同时，对于企业而言，开展网络攻防行动也是维护网络空间安全和业务持续发展的绸缪之举。

攻防演练坚持以解决问题为导向，强调针对性、实战性、对抗性、实效性、灵活多样性。需要创建综合性、高仿真、攻防兼备的网络靶场，建设“固定靶标 + 移动靶标 + 红蓝攻防”对抗模式。实战化攻防催生的主动防御，以及在云计算、工业互联网等新技术的共同推动下，网络安全产业的发展日益加速。以主动防御为例，随着攻防演练常态化，企业安全需求正从过去的被动防御向现在的主动防御转变。随着网络安全威胁趋于复杂化与智能化，基于特征识别的被动防御，逐步转变为以主动防御为代表的产品和服务。

四、网络主动防御的关键因素

网络主动防御的安全理念必须建立在合法、合规和安全的基础上，数据记录、信息分析、响应处置是主动防御能够落地实践的三大关键因素。

数据是安全防护的基础，主动防御的前提是有足够的数据支撑，需要

---

① 孙华山、张茂兴：《大数据背景下关于网络信息系统安全形势的研究》2019 年第 12 期。

了解包括知道攻击者、攻击目标、攻击手段等尽可能多的信息。数据的质量和价值对主动防御能力的落地也尤为关键。因此，对关键活动和行为，需要有一个非常全面和周详的记录，这种记录是连续性的而不是间歇性的。必须通过灵活采集包括网络层、主机业务层等各方面数据，为后期数据分析和响应处置提供基础内容支撑。

犹如雷达拦截导弹，前提是先完成精准识别，有效、实时的信息分析能力是关键。大数据分析、机器学习等技术，将使分析变得更加贴近真实的应用场景，从而有效地在关键信息基础设施的范畴里做到更好识别。基于大数据分析和机器学习的技术已经能够根据已有数据感知和预测未来，利用已有的海量攻击数据提取特征并构建出有效的模型，再根据模型实时监测异常流量，识别出异常行为，预测安全风险。

安全响应的有效性取决于处置的实效性及处置方法，如何降低平均检测时间或平均响应时间是衡量响应处置能力的关键。如果可以做到迅速分析，则会给处置留下比较多的时间，反之，则不然。安全人员始终在和攻击者赛跑，如何在黑客发动攻击之前，完成防御策略的调整阻断或者迟滞其攻击，以及如何在潜入内部的黑客盗取数据、造成破坏之前找到攻击者，并且立刻评估可能的损失范围和影响程度，及时进行响应和处置，避免造成真正的损失。因此，需要制定科学的应急预案，并尽量模拟真实的网络安全场景进行演练，加强自身应急响应能力。主动防御则要求将目光从黑客身上转移到自己身上，并通过持续的监控分析，快速精准地发现安全威胁和入侵事件，处置过程中引入自动化或半自动化的流程。

第六章　网络安全与网络犯罪治理

习近平总书记在2020年中央全面依法治国工作会议上指出："网络犯罪已成为危害我国国家政治安全、网络安全、社会安全、经济安全等的重要风险之一。"[①] 犯罪是一种复杂的社会现象，它因人而生，因人类社会的发展而变化。"计算机犯罪"于20世纪50年代伴随着计算机的飞速发展产生，21世纪初互联网技术的广泛应用，"网络犯罪"取代"计算机犯罪"实现了跨时空、跨国跨区域作案。网络犯罪概念繁多，没有统一界定标准，大体可分为"对象说""工具说""复合说"。[②]《人民检察院办理网络犯罪案件规定》指出，网络犯罪是指针对信息网络实施的犯罪，利用信息网络实施的犯罪，以及其他上下游关联犯罪。中国司法大数据研究院定义涉信息网络犯罪是指以互联网为工具或手段实施的危害社会、侵害公民合法权益的行为，或是对计算机系统实施破坏的行为等犯罪行为。本章采用"对象+工具+平台"的复合式定义，网络犯罪通过攻击、破坏、盗窃、非法侵入等方式危害计算机系统、数据和网络本身；或以计算机通信网络为工具或平台进行的危害我国国家政治安全、网络安全、社会安全、经济安全等的犯罪行为，以及其他上下游关联犯罪。从传统犯罪网络化向以互联网为媒介的非接触式新型网络犯罪智能化加速转变，电信网络诈骗、网络赌博、网络淫秽色情等涉网违法犯罪多发，同时加快完善对网络犯罪人工智能化和网络恐怖主义的机制建设，治理网络犯罪成为维护网络安全的关键。

① 《习近平著作选读》第二卷，人民出版社2023年版，第383页。

② "对象说"是以网络为攻击、破坏或非法侵入等的对象；"工具说"是以网络为手段、工具或平台；"复合说"是指不仅以网络为对象而且以网络为工具的双重犯罪行为。

第一节　网络犯罪的特征

网络犯罪作为一种新型犯罪形式，具有与传统犯罪不同的特征，较为突出的特征有网络属性特点明显、主体特征突出、形式特点鲜明。世界上第一例有据可查的计算机犯罪可以追溯到1958年的美国硅谷。随后，世界上第一封诈骗邮件是由美国阿帕网于1978年发送出去的。1982年世界上第一例计算机病毒被安装在评估计算机之上。改革开放以后，我国互联网产业飞速发展，网络犯罪也相应而生。中国互联网络信息中心发布的第51次《中国互联网络发展状况统计报告》统计，截至2022年12月，我国网民规模达10.67亿，较2021年12月增长3549万，互联网普及率达75.6%，较2021年12月提升2.6个百分点。2017年至2021年，全国各级法院一审审结的涉信息网络犯罪案件共计28.20万余件，如图6－1所示，案件量呈逐年上升趋势。[①]

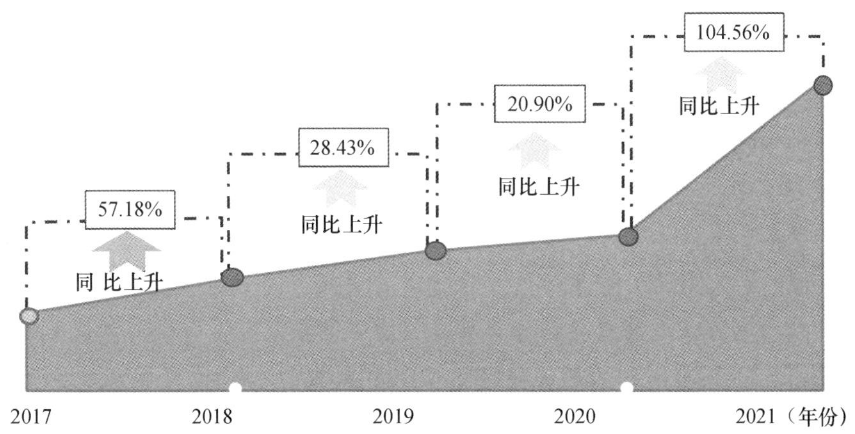

图6－1　涉信息网络犯罪案件呈逐年上升趋势

---

① 《涉信息网络犯罪特点和趋势（2017.1—2021.12）司法大数据专题报告》，中国司法大数据研究院，第4页。

一、网络犯罪的网络属性特征

网络犯罪的网络属性可以归纳为10种特性。一是隐秘性。犯罪嫌疑人作案范围一般不受时间和地点限制，通过刻意伪装很难发现其犯罪痕迹。二是匿名性。网络使用者可以将其身份、IP地址、表述内容甚至网页都匿名化。三是便捷性。犯罪嫌疑人利用网络进行犯罪预谋、策划、实施前准备和实施犯罪，无须耗时耗力面对面接触，网络为犯罪提供了便捷性。四是快速性。网络犯罪的快速性不仅体现在通过网络传播犯罪内容的快速，而且表现为犯罪种类数量增长快速、能快速实现网络犯罪目的、快速看到犯罪结果。五是专业性。犯罪嫌疑人自身具有专业网络入侵技术，且所触及的领域通常是专业性较强的金融、证券、医院、高等院校、政务机关等行业。六是组织性。犯罪团伙利用网络作案，有明确任务分工，层级清晰，薪酬比例不同，体现出很强的组织性。七是链条性。网络犯罪链条呈现出产业化、多元化、延长化、国内外相连一体化等，犯罪嫌疑人充分利用网络优势发现潜在“客户”，以上、中、下游的分工模式，进一步发展违法“业务”。八是宽域性。网络犯罪过程中可以从一个节点过渡到另一个节点，不受时间、空间限制，大数据按照搜索习惯推动与需求相关的更多资源，不断拓宽犯罪界域。九是跨国（境）性。互联网开放、通联等技术特征，使得网络犯罪门槛降低，很容易实施跨国（境）犯罪活动。十是涉众性。网络作为犯罪工具或对象，犯罪行为涉及不特定数量庞大的受害群体，造成巨大的经济、精神、家庭等伤害。

二、网络犯罪的人员特征

网络所连接的信息庞杂难辨真假，却能满足不同人群的好奇和刺激心理，在这种心理的驱动下缺乏抵御能力，极易导致他们步入网络犯罪旋涡。网络犯罪人员呈现五个特点：一是年轻化。中国司法大数据研究院出具的《涉信息网络犯罪特点和趋势（2017.1—2021.12）司法大数据专题报告》显示，从2017年至2021年5年间，18—39岁处于网络犯罪主体，可以明显看出，20—39岁网民数与18—39岁网络犯罪主体成正比，使用网络人数最多，犯罪率最高，且网络犯罪年轻化明显，存在向低龄化发展趋势，如图6－2所示，29岁及以上网络犯罪案件被告人占比逐年降低。

二是知识化。知识化人员分两类，一种是网络技术高水平人士能利用

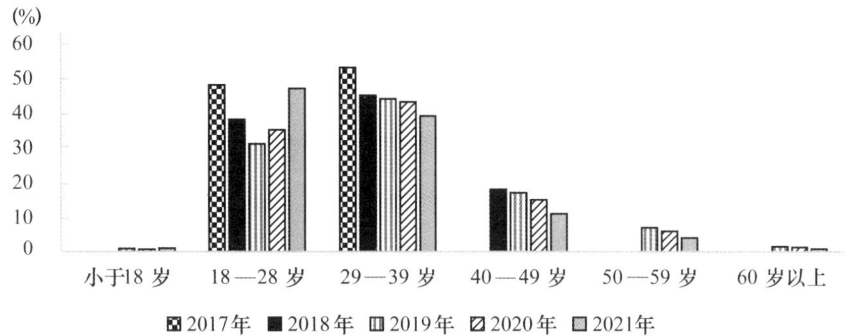

图 6－2　2017—2021 年涉信息网络犯罪案件被告人不同年龄段占比的年度趋势

自身专业实施网络犯罪；另一种是网络知识化程度低，犯罪嫌疑人通过网络自我学习或是短期培训，就可以实施多数网络犯罪技术要求，再按照网络各种“黑色”教程，使得不具备专业知识的人也能操作，进行网络犯罪活动。

三是智能化。人工智能技术的发展是把“双刃剑”，从技术本身来看是科技发展的巨大进步，同时也带来了治理网络犯罪的挑战，犯罪分子利用人工智能技术升级了网络作案方式，令很多尚未了解新技术的民众成为受害者。由于人工智能在网络数据获取、数据分析、风险规避等方面的技术优势，诸多犯罪更具有“智能化”的特征，部分特定网络犯罪的数量也呈现几何式的递增，犯罪方式也更加隐蔽。诸多传统型的财产犯罪，如诈骗、盗窃、敲诈勒索罪等，也因人工智能的“智能化”使网络犯罪方式更为便捷、危害性更大、隐蔽性更强。

四是技术化。网络犯罪嫌疑人将犯罪动机与技术相结合造成犯罪类型层出不穷，技术的快速发展也使得新型网络犯罪方式不断改变。犯罪嫌疑人运用新型网络技术，不断翻新网络犯罪手段，导致网络犯罪“成功率”升高。

五是趋同化。我国城镇与农村网民数量都属上升态势，截至 2022 年 12 月，我国城镇网民规模为 7. 59 亿；农村网民规模为 3. 08 亿；非网民规模为 3. 44 亿。其中非网民仍以农村地区为主。60 岁及以上老年群体是非网民的主要群体。非网民群体表示因无法接入网络，在出行、消费、就医、办事等日常生活中总是遇到不便，无法充分享受智能化服务带来的便利。

如图 6－3 所示，2016 年至 2022 年，城镇地区互联网普及率与农村地区互联网普及率都持上升态势，个别年份的往下波动不影响大趋势的走向。使用互联网的民众越来越多，培育网络安全意识，提高防护技能愈加重要。

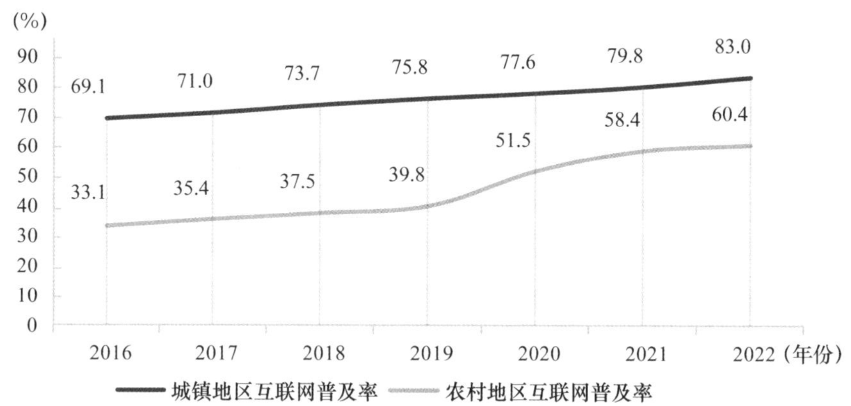

图 6－3　城乡地区互联网普及率

三、网络犯罪的形式特征

网络犯罪与其他形式犯罪不同，网络是犯罪的载体，同时也是犯罪的工具、目标和手段，犯罪嫌疑人利用网络便利性，通过网上寻找可以实施犯罪行为的目标或对象，因网络犯罪的目的不同所实施形式也有所不同。其主要呈现出如下几个特点：

一是犯罪成本低。网络犯罪活动投入成本低、实施过程中产生的成本低、犯罪嫌疑人机会成本低、网络犯罪惩罚成本低，这样的低成本高收益，造成年轻化、学历低、无职业的犯罪嫌疑人越来越多，潜在受害群体很庞大。

二是易聚易散。上、中、下游产业链中各犯罪嫌疑人因共同利益凑到一起，犯罪实施结束利益分完后，组织解散或是重新组合，犯罪嫌疑人流动性快，因利而聚因获得而散。谓其“来时瓦合，去时瓦解”。

三是利用网络勾连，互不见面。犯罪嫌疑人利用网络进行信息交流，不受时间空间限制，轨迹相对隐蔽，利用网络游戏、元宇宙、网络视频等作为掩护，通过其软件中的互动、任务等方式进行勾连，为犯罪行为提供便利和掩盖。

四是以“洗脑”为手段进行网络违法宣传。犯罪嫌疑人通过给被害人“洗脑”，让其思想受到犯罪嫌疑人蛊惑，犯罪嫌疑人因自身需求不同，进而表达或传播的内容亦有所不同，依据“洗脑”的内容不同，可将网络犯罪划分为网络恐怖主义和其他形式网络犯罪。网络恐怖主义多以暴力恐怖主义、民族分裂主义与宗教极端主义为内容，为实现其政治目的的意识形态煽动。其他形式网络犯罪多以利益至上，其最终目的为经济价值最大化。

四、网络犯罪的风险特征

网络犯罪所带来的风险本身会伴随着预期目标偏离预期结果的可能性，网络犯罪风险具有隐蔽性、突发性和动态性等特性，不同类型的网络犯罪风险呈现出不同的风险特征。其中网络恐怖主义风险又区别于其他网络安全风险，它们之间有相同点，但又有明显区别。相同点：一是风险发生的不确定性；二是风险的发生都有实施主体，且都将网络作为利用的平台或攻击的对象；三是都会造成不同程度的损害后果。不同点：一是实施主体不同，网络恐怖主义实施主体是恐怖组织或恐怖分子，大多数属于国家和国际组织明确制裁的对象，而对其他网络威胁实施主体，一般不会这样做；二是针对的目标群体不同，网络恐怖主义以易渗透人群或特定组织或机构为主，而其他网络威胁针对政府有关部门、教育机构、医疗机构和企业等；三是使用的手段不同，网络恐怖主义以招募、宣传、筹融资等手段为主，而其他网络安全风险以攻击、窃取、欺诈等手段为主，针对不同手段，处置方式也将不同；四是行为目的不同，恐怖组织制造网络恐怖行为主要是为了达到其政治、意识形态等目的，而其他网络安全风险制造者的目的具有多样性；五是风险持续时间长短不同，网络恐怖主义风险大多持续时间较长，为壮大和发展恐怖组织会持续不断地利用网络，不易被察觉，而其他网络安全风险频发，社会关注度较高。

第二节　网络犯罪的手段方法

网络犯罪手段更加多元，随着网络技术的发展而迭代升级，为实现犯罪目的有意识寻找漏洞，逃避监管，采取各种方法手段，由常见的窃密、抓包、截流、复制、删改他人网络信息，到传播计算机病毒、强制链接跳转，传播淫秽色情、暴力恐怖、人肉搜索、诽谤言论，线上非法交易，再到“人工智能换脸”“逻辑炸弹”勒索病毒、暗网匿名犯罪等新型作案手段，近年来网络犯罪数量猛增，严重危害人民群众生命财产安全、网络安全和国家安全、社会稳定。2019 年实施的《最高人民法院、最高人民检察院关于办理非法利用信息网络、帮助信息网络犯罪活动等刑事案件适用法律若干问题的解释》第十二条第二款明确：“实施前款规定的行为，确因客观条件限制无法查证被帮助对象是否达到犯罪的程度，但相关数额总计达到前款第二项至第四项规定标准五倍以上，或者造成特别严重后果的，应当以帮助信息网络犯罪活动罪追究行为人的刑事责任。”根据国际刑警组织于 2022 年 10 月 19 日发布的《2022 年全球犯罪趋势报告》（*2022 Interpol Global Crime Trend Summary Report*），勒索软件、网络钓鱼和在线诈骗位列当前全球五大犯罪威胁之列，同时，超过 70% 的受访者预计，勒索软件和网络钓鱼攻击等犯罪数量在未来 3 年到 5 年内或将显著增加。据反钓鱼工作组（the Anti – Phishing Working Group）于 2022 年 9 月 20 日发布的《2022 年第二季度网络钓鱼活动趋势报告》（*Phishing Activity Trends Report: 2nd Quarter 2022*），网络钓鱼攻击次数于 2022 年第二季度达到 1097811 次，创下历史新纪录。

一、利用测录盗取

测录是指不法分子将具备读取、记录、储存持卡人资料及磁条卡信息功能的设备，安装在 ATM 机或商户收银用 POS 机上，对持卡人磁条卡信息、密码信息等进行秘密测录或记录的行为。给普通 POS 机中安装能够测录银行卡磁道信息及支付密码的芯片。将具有盗取被刷银行卡数据信息和密码的芯片装入 POS 机后，在进行支付、结算时无须签名、密码登录等操作，只需将银行卡贴近读卡器即可完成信息盗取。被非法改装的 POS 机芯片可以窃取用户数据，并利用这些数据信息制作伪卡，再进行刷卡消费或取现，窃取受害人资金。

二、利用网络病毒窃取

网络病毒种类很多且复杂，根据不同的传播方式、感染对象、隐藏手段、攻击效果等，使用不同病毒，常见网络病毒如木马病毒、蠕虫病毒、勒索病毒、宏病毒、“逻辑炸弹”等。常用的窃取网民信息的手段方法如下。

一是向二维码中植入网络病毒。先将网络病毒（如木马病毒）植入二维码中，再以降价、奖励、发红包等为诱饵，诱使网民扫描。二维码是数据传输的载体，通过扫码，网络病毒会进入手机系统，个人信息将被复制转移到犯罪嫌疑人设备上，犯罪嫌疑人操作自己设备相当于操作被害人手机，将被害人个人信息、资金、账号、密码等隐私信息窃取走，个人信息泄露风险大幅提升。

二是利用手机木马病毒登录他人微信或支付宝账户窃取个人数据信息。例如，犯罪嫌疑人利用手机木马，登录他人具有支付功能的应用，窃取密码、用户生物特征等数据信息后，将资金转入犯罪活动涉及的账户；建构钓鱼网站，以发放福利、推广优惠活动、发放资金等为名，将木马软件隐藏在其开办的钓鱼网站的软件安装包、跳转链接、二维码中，一旦触发立即中招。

三是利用已植入木马程序的钓鱼网站骗取用户个人身份证、账号密码等信息。钓鱼网站主要有：其一，冒充电商网站、品牌官网、网购平台发布虚假购物信息；其二，冒充单位或某人单位网站骗取用户个人信息；其三，诱导用户下载隐藏有木马病毒的软件等，如抢红包应用、免费 Wi-Fi、设置 Wi-Fi 热点、引诱用户手机连接并点击银行网站等钓鱼网站；其四，推送手机 App 输入法，在用户协议里要求收集用户信息；其五，直接窃取用户个人身份信息、支付宝或微信账号、银行卡密码等信息，通过银行多次转账、第三方支付、大额手机充值等方式盗窃转移用户银行账户内财产，进行违法犯罪活动。

四是利用勒索病毒将个人计算机或单位数据中心数据信息打包加密从而勒索钱财。犯罪分子利用计算机等网络系统漏洞、邮件、广告推广等，借助移动存储传播；将勒索病毒植入 U 盘，通过感染 U 盘、移动硬盘、闪存卡等移动存储介质传播使接入设备感染；在网页挂马、程序植木马、将勒索病毒与软件捆绑、发垃圾钓鱼邮件、僵尸网络分发、水坑攻击等，如果成功侵入，修改计算机开机密码锁定计算机，篡改加密计算机磁盘，将用户数据信息等文件打包加密，使用户无法解密打开使用，从而勒索钱财，不给钱财即将数据信息等文件破坏。近年来利用勒索病毒犯罪案件大增，对单位或个人的正常工作及钱财造成很大损失，危害性巨大。

三、利用“撞库”窃取

利用“撞库”窃取个人身份数据信息并盗取存款。犯罪分子利用在网上窃取的用户名、密码、邮箱、身份证号、手机号码、邮寄地址等个人数据信息，自建庞大的数据库。[①] 由于许多用户在不同的网站使用相同的账号和密码、不同银行卡使用相同的密码，犯罪分子利用在某一网站盗取的用户账号和密码，利用自建的数据库去“撞库”攻击用户在另一网站的账户，若登录成功，则进行盗取银行存款、游戏币等网络违法犯罪活动。

四、利用抓包软件或手机模拟器诈骗

犯罪嫌疑人利用从网上下载的抓包软件或手机模拟器等技术手段，发现网站平台系统漏洞，通过拦截交易参数后，修改交易价格参数，将原价格修改为低价后购买，再以高价卖出进行交易支付，赚取差价。

五、利用伪基站欺诈

利用伪基站，将含钓鱼网站链接的短信发送给受害人，进而实施银行卡盗用盗刷、诈骗等犯罪活动。犯罪嫌疑人利用伪基站伪装成各个运营商号码群发短信，短信中暗藏木马病毒的钓鱼网络链接，一旦点击链接便在其手机上植入窃取银行账号、密码和手机号木马病毒的 App，进而实施犯罪活动。

六、利用“猫池”获取个人信息

利用“猫池”实施同步拨打电话或发短信获取个人信息等。“猫池”，

---

① 程琳:《加强个人信息保护 完善互联网金融安保体系》，《中国信息安全》2017 年第 6 期。

就是与普通路由器相似的黑色盒子，盒子上方有多个可以插入手机 SIM 卡的卡槽，犯罪分子将获取的大量 SIM 卡插进卡槽，随着卡槽上方指示灯闪烁，“猫池”就可以同时向多个手机发送短信和语音呼叫信号，机主一旦回应，个人信息即被盗取。

七、利用“改号软件”实施诈骗

利用“改号软件”变更手机号码或手机号指代称谓，冒充公安机关、检察院、法院、银行或商户客服等身份进行诈骗活动。犯罪嫌疑人一般通过非法渠道获取用户个人信息，之后通过伪基站或网络改号软件，冒充国家公职人员以涉嫌洗钱、邮包藏毒、谎称犯罪等方式恐吓被害人，最后以帮助受害人洗脱罪名为由要求被害人转账；冒充银行或商户客服的以资金冻结、推出优惠活动、巨额转账来源不明等要求受害人提供验证码、人脸验证等，通过利用受害人对自己账户出现异常情况的急迫心理等，直接进行划款到犯罪嫌疑人账户。

八、利用非法手段获取居民信息进行套取现金

利用购买的居民身份证等信息，非法获取网站奖励的银联红包。利用在网上购买的居民身份证号码、银行卡、手机号码等个人隐私信息，在中国银联等网站批量注册为用户，非法获取网站奖励的银联红包，再将银联红包用于京东商城、国美黄金等活动，利用活动机制漏洞大量购物并补偿现金，实施套取现金的违法犯罪活动。

九、利用舆论导向实施网暴

国家互联网信息办公室 2023 年 7 月 7 日发布《网络暴力信息治理规定（征求意见稿）》，意见稿中定义网络暴力信息，是指通过网络对个人集中发布的，侮辱谩骂、造谣诽谤、侵犯隐私，以及严重影响身心健康的道德绑架、贬低歧视、恶意揣测等违法和不良信息。近几年，因受到网暴影响而丧失生命者引起国家关注，现已出台有关政策来完善网络暴力信息治理机制，要求网络信息服务提供者履行相应的预警监测、及时处置、保护机制等职责，以更好地保护广大民众生命健康权，维护良好的网络生态环境，引导公民正确使用网络空间。

十、利用授权窃密

单位内部网络管理员或外包维服人员利用授权窃密。一些单位内部设有网络管理员或单位将内部网络数据信息中心的维护保障服务外包给单位外的公司，这些网络管理员或外包维服人员经授权，可以看到和处理信息中心的有关数据信息，有的人利用授权窃取个人或单位数据信息，有的利用掌握管理单位网络系统密钥通过互联网登录后台对关键数据进行修改或删除，然后进行倒卖等违法犯罪活动。斯诺登就是利用网络维服工作窃取了巨量秘密数据信息，美国安全部门从技术和管理安全方面均未发现。

十一、利用网络武器实施监听、窃密、发动网络战

制造和使用网络武器进行监听、窃密、发动网络战等。美国军方和情报等部门，利用网络技术优势制造网络武器。实施“棱镜”项目对全球大量个人手机用户特别是对一些国家的领导人进行监听、窃密等；利用网络武器对伊朗核电站、委内瑞拉电网等国家关键信息基础设施进行攻击使其损坏瘫痪。2022 年 9 月我国公布：美国国家安全局使用 41 种网络武器中的名为“饮茶”嗅探窃密类网络武器，将其植入我国西北工业大学内部网络服务器，窃取了 SSH 等远程管理和远程文件传输服务的登录密码，从而获得内网中其他服务器的访问权限，实现内网横向移动，并向其他高价值服务器投送其他嗅探窃密类、持久化控制类和隐蔽消痕类网络武器，造成大规模、持续性敏感数据失窃。“饮茶”不仅能够窃取所在服务器上的多种远程管理和远程文件传输服务的账号密码，也会将自身伪装成正常的后台服务进程，并且采用模块化方式，分阶段投送恶意负载，具有很强的隐蔽性和环境适应性，发现难度很大，造成的危害极大。2023 年 7 月 26 日，武汉市应急管理局地震监测中心报警称，该中心发现部分地震速报数据前端台站采集点网络设备被植入后门程序。国家计算机病毒应急处理中心和 360 公司随即组成联合调查组赴武汉调查取证。联合调查组在受害单位的网络中发现了技术非常复杂的后门恶意软件，符合美国情报机构特征，具有很强的隐蔽性，通过对恶意软件的功能和所受影响的系统判断，攻击者的目的是窃取地震监测相关数据，这些地质资料不仅可以用来参考和研究地形，对军事上也有很大的帮助作用，具有明显的军事侦察目的。他们就是利用信息安全技术，对我国的重要基础设施进行渐进式的攻击。此事件

引起外界广泛关注和愤慨。

十二、利用虚假网站、暗网等实施网络恐怖活动

恐怖组织利用网络实施恐怖活动的方式很多，一是针对实施途径分为开放型和隐蔽型。例如，开放型利用短视频平台、个人博客、网络聊天室、公共论坛等网络平台进行发布、互动，寻找有认同感的潜在恐怖分子，或引导话题寻找“志同道合”的投机者，无须技术手段进行破解密码、搭建虚拟专用网络等操作；隐蔽型则是利用快捷系统工具将网络恐怖主义的内容进行加密、隐藏或修饰等处理，通过虚假网站、暗网、悬浮窗等网站挂悬窗广告，吸引招募有好奇心或是误入的浏览者，或使用洋葱路由进入暗网，进行违法交易。尽管暗网在隐私和弹性方面具有优势，但利用其进行传播扩散的范围有限，恐怖分子更喜欢公开网络的可见性和可触及性，通过公开网站的各种链接、广告、图片等吸引人们的视线，尽可能不放过任何一个感兴趣或是存有好奇心的人。二是针对行为目的分为攻击型和渗透型。例如，攻击型是恐怖组织利用恶意软件、DDoS 攻击、高级持续威胁（APT）等手段对政府部门、医疗机构、教育机构和企业等进行网络攻击；渗透型则是恐怖组织利用沉浸式技术和扩展现实（XR）等现代高科技，营造出现实与虚拟交互的数字化环境、进行深层互动等传统网络技术难以达成的效果，逐层渗透有关群体和社会组织，扩大招募、宣传和培训等网络恐怖活动。三是采取的不同形式。例如，采取招募、煽动、培训等形式吸引普通网民注意力，逐步改变其思想观念，进而使其为恐怖组织所利用。这也是网络恐怖主义区别于其他网络犯罪的手段之一。四是针对不同的目标人群。例如，不仅关注成年人，更关注未成年人，由于青少年阅历浅、年龄小、三观尚未定型等原因，易成为恐怖组织关注的对象且更容易被蛊惑和利用。青少年逐渐成为恐怖组织拉拢扩充的目标人群。新冠疫情造成学校停课，学生居家上网课，恐怖组织认为这是进行恐怖主义、极端主义宣传，吸引和招募加入其组织的好机会。同时有极端心理的人群也会受到恐怖组织的“青睐”，这类人心怀不轨、生活不如意、仇视社会，或是对恐怖组织有好奇心、同情心、认同感等扭曲的心理状况，易受恐怖组织网络蛊惑并被招揽。

十三、利用人工智能犯罪

利用人工智能新技术特别是 ChatGPT 实施违法犯罪。人工智能新技术特别是 ChatGPT 的出现也是一把“双刃剑”，关键是这项新技术被什么人所使用？干什么用？使用后产生什么样的效果？通俗地说，好人使用和坏人使用所产生的结果是不一样的，技术是分不出好坏的。网上已出现利用人工智能技术实施电信网络诈骗犯罪的活动。主要方法有：一是犯罪分子用换脸技术换脸变声、移花接木、以假乱真。犯罪分子在网上大量搜索公民个人信息、下载证件、照片等素材，利用人工智能换脸技术伪造人脸动态视频，伪装成受害人的熟人朋友，通过短暂的视频通话进行人像信息确认，获得受害人的信任后而骗取钱财。二是犯罪分子利用人工智能技术模拟伪造声纹识别特征，进而欺骗受害人。犯罪分子通过骚扰电话、录音等来提取受害人或亲朋好友的声音，获取素材后利用人工智能技术进行声音合成，伪造成受害人的亲朋好友的声音，然后用伪造的声音欺骗受害人实施诈骗犯罪。三是犯罪分子利用人工智能技术在网上筛选目标，精准诈骗。犯罪分子分析公众发布在网络上的各类信息，根据所要实施的骗术，对人群进行目标筛选，选定要诈骗的人员后，定制个性化的诈骗脚本，从而实施精准诈骗。犯罪嫌疑人将收集到的目标人的姓名、照片、联系方式等信息，用人工智能换脸技术把受害人的人像合成不雅视频或艳照，通过即时通信软件发送给受害人，犯罪分子利用受害人收到不雅视频后的紧张恐慌、爱惜名声、难以启齿的心理，以举报、散播、告知家属等手段进行威胁，诱导受害人转账或提供银行卡卡号、验证码等，进而实施诈骗行为。一些受害人甚至明知不雅视频或艳照是假的，但依旧害怕不转钱会被骗子陷害，从而产生破财消灾的念头。四是利用人工智能技术编造虚假信息，赚取流量、扰乱社会秩序等。犯罪分子或一些自媒体从业人员为吸引粉丝、增加流量、赚取平台补贴、增加广告收入和带货牟利等多种原因，频繁针对社会关注度大的热点事件，编造并借助网络平台广泛传播谣言，扰乱网络空间安全与公共秩序，影响社会稳定和国家安全。

第三节 依法处罚网络犯罪的困难

网络犯罪表现形式多种多样，犯罪后果严重，为维护公民合法权益和正常网络秩序，需要对其进行有效打击与惩治。因其发生在网络空间领域，行为人犯罪手段的智能化和形式多样化不可避免地为侦查人员的工作带来极大困难，具体可将其归为“七难”。

一、发现难

网络犯罪行为被发现往往以受害人报案为线索来源，受害人个人信息被盗、银行卡等资金被划转，带来的不仅是经济损失更是精神伤害。受害人通过手机银行、第三方平台进行转账时，该资金直接被转移划拨到犯罪嫌疑人账户，没有留给受害人反悔的机会，没给被害人发现与退回资金之间留有余地。而这种通过手机银行转账的行为，互联网金融系统无法检测出对方账户的可疑性，且很少是互联网金融系统从技术和管理上首先发现犯罪线索、证据的。这与银行系统设计的支付程序有很大关系，目前各银行缺少自动检测系统，无法识别僵尸账户、跳板账户、可疑账户等被犯罪嫌疑人利用的银行账户。如用户只要在手机端 App 上提交申请所需的身份证和手机号码信息，并绑定银行卡就可开通第三方支付，用手机直接操作交易，实际是用匿名方式进行，很难确定账户实际使用者是否为申请者本人，如被犯罪分子盗用受害人支付账户，主动侦查发现很难。①

二、取证难

对个人信息被盗窃并利用进行互联网金融犯罪，还没有明确规定的犯罪取证标准和程序规范，网络犯罪案件中犯罪嫌疑人大多是“广撒网，多敛鱼”，重复且大量向民众发送危害信息、网络链接等内容，且犯罪嫌疑人与被害人通常以虚拟身份在网络上联系，被害人无法确定犯罪嫌疑人身份，一旦发案，线索基本上来源于被害人自我发觉后的报案。但被害人分

---

① 程琳：《加强个人信息保护 完善互联网金融安保体系》，《中国信息安全》2017 年第 6 期。

布广、人员多，要对全部被害人进行调查核实、固定证据、串并案件几无可能，故难以全面取证。加之互联网金融网上交易的模式，资金转移快、存证少，用户通过网络支付结算，只有业务流水和分户账，交易记录无纸化，几乎不会像传统金融那样留下笔迹、签字证明等纸质材料作为书证、物证，侦查取证难。

三、鉴定难

金融电信网络犯罪通过非法手段盗取个人数据信息、网络银行账户资金等证据的鉴定是难点，主要问题集中在电子数据信息容易被删除、覆盖、篡改、损毁等，且犯罪电子数据的鉴定技术发展存在一定的滞后性，容易落后于犯罪分子犯罪技术的更迭，同时对犯罪电子数据鉴定材料的运送、保管、鉴定、操作程序、证据获取等缺乏具体的法律及技术规范等。

四、保全难

网络电子犯罪数据、图像等，在取证、运送、鉴定的过程中，操作稍有不慎、不准、不规范，非常容易被破坏或删除，保护数据信息的原始状态难。诸如线上赌博网站，会定期自动清除无资金账户等数据，时间间隔较短，一经数据抹除，则无法进行案件溯源；有的直接租用市面上互联网公司所搭建的云服务器，无须自己购买服务器，降低了犯罪成本，注销使用服务后服务数据自动擦除，服务器空间被回收并提供给下一位租客使用，无法进行云空间证据溯源、固定；有的不断转移物理地址，并通过重装计算机系统、物理层面破坏硬盘等方式销毁证据；有的给计算机预设代码，经过计算机重启或相关固定操作后，数据自动销毁，为固定证据设下了陷阱；有的在涉案网站运行的过程中，通过多次跳转变更网站域名和 IP 地址，使网站页面布局、样式、内容发生变化等，对证据保全与案件关联造成一定的困难。

五、审证难

实施电信网络犯罪的犯罪嫌疑人往往由多人参与其中，每个犯罪嫌疑人分工不同，承担着各自扮演的角色和任务，且不少此类案件的犯罪嫌疑人分布在不同地区甚至不同国家，因此，此类案件呈现出异地性、跨国（境）性等特点，实施犯罪以多链条、多代理、少接触、少见面等跳转方式。在此过程中产生的不同电子数据，本可以被用来证明犯罪行为，但是由于这些电子数据被存储在不同的电信网络信息中心和终端内，同时伴随电子数据信息易被篡改、覆盖、删除、伪造等情况的出现，因此，侦查、调取、收集等获取全链条电子数据证据存在困难，对电子数据信息作为证据呈现完整证据链闭环及真实性等方面审查难。

六、处罚难

盗窃、泄露、买卖、公开、删除等侵害他人数据信息进行电信网络犯罪，依法处罚难。2020 年 5 月 28 日全国人大通过《中华人民共和国民法典》；2021 年 6 月 10 日，通过《中华人民共和国数据安全法》；同年 8 月 20 日，通过《中华人民共和国个人信息保护法》，均明确个人数据信息受法律保护，任何组织、个人不得非法收集、使用、加工、传输他人个人信息，不得非法买卖、提供或者公开他人个人信息，不得从事危害国家安全、公共利益的个人信息处理活动，这无疑对保护个人信息筑起了法律的屏障，为打击此类犯罪提供了法律依据。但哪些组织和个人在什么情况下可以收集、存储、使用、加工、传输、提供、公开、删除个人数据信息，对非法获取个人数据信息进行电信网络金融犯罪等如何依法予以刑事或行政处罚，还需法律法规进一步具体明确规定。

七、国际执法合作难

犯罪嫌疑人利用非法获取的个人数据信息进行电信网络犯罪，许多犯罪嫌疑人利用国（境）外的服务器、网站进行犯罪活动，或将非法获取的资金通过网络转移到国（境）外，一些犯罪嫌疑人亦蛰伏在国（境）外，甚至游走在数个国家之间，由于各国（境）的政治、政策、法律、意识形态、文化理念等国（境）情不同，对跨国（境）打击电信网络犯罪认识及利益诉求等不同，导致跨国（境）侦查获取犯罪证据难、抓捕犯罪嫌疑人难、追回诈骗窃取的资金难，进而国际合作执法打击电信网络犯罪及处罚十分困难。

第四节 网络犯罪的危害

网络犯罪对权益侵害的情形非常多元，不仅严重侵害公民的人身财产安全，而且还侵害网络通信信息系统关键信息基础设施设备安全、网络数据信息安全、网络内容安全等。2021 年 3 月《中华人民共和国刑法修正案（十一）》实施后，根据《涉信息网络犯罪特点和趋势（2017. 1—2021. 12）司法大数据专题报告》，全国涉信息网络犯罪案件共涉及 282 个罪名。新兴网络犯罪比例逐渐升高，2020 年新冠疫情席卷全球，网络恐怖主义犯罪异常活跃，成为区别于其他网络犯罪的危害极大的网络犯罪类型。

一、对国家安全稳定的危害

在复杂的网络犯罪种类中，犯罪团伙或一些犯罪分子利用网络实施分裂国家、煽动叛乱、颠覆政权、间谍窃密、恐怖暴力、宗教极端、邪教破坏等犯罪活动，他们将网上、网下相结合完成网络破坏活动，以达到自身目的；他们通过网络进行煽宣、招募、筹融资、交流沟通、传递消息、发号施令等违法犯罪活动，对不同网民采取不同对待方式，通过网络传递的信息，吸引网民关注，影响网民思想观念，进而被其犯罪团伙所用，并以个人行动完成犯罪团伙交给的任务；具有特殊身份的网民被要求在自身所在的特殊行业中窃取、篡改、获取国家机密、秘密等其他涉密文件，对国家安全、社会稳定、健康的意识形态造成严重威胁。

例如，21 世纪初，美国国家安全局就已经开始实施“上游计划”，通过海底光缆拦截监听网络数据；实施“无边界线人计划”，将移动通话数据来源以不同颜色，如绿色、黄色、红色、橘色等绘成全球地图表明数据集中地。2010 年，美国《华盛顿邮报》发表了一篇文章，称美国国家安全局每天可收集、拦截和存储约 17 亿份电子邮件、电话和其他类型的通信信息。2022 年 6 月 30 日中国外交部发言人赵立坚在主持例行记者会上指出，信息安全领域“安在”新媒体发布《揭秘特定入侵行动办公室（TAO）：美国国家安全局 APT－C－40 黑客组织幕后黑手》的文章披露，2013 年爱德华·斯诺登所爆出的文件中有一份绝密文档：美国军方和政府网络部门在最近 30 天内利用无边界线人远程窃取全球约 970 亿条互联网数据和 1240 亿条通话记录，涉及大量个人隐私。北京奇安盘古实验室科技有限公司在《“电幕行动”（Bvp47）—美国国家安全局方程式组织的顶级后门》中揭露2022年2月的“电幕行动”事件再次印证了美国国家安全局侵害他国利益的行为。隶属于美国国家安全局的黑客组织“方程式”（Equation Group）实施高级可持续威胁攻击入侵后窥视并控制受害组织网络长达十几年，包括但不限于电信、科研机构、军工机构、名牌高校、经济发展规划部门等，涉及全球45个国家和地区的287个重要目标。可见，美国窃取他国信息的行为已经形成了“全产业链、全时空覆盖”。美国以偷窃、攻击、监控的手段在网络空间横行，却没有受到法律的制裁。据美国《华盛顿邮报》2013年12月报道，美国地方法院法官理查德·里昂裁定，美国国家安全局对民众进行的电话监控行为很可能违反了美国《宪法》。正如美国中央情报局前任局长迈克尔·海登所言，美国国家安全局监控计划并没有对反恐起到作用，却可以让情报分析员跟踪民众的网络行为。美国《宪法》第四修正案禁止政府无理搜查和扣押公民。俄罗斯卫星通讯社2020年9月报道，美国上诉法院宣布，斯诺登揭露的打着反恐名义大规模收集民众电话通信的计划违反美国《涉外情报监视法》和《宪法》第四修正案。这是对他国网络主权、公民网络人权的严重侵犯，其践踏他国人权的本性显露无遗。

2017年至2021年，全国涉信息网络犯罪案件共涉及282个罪名，如图6-4所示，其中诈骗罪案件量占比最高，为36.53%；其次为帮助信息网络犯罪活动罪，案件量占比为23.76%。

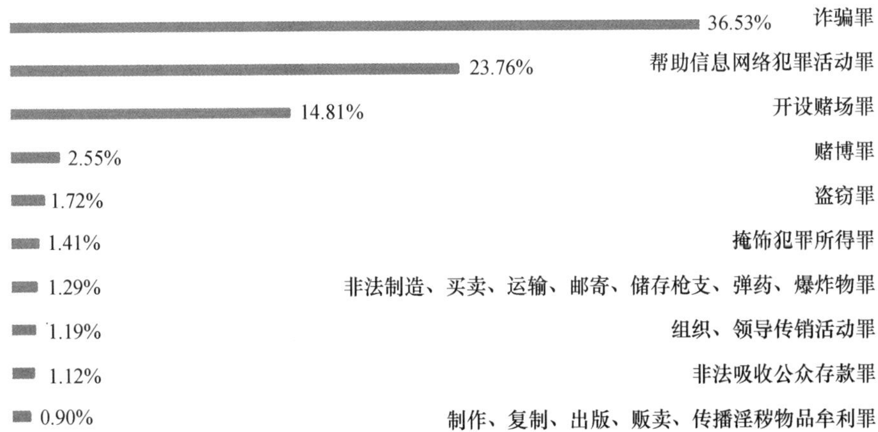

图6-4　涉信息网络犯罪案件中排名前十的罪名及其占比

近四成涉信息网络犯罪案件涉及诈骗罪，我国国家反诈中心发布的2023年版《防范电信网络诈骗宣传手册》归纳出十大高发类电信网络诈骗案：刷单返利类诈骗；虚假网络投资理财类诈骗；虚假网络贷款类诈骗；冒充电商物流客服类诈骗；冒充公检法类诈骗；虚假征信类诈骗；虚假购物、服务类诈骗；冒充领导、熟人类诈骗；网络游戏产品虚假交易类诈骗；婚恋、交友类诈骗。

全国帮助信息网络犯罪活动罪案件涉及被告人共计14.37万人。其中，2018年同比增长383.33%；2019年同比增长581.03%；2020年同比增长2497.22%；2021年同比增长1196.58%。如图6－5所示，2021年帮助信息网络犯罪活动罪在涉信息网络犯罪案件中的占比开始激增。

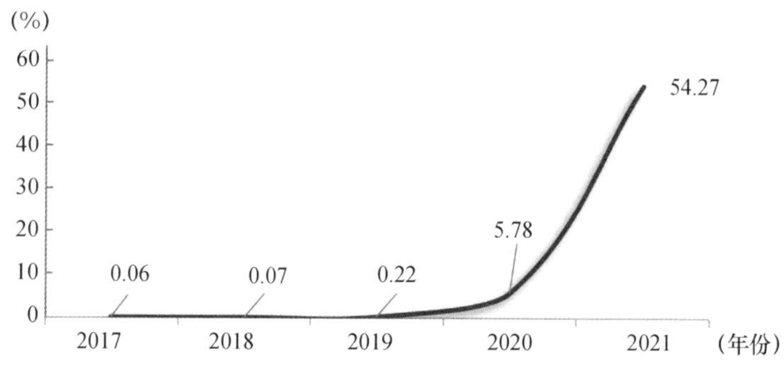

图6－5　帮助信息网络犯罪活动罪占比年度趋势

信息网络犯罪活动严重影响网络安全乃至国家安全，破坏了良好的社会环境和网络环境，对形成积极健康的意识形态造成阻碍。

二、对计算机数据信息网络安全的危害

犯罪分子对计算机信息系统、网络空间实施非法侵入、非法控制、破坏计算机信息系统，窃取关键数据、泄露侵犯个人信息、非法获取和非法利用数据，特别是涉及国家安全、民生重要领域的计算机信息系统，对计算机信息系统、网络安全和关键数据造成破坏，并将对个人、社会乃至国家的重大利益产生严重危害。

《中华人民共和国计算机信息系统安全保护条例》第二条明确了计算机信息系统的定义，对计算机信息系统的危害，体现在对计算机及其相关

配套的设备、设施（含网络）的危害上，如故意输入计算机病毒、其他有害数据，未按规定对信息进行采集、加工、存储、传输、检索等处理，危害计算机信息系统安全。

对网络安全的危害。违反我国境内建设、运营、维护和使用网络的相关规定，危害网络安全，破坏网络空间主权，违反网络安全监督管理要求，利用网络从事危害国家安全、荣誉和利益等活动。

对数据安全的危害。通过各种方法窃取数据（非法获取型）、针对数据本身的增删、篡改等（非法破坏型）和针对数据价值的过度使用、非法销售、恶意滥用等（非法利用型），在数据生成、收集、存储、利用等过程中，依托数字化信息技术进行的、针对数据的非法获取、非法破坏和非法利用的行为。

例如，2022 年 9 月 5 日由中国国家计算机病毒应急处理中心和 360 公司联合发布的《关于西北工业大学遭受美国国家安全局网络攻击的调查报告（之一）》（以下简称调查报告）提到，美国国家安全局下属的特定入侵行动办公室为网络攻击中国西北工业大学的幕后黑手。2013 年 6 月，美国《外交政策》杂志报道，由 2000 多名军人和文职人员组成的特定入侵行动办公室被公认为全球作战水平最高的网络战部队，经费使用充沛、政府扶持力度大，而特定入侵行动办公室的一切被列为“最高机密”。被曝光的案例显示，特定入侵行动办公室实际上是通过对他国实施大规模网络攻击窃取他国情报数据信息的战术实施技术单位。除此之外，美国中央情报局、国家地理情报局、国土安全部、国家保密局、财务部情报处、国家军事情报局等 30 余家机构，均有特殊的工作方向，同时又可以形成合力，在目标攻击对象附近编织细密的网，嗅探潜伏、暗中收紧，源源不断地窃取他国机密。调查报告揭露，为对中国西北工业大学发起网络窃密攻击，特定入侵行动办公室使用的内部渗透的攻击链路多达 1100 余条，操作的指令序列达 90 余个，先后使用了 54 台跳板机和 17 个国家的代理服务器，有 70% 集中在中国周边国家，且先后使用了 41 种美国国家安全局的专用网络攻击武器装备，如漏洞攻击武器、长久埋伏控制武器、嗅探敏感信息武器、隐蔽去痕武器等。近年来，特定入侵行动办公室对中国展开了上万次网络攻击，控制了数以万计的网络服务器、上网终端、网络交换机、电话交换机、路由器、防火墙等，窃取了不少于 140GB 的信息数据。2013 年 6 月，斯诺登曝光的“棱镜”项目允许美国政府从包括微软、苹果、谷歌、雅虎、脸书、朋友聊天、美国在线、网络电话、油管 9 家公司服务器直接收集信息，并为监视监听、信息研判等活动提供支持。除了“棱镜”项目，美国实施的其他监听、窃密的项目还有多个，例如“量子”（Quantum）攻击系统可伪装成一般 USB 数据线通过无线电频向外输送窃听信息；“梦幻计划”（MYSTIC）可收集不同国家政府官员每 30 天的录音录像；“藏宝图（Treasure Map）计划”的目的就是入侵各国网络业务提供商，获得网络设备的拓扑图。同时，美国通过大量资金投入建立的网络技术，逐渐成为对他国的隐患。在遭受美国网络攻击后，他国网络安全部门甚至很难发现始作俑者为何人。中国是美国网络攻击的重点目标，而且美国已经从网络战中攫取了多年利益。美国使用多种网络攻击武器群，在具有先发威胁的网络基础设施上，利用领先技术、强大网军、巨额资金投入，不断侵扰、攻击他国网络，肆意窃取他国核心机密，是不折不扣的网络战惯犯。美国平时极力展现出的“世界警察”形象，也不过是建立在对他国攻击上的自我陶醉与虚幻泡影。①

对数据安全危害不等同于对计算机信息系统或网络安全的危害，但三者又有交集、相互影响，具体体现在对数据增删、篡改等犯罪实体活动，虽需要借助计算机具体实施，但所侵犯的目标对象是数据本身，其对计算机的系统安全、硬件设备、正常运行等未产生影响。而危害数据安全类型的犯罪也不应看作网络犯罪，网络犯罪是犯罪分子利用网络实施的破坏网络或进行其他犯罪的危害行为。对计算机系统、网络安全与数据安全的犯罪后果轻则对个人计算机、小部分网络空间造成破坏，重则损害个人、社会、国家重大利益，社会危害性不可轻视。

三、对人民生命财产安全的危害

一些犯罪分子利用网络作为平台，实施贩卖枪爆、网络贩毒、网络淫秽色情、网络赌博、“裸聊”敲诈、“套路贷”、软暴力催收、恶意索赔等犯罪活动，群众面对错综复杂的网络“套路”很容易深陷其中而不自知，最终导致财产丢失甚至丧失生命。这几类犯罪活动借助网络的便利性与隐蔽性，将线下的违法活动更“便捷”地转移到线上进行。而近年来网络犯

---

① 程悦：《盘点！美国操纵网络霸权的四大罪状》，环球网，2022 年 9 月 29 日，https：//opinion. huanqiu. com/article/49qsYllip9g。

罪的分工逐步精细化、专业化，且由各个精密衔接的环节形成庞杂的利益链条，导致网络犯罪蔓延速度快、规模广。网络犯罪往往形成分层级的犯罪利益链条（见表6－1）：位于上游的黑灰产负责收集并提供各种资源、技术支持、硬件保障，进而可以非法收集、篡改、买卖公民个人信息、制作手机黑卡、窃取商业秘密、动态代理等；中游则负责定向开发大量网络涉黑灰产业链条所需的技术工具，以自动化的方式利用各类黑灰产业资源实施各种网络违法犯罪活动；黑灰色产业链的下游负责将此前的违法活动“成果”进行交易变现，利用专业平台、虚拟货币、直播打赏、线上捐助等方式进行“洗钱”等犯罪行为，其中还涉及众多黑灰色网络交易和支付渠道。

表6－1　上、中、下游网络犯罪示例

源类型	分支类型	典型举例	条文及相应法律规定
上游犯罪以网络为“对象”收集获取各种资源	非法侵入计算机信息系统	利用黑客技术侵入他人计算机等	《中华人民共和国刑法》（以下简称《刑法》）第285条　非法侵入计算机信息系统罪
	非法获取计算机信息系统数据	盗取网络账号、非法利用网络爬虫技术收集使用数据等	《刑法》第285条　非法获取计算机信息系统数据罪
	非法控制计算机信息系统	植入木马程序并“挖矿”等	《刑法》第285条　非法控制计算机信息系统罪
	提供侵入、非法控制计算机信息系统的程序、工具	制售抢购程序脚本、游戏外挂、网络“翻墙”VPN软件等	《刑法》第285条　提供侵入、非法控制计算机信息系统的程序、工具罪
	破坏计算机信息系统	DDoS攻击、流量劫持等	《刑法》第286条　破坏计算机信息系统罪
	明知他人利用信息网络实施犯罪，仍为其提供帮助	为犯罪分子提供技术支持或帮助	《刑法》第287条之二　帮助信息网络犯罪活动罪

续表

源类型	分支类型	典型举例	条文及相应法律规定
中游犯罪以网络为“工具”制售、使用黑灰产工具牟利	利用网络金融诈骗	通过网络众筹诈骗、非法集资诈骗、信贷诈骗等	2000年《全国人民代表大会常务委员会关于维护互联网安全的决定》（以下简称《决定》）第5条；《刑法》第287条　利用计算机实施有关犯罪的规定；第192条　集资诈骗罪；第193条　贷款诈骗罪；第196条　信用卡诈骗罪等
	利用网络侵犯知识产权	在互联网传播盗版音视频、书籍等，侵犯他人知识产权或商业秘密	《决定》第3条、《刑法》第287条　利用计算机实施有关犯罪的规定；第217条　侵犯著作权罪；第219条　侵犯商业秘密罪等
	利用网络侵犯财产	网络盗刷信用卡、网络盗窃等	《决定》第4条、《刑法》第287条　利用计算机实施有关犯罪的规定；第264条　盗窃罪、第266条　诈骗罪；第276条　破坏生产经营罪等
	利用信息网络实施新型危害活动	非法售卖网络“翻墙”VPN软件等	《刑法》第286条之一　拒不履行信息网络安全管理义务罪；第287条之一　非法利用信息网络罪
	网络赌博	网络开设赌场、网络赌博等	《刑法》第303条 赌博罪；开设赌场罪等

续表

源类型	分支类型	典型举例	条文及相应法律规定
下游犯罪以网络为“空间”将“成果”进行交易变现	利用信息网络实施新型危害活动	非法出售或提供公民个人信息等	《刑法》第 253 条之一 侵犯公民个人信息罪等
	网络寻衅滋事	通过互联网信息辱骂、恐吓他人，或编造虚假信息“起哄闹事”	《刑法》第 293 条　寻衅滋事罪等
	网络谣言	通过互联网传播、编造没有事实根据的谣言	《刑法》第 291 条之一 编造、故意传播虚假恐怖信息罪、编造、故意传播虚假信息罪等
	网络恐怖活动	在信息网络上发布信息宣扬恐怖主义的文字、图片、音视频等	《刑法》第 120 条之三 宣扬恐怖主义罪等；之第 6 款　非法持有恐怖主义、极端主义图书和音视频资料的
	利用网络从事色情活动	以营利或非营利目的传播、制售淫秽图片、视频、物品等	《决定》第 3 条、《刑法》第 287 条　利用计算机实施有关犯罪的规定；第 364 条　传播淫秽物品罪；第 363 条　复制、贩卖、传播淫秽物品牟利罪等
	利用网络销售伪劣商品	通过网络销售伪劣产品等	《决定》第 3 条、《刑法》第 287 条　利用计算机实施有关犯罪的规定；第 140 条销售伪劣产品罪等
	利用网络扰乱市场秩序	通过网络抹黑、损害商业信誉、商品声誉、服务质量等	《决定》第 3 条、《刑法》第 287 条　利用计算机实施有关犯罪的规定；第 221 条　损害商业信誉、商品声誉罪；第 222 条 虚假广告罪等

通过分析网络犯罪上、中、下游的犯罪方法、触及的罪名和对应的法律条文发现，不管网络犯罪使用何种手段，经过几道手续，最终危害的是人民群众的生命和财产安全，破坏的是人民群众的幸福感、获得感和安全感。

四、对未成年人的危害

网络所链接的信息庞杂、难辨真假，却能满足未成年人的好奇和刺激心理，在这种心理的驱动下缺乏抵御能力，极易导致他们步入网络犯罪旋涡。未成年人受到的危害具有四个特征：一是更容易受到网上犯罪分子或是组织拉拢走上犯罪道路。网络犯罪诱惑力大、传播性强且有一定技术门槛，而年龄小、学习速度快且价值观与道德感尚未完全定型的未成年人更容易被网络犯罪这类新型的犯罪模式吸引。因此，大部分未成年人涉及的网络犯罪都有“师傅领进门”的情况，被蛊惑和利用，手把手传授犯罪方法，进而实施违法犯罪活动。二是被蛊惑后盲目跟风从事违法行为。犯罪内容多为未成年人熟悉的领域，抓住他们缺乏社会阅历的“优势”，灌输错误观念，让未成年人从其熟悉的犯罪环境入手，很大程度上保证了犯罪的成功率，而且极大满足了未成年人的成就感心理。三是网络虚拟性为他们的违法行为带来便利。网络犯罪不同于发生在未成年人群体中常见的盗窃、故意伤害、聚众斗殴等犯罪行为，不要求未成年人选择作案地点、作案对象以及作案工具，且缺乏诸如抽烟喝酒、不良交友、夜不归宿等不良行为作为发现的前兆。网络犯罪不需要现实世界中的场所以及同伙，作案时间极度自由，即便是父母也往往并不能及时察觉子女在网络中的实际状态，具有一定的伪装性。四是较低的负罪感会催生歪曲的价值观。普通犯罪需要亲历现场、亲自动手，尤其是初次犯罪的未成年人，大多数情况下都会产生负罪心理。网络犯罪却恰恰规避了这种情况，网络空间中人与人无法做到相互间直接接触，不需要直面犯罪对象，尤其是未成年人在利用话术模板与对方交流时，并不会产生较大的心理冲击，极大降低了个人道德门槛和自我约束。

通过对《中国互联网络发展状况统计报告》（第 39 次至第 51 次）分析 2016—2022 年网络不同年龄段人数发展趋势，如图 6 - 6 所示，20—39 岁网民占比最多，随着 50—60 岁以上网民数量的激增，整体网民基数增加，使得其他年龄段网民数回落。

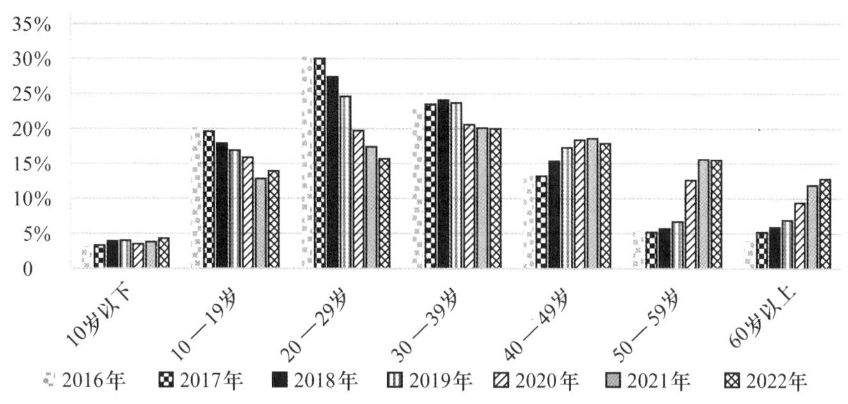

图 6-6　2016—2022 年网民年龄结构占比年度趋势

五、对网民思想健康的危害

自 20 世纪 90 年代初开始，恐怖组织就通过网络进行联络、传递消息、煽宣、招募、融资和发动攻击，并同时在网下实施暴恐行动。恐怖组织自 21 世纪初开始利用互联网发布出版各自的电子杂志。这些杂志图文并茂，或嵌入暴恐音视频。例如，“东突”恐怖组织于 2008 年开始陆续出版《突厥斯坦伊斯兰报》（*Turkistan al Islamiyyah*），“基地”组织也门分支和阿拉伯分支于 2010 年创办杂志《启发》（*Inspire*），“伊斯兰国”恐怖组织于 2014 年创办杂志《达比克》（*Dabiq*）、并于 2016 年又创办杂志《如米亚》（*Rumiyah*）等。恐怖组织通过叙事、煽情等手段，宣传极端宗教，以暴力血腥的图片传播，进行全球招募，给全球安全稳定带来风险隐患。2017—2019 年 3 年间，中国与多国开展网络反恐联合演习，共同打击恐怖主义、极端主义、分裂主义势力，阻断互联网成为“三股势力”蔓延的空间。2020 年的新冠疫情席卷全球，为国际反恐斗争带来更复杂的影响。恐怖组织却利用这个时机大肆在网络空间进行煽动宣传，借助新兴技术实施新型网络恐怖主义活动。从大量的恐怖组织活动情况分析，绝大部分恐怖组织和恐怖分子实施的恐怖活动，都离不开网络平台，网络成为其无国界扩散的重要渠道。根据澳大利亚经济与和平研究所的报告《2020 年全球恐怖主义指数》（*Global Terrorism Index 2020*），虽然全球新冠疫情使恐怖组织线下活动减少，但是在各类冲突聚合地区，全球疫情蔓延对暴恐活动的影响相对较小，暴恐活动呈上升趋势。恐怖组织和恐怖分子利用政府及军队在疫情期间放松对其打击的机会，不断制造恐怖袭击事件。数据表明，全球新冠疫情很有可能催化全球恐怖主义指数中的政治暴力因素，最明显的是右翼极端主义活动数量在西方国家大幅增加。恐怖分子和暴力极端分子通过网络进行线上宣传和在现实社会实施恐怖暴力活动，以期改变社会和政府制度，并试图利用重大危机实现其目标。

恐怖组织想方设法通过蒙混和欺骗手段逃避被封账号和被打击等可能，使更多人上当受骗。恐怖组织经常窃取普通用户的账号，通过窃取的账户录制视频教学或现场互动，进行恐怖信息传播。例如，恐怖分子利用网络短视频在线教“做饭”、在线教学使用无人机，以及与支持者互动“答疑解惑”等。“伊斯兰国”组织支持者采用新的逃避策略，阻碍自动或手动检测恐怖主义内容和账户，使这些网络得以生存、回避并继续在平台传播恐怖主义内容，采用的策略包括内容掩蔽、“突袭”和标签劫持等。英国战略对话研究所的研究揭示，被劫持、被黑客攻击和重新调整的账户，继续在脸谱和推特等社交媒体上，选择新冠疫情主题传播支持“伊斯兰国”组织的信息，甚至进行有关“伊斯兰国”组织的广告内容传播。通过脸谱和推特参与右翼极端主义讨论的用户数量在 2020 年 3 月增加了 120%，而一个白人至上主义频道则增加了 6000 多个用户。

第五节　防控网络犯罪

面对网络犯罪的迅猛发展，更要加大打击力度，对于网络犯罪的治理，应从事后回应式打击向网络犯罪预防、预警、预测治理模式转变。营造良好的网络环境，建立网络犯罪预防体系，将网络犯罪打击与网络治理主线及其若干分支，如法律法规、监督制度、群众参与、国际合作等纳入进来。

一、防控网络犯罪遵循的原则

原则是指说话或行事所依据的法则或准则，亦适用于一般事物上。依法治网的指导性原则包括法治原则、风险防控原则、适时有效原则和专群结合原则。

（一）法治原则

法治原则是社会发展变化的产物，不是因个人变化就会随之改变的。始终坚持“运用法治思维和法治方式”治网管网。在依法治国建设社会主义法治国家的今天，坚持法治原则才能更好实现网络安全最大化，依法进行规定、规范和监督网络安全是维护网络空间健康发展的底线，网络空间法治化是大势所趋。中国将始终坚持全面依法治国、依法治网的理念，推动互联网依法有序健康运行，以法治力量护航数字中国高质量发展，为网络强国建设提供坚实的法治保障。

（二）风险防控原则

遵循风险防控理念，预防可能会出现的各类网络安全风险；监测日常网络安全事件行为轨迹，预测发生网络安全风险事件的可能性；在威胁网络安全事件发生后能够及时预警并控制住侵害的程度，将损害后果降至最低。因此，可以从三个不同阶段再细化分成三层级原则——预防原则、预测原则和预警原则进行风险防控。

预防原则是以网络预防为主，防控日常发生网络安全风险事件。其主要体现在为防止各类网络安全风险引发不必要的后果，而采取的网络安全技术和网络安全管理相融合的预防性措施。预防原则作用于网络安全风险事件发生前。

预测原则是利用网络安全技术预测风险。其主要体现在通过网络安全管控技术等，对非法组织网上的活动行为轨迹予以分析研判，及时准确预测发生网络安全风险事件的可能性。预测原则作用于网络安全风险事件开始时。

预警原则是及时警示、启动应急响应和处置措施。其主要体现在能够第一时间发出警示，并启动网络安全事件应急预案。预警原则作用于网络安全事件发生后。

（三）适时有效原则

适时性需要采取的手段措施恰到好处，不仅需要适当、妥当，还强调了时间的重要性，把控适当的一个基础就是时间、时期、时候的点，在满足“适时”的情况下，需要实现的目的要“有效”，反过来说是为了达成目标的“有效”要件，所要采取的措施需要“适时”，在有限的单位时间里，完成目标。适时有效原则可体现在依法治网的不同阶段，为保证网上网下和谐稳定，对任何影响网络安全环境的事件，都要在最适合的时间采取有效手段，阻断传播，减少损害后果的发生。该原则可最大限度地保护网络安全环境，规范网络安全环境的执行力，进而增强安全的持久度。网络环境秩序的维护需要持续不断地进行，在这种不断持续的状态下，人们才能感受到安全的存在。情感是脆弱而敏感的，而维持秩序不是每个人都力所能及的，人们都会对未知的事情充满不安定感，如果网络维护者、监管者、运行者等在所有的执法活动中都贯彻着适时有效的原则，这既保护了国家和人民的利益，也保护了犯罪嫌疑人的权益，也保障和监督了执法者的执法权力。

（四）专群结合原则

网络安全为人民、网络安全靠人民，要把网络安全人人有责、人人负责、从我做起的意识贯彻在人们的思想之中，落实在行动上，为实现网络安全健康有序发展，坚持专门机关与群众路线相结合。专门机关负有推进国家网络安全治理体系和治理能力现代化的重要使命，依照法律法规认真履行国家与人民赋予的职责任务，应对互联网上各种内部矛盾与外部风险挑战。人民群众积极参与到国家网络安全治理的各个途径，筑牢国家网络安全人民防线，把人民群众的监督效应不断放大，切实提升人民群众的参与感、体验感、获得感。人民群众是网络实际使用者、参与者和监督者，人民群众的参与才能更好地保障人民群众使用网络、维护人民群众上网的权利、赋予人民群众监督网络健康运转的权利。专门机关与人民群众共同筑起网络安全的防火墙，保护好网络数据信息安全，保障网络用户的合法权益，推进网络安全不断创新、繁荣、有序、顺畅、健康、安全地发展，维护社会稳定和国家安全。

二、建立完善网络犯罪治理体制机制

建立健全政府有关部门和企业在电信网络犯罪治理方面的职责任务，明确界限责任，既分工管理、各负其责，又协调配合，落实好联席会议、联动处置、紧急和定期通报机制，从源头治理，管住重点环节，斩断黑色产业链；建立专业队伍，完善预警劝阻、追赃挽损体系；强化系统治理，综合治理，精准打击，打好打准网络犯罪综合治理“组合拳”，堵塞电信网络管理中的各种漏洞，用制度管理保障个人及网络数据信息安全。例如，自 2023 年 9 月以来，在公安部和云南省公安厅的组织部署下，西双版纳等公安机关依托边境警务执法合作机制，与缅甸相关地方执法部门开展联合打击行动，一举打掉盘踞在缅北的电信网络诈骗窝点若干个，抓获电信网络诈骗犯罪嫌疑人 4 万多名。

坚持“惩、治、防”一体化思路。应对新型网络犯罪，应遵循“惩、治、防”一体化思路，避免“重打击、轻预防”的传统办案方式，开展全方位、多层次的治理活动。一是坚持全链条、一体化、专业化网络犯罪惩治。公检法三机关须持续保持对新型网络犯罪的严惩态势，坚持全链条惩治、一体化惩治和专业化惩治，不断提升打击新型网络犯罪的力度，提高犯罪成本。二是积极参与网络犯罪综合治理。政法机关、政府相关部门、企事业单位、学校等要主动参与网络空间综合治理，公安、司法等部门要加强网络领域行政执法和刑事司法衔接联动，推动互联网行业自律和平台治理责任的落实。三是加强网络犯罪预防。预防网络犯罪是治理网络犯罪的重要环节。在网络犯罪治理的早期阶段，预防性措施能够将新型网络犯罪治理的阶段提前，通过提前介入进行社会风险控制，用更为经济的手段实现减少网络犯罪的治理目标。

1994 年以来，我国制定出台网络领域立法 140 余部，涉及对网络违法和网络犯罪行为的规制问题，表明我国依法治网的决心和践行力度，如表 6－2 所示。

表 6－2　我国治理网络的相关法律法规规章列表（部分）

类型	法律法规规章示例	
法律	《中华人民共和国网络安全法》《中华人民共和国数据安全法》《中华人民共和国个人信息保护法》《中华人民共和国反电信网络诈骗法》《中华人民共和国电子商务法》《中华人民共和国电子签名法》	与网络违法犯罪行为相关的其他法律条款
		刑事案件：《刑法》与恐怖主义传播相关的第 120 条及之一到之六；网络服务提供者有违法行为的第 286 条、第 286 条之一；第 217 条，第 246 条，第 253 条之一，第 287 条，第 287 条之一、之二通过网络实施的犯罪行为；第 285 条非法侵入计算机信息系统的；编造虚假信息的第 291 条之一条；《中华人民共和国刑法修正案（九）》第 17 条、第 28 条、第 29 条、第 32 条；《最高人民法院、最高人民检察院关于办理非法利用信息网络、帮助信息网络犯罪活动等刑事案件适用法律若干问题的解释》；最高人民法院、最高人民检察院、公安部《关于依法惩治网络暴力违法犯罪的指导意见》
		行政案件：《中华人民共和国治安管理处罚法》第 29 条对计算机信息系统有侵入、删改、破坏等行为；第 68 条利用计算机信息网络实施犯罪行为
		民事案件：《中华人民共和国民法典》第 491 条通过互联网发布的违法行为，第 512 条，第 1028 条，第 1194 条，第 1195 条，第 1196 条，第 1197 条与网络用户、网络服务提供者利用网络侵害他人的违法行为

续表

治理网络的相关法律法规规章	
类型	法律法规规章示例
行政法规	《中华人民共和国计算机信息系统安全保护条例》《中华人民共和国计算机软件保护条例》《互联网信息服务管理办法》《中华人民共和国电信条例》《外商投资电信企业管理规定》《信息网络传播权保护条例》《关键信息基础设施安全保护条例》《计算机信息网络国际联网安全保护管理办法》
部门规章	《儿童个人信息网络保护规定》《互联网域名管理办法》《网络交易监督管理办法》《互联网新闻信息服务管理规定》《网络信息内容生态治理规定》《互联网信息服务算法推荐管理规定》
地方性法规	《广东省数字经济促进条例》《浙江省数字经济促进条例》《河北省信息化条例》《贵州省政府数据共享开放条例》《上海市数据条例》
地方政府规章	《广东省公共数据管理办法》《安徽省政务数据资源管理办法》《江西省计算机信息系统安全保护办法》《杭州市网络交易管理暂行办法》

共同防治网络犯罪很大程度是犯罪网络化趋势的应对与治理，构建犯罪网络化趋势应对与治理体系分为两个层面，一层是针对相关网络犯罪的打击层面，另一层是对网络环境的监管与治理层面。首先，在网络犯罪打击层面，一是注重加大对利用网络开设赌场、毒品犯罪、组织卖淫、传播淫秽物品、诈骗等实施网络犯罪等高发犯罪的打击力度，避免一些传统犯罪利用网络死灰复燃。二是重点关注网络犯罪向金融、知识产权等新领域扩散的案件，及时总结其犯罪特征与苗头倾向，准确打击，阻断犯罪发展。其次，在网络环境监管治理层面，需要加强网络环境的净化和管理，阻断犯罪滋生。[①]

三、健全网络数据信息保障体系

建立健全内部网络管理的各项规章制度，堵塞内部网络管理中的各种漏洞，用制度管理保障个人网络数据信息安全，要特别注意防范单位出现“内鬼”，要切实加强对单位内部网络管理员和外包维护保障服务公司维服人员的管理，因为他们只需要掌握系统密钥即可通过互联网登录后台并进

---

① 徐海清、曹俊梅：《共同防治新型网络犯罪研究——犯罪网络化趋势应对与治理体系构建》，《上海公安学院学报》2022 年第 5 期。

行数据修改，必须与他们签订保密协议书，做好对其授权的审计督查、随时巡查、轨迹溯查，用严密的内部管理制度保障个人网络数据信息的安全，坚决杜绝“内鬼”，切实依法依规构建网络数据信息安全管理保障体系。加强案件审查，尤其是电子数据在收集、审查与固定等环节的程序与实体合法性，确保电子数据内容与来源的链条完整性和真实合法。电子证据的收集与固定是调查取证的重要环节，网络犯罪预防与治理要注重发挥电子证据在案件查办中的作用。首先，在电子证据调取与认定方面，要保证合法合规及与国际规则相一致，维护其内容和载体的客观性、关联性和完整性，确保电子证据在刑事诉讼中的可采性。在诉讼程序上，加强侦查取证指引，明确新型网络犯罪跨区域管辖等问题。其次，电子证据的收集应具有规范性、全面性和及时性，在侦查阶段，加强提前介入引导侦查取证，在收集范围、收集手段、记录报告等方面进行标准化程序构建，确保电子证据收集程序的合法性。健全新型网络犯罪领域的检警侦查监督与协作机制。最后，通过瑕疵程序收集的电子证据，如果影响证据本身的真实性，则应当适用非法证据排除规则予以排除。

四、建设政府部门主导多主体共治格局

在第二届世界互联网大会上，习近平主席再次强调，深化网络空间治理要“坚持依法治网、依法办网、依法上网，让互联网在法治轨道上健康运行”。

一是有明确的政府部门牵头，其他机构协调配合联防联控机制。网络技术具有分布式拓扑结构，客观上要求治理主体多元化。坚持政府部门主导作用，主要体现在对网络犯罪治理的明确分工与合作上，需要清晰地区分政府部门和民营组织在网络犯罪治理中的不同角色和功能定位。政府部门特别是政法机关是网络犯罪治理的核心力量，肩负着制定共同防范和打击网络犯罪的目标与政策法律的重要使命。民营组织主要是通过提供技术及人才支持协助贯彻落实相关政策与目标，发挥民营组织的技术支持作用。在合规的前提下，一些民营组织（如网络服务平台）不仅能够为政府部门提供预防、打击及治理网络犯罪的线索，还能够提供信息数据和人才等方面的共享与支持，也有能力进一步开发新产品和新系统，支持打击网络违法犯罪。

二是积极推动建立跨政府部门的联动机制。公检法各机关需要加强与

宣传、网信、新闻出版、广电、工信、文化、金融、市场监管等部门协同配合，建立健全线上、线下的有效监控，完善刑事与行政衔接机制，提高违法犯罪成本，着力形成治理合力，推进网络犯罪综合治理体系建设。例如，对新型支付方式侵财类犯罪的惩治及预防，需要司法机关加强与支付平台、电信运营商之间的联动，建立“黑名单”“红色预警”等警戒机制；相关部门须加强对小型网络支付平台的审查监管，建立强制退出机制。

五、筑牢未成年人网络安全“防火墙”

坚持对未成年人优先保护、特殊保护，构建有利于未成年人上网的良好环境。通过开展“护苗”、未成年人网络环境专项治理等行动，围绕网络违法和不良信息、沉迷网络游戏、网络不良社交等问题进行重点整治，净化未成年人网络环境，培养其良好的上网行为习惯。加强未成年人网络安全教育，依法惩处利用网络从事危害未成年人身心健康的活动，形成家庭、学校、社会多方位保护合力，营造良好安全的未成年人网络环境。

以“零容忍、零妥协”的态度，依法严厉打击侵害未成年人权益的网络犯罪。特别是要将成年人利用胁迫、教唆、引诱和欺骗手段，使未成年人卷入电信网络诈骗、协助信息网络犯罪等行为予以重点惩治。严厉整治涉及未成年人的网络偷拍直播、诱导性消费打赏以及网络社交陷阱等问题。对于利用网络教学损害未成年人权益的行为，依法予以从严从重的处理。持续打击通过网络平台对未成年人进行隔空猥亵、搭建运营涉及未成年人的色情网站，以及利用即时通信工具传播涉及未成年人的淫秽物品等犯罪活动，以切实保障未成年人在网络空间的合法权益不受侵犯。对于涉嫌网络犯罪的未成年人，要坚持依法惩戒与精准帮教相结合的原则，力求通过及时的教育、感化和挽救措施，引导其重回正轨。而对于那些遭受犯罪侵害的未成年人，要迅速启动综合救助保护机制，为其提供全方位的帮助和救护。

坚决贯彻落实《中华人民共和国未成年人保护法》《中华人民共和国家庭教育促进法》《未成年人网络保护条例》等法律法规，积极开展普法宣传，特别是针对网络保护的要求、提升各类官方媒体内容输出和正向引导，帮助正处于认知和行为发展阶段的未成年人有效抵御泛娱乐化、不良网络亚文化、非理性消费等网络现象对其价值观塑造的潜在冲击。

针对未成年人沉迷网络、遭受不良信息侵蚀，以及新兴网络业态对未成年人健康成长构成的威胁甚至诱导犯罪等突出问题，要做到：一是敦促网络平台切实履行社会责任，确保青少年模式有效屏蔽不良及消极负面信息，避免其沦为形同虚设的保护措施。二是积极探索未成年人识别认证技术，完善身份识别机制，以协助监护人更好地履行监督管理和保护职责。三是着力加强专属内容池的建设，提升视频、短视频类平台的内容审核标准。通过做好对内容的筛选和优化，分级分类地丰富内容池资源供给，打造不仅实用、有效，而且深受青少年喜爱和青睐的青少年模式。四是推动行业自身的建设和协同联动，探索建立更为精细化的行业标准和账号互通机制。对未成年人从事网上娱乐活动的时间进行“总量控制”，从技术源头上堵塞网络沉迷或滑向网络犯罪等方面存在的漏洞。通过这些举措的实施，为未成年人营造一个更加健康、安全的网络环境。

六、加强网络恐怖主义风险防控体系构建①

网络恐怖主义是严重的犯罪类型，要切实加强对网络恐怖主义的犯罪预防，依法全方位更有力地打击网络恐怖主义犯罪，维护好网络秩序，占据好健康的网络意识形态阵地，加快构建网络恐怖主义风险防控体系。以网络恐怖主义风险防控原则为指引，风险防控责任机构统筹协调，其他部门相互配合，通过网络恐怖主义风险评估活动实现风险等级评定，制定网络恐怖主义事件应急预案，及时有效作出响应并进行应急处置。具体如图6－7所示。

（一）坚持网络恐怖主义风险防控工作原则具体化

网络恐怖主义风险防控工作以预防原则、预测原则和预警原则为指引，力求做到防止潜在风险、日常监测、遇险响应等全方位防控，将网络恐怖主义风险限制在可控范围内。预防原则的具体化操作可将网络恐怖主义风险清单作为风险预防阶段的具体措施之一。网络恐怖主义风险清单作为已识别出的风险点汇总表，可以较为清晰、全面、详细地描述所有可能出现的网络恐怖主义风险点，是网络恐怖主义风险预防的基础性工作。可根据不断改变的现实状况，对风险清单进行及时更新、删减、添加、调整、优化等操作，使网络恐怖主义风险清单始终保持最新状态。预测原则

① 程悦：《我国网络恐怖主义风险防控体系构建研究》，《中国信息安全》2023年第1期。

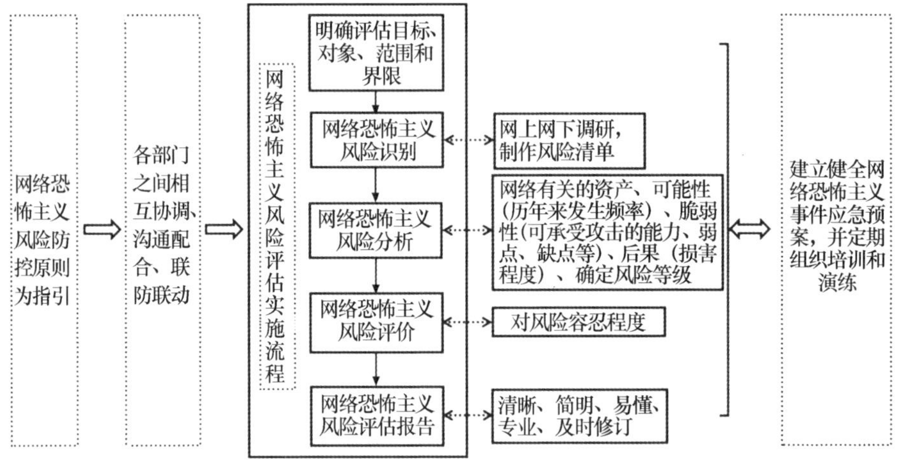

图 6－7　网络恐怖主义风险防控体系

的具体化操作以创新网络反恐技术作为风险预测阶段的具体措施之一。充分利用科技创新的便利性，提高网络反恐技术水平。健全浏览网络留痕模式，将大数据平台与网络恐怖主义风险防控平台相关联，通过大数据分析及时预测风险走势。例如，监测网上银行、第三方支付、电子消费等平台的资金流向，及时掌握可疑资金动向。预警原则的具体化操作可将应急响应作为风险预警阶段措施之一。对网络恐怖活动及时示警，作出响应，在恐怖活动造成损害等后果及时处置。在应对网络恐怖主义威胁时，启动网络联合反恐行动，由领导机构统一协调部署，按照相关法律法规和规范性文件，及时通过网上恐怖活动的行为轨迹找到线索进行落地核查，对网络恐怖组织成员进行身份识别与定位，对涉案相关电子设备进行勘验、取证。及时查明发动攻击的网络恐怖组织架构、招募成员与融资渠道、成员身份和藏匿地点，组织开展集中行动，打击该组织在境内外潜伏的秘密分支成员，铲除网络恐怖主义威胁。

（二）推进网络恐怖主义风险防控权责法定化

为实现各部门之间有效相互配合、联防联动，在有法可依、执法必严、违法必究的总方针指导下，可依据相应的法律法规完善各部门职责权限。因《中华人民共和国反恐怖主义法》中的主管部门与《中华人民共和国网络安全法》中的主管部门并非同一部门，为有效掌握恐怖主义网上网下活动轨迹，可增加各部门间合作沟通的条款内容，以填补面对网络恐怖主义风险时各部门权责方面具体条款的空缺。责任主管单位负责统筹协调应对网络恐怖主义防控总基调总纲领，各成员单位在各自权责范围内积极配合，加大监管力度，强调日常维护网络环境审查的重要性，及时审查网络环境，更新网络反恐技术。网络恐怖主义风险防控工作注重过程责任制，提升系统性能启动实时监管，增强风险防控与自动化检测系统的时效性，使日常防控成为常态化工作机制。一旦遭遇网络恐怖主义活动触发报警系统，转为非常态化工作机制，有关部门和人员及时应对各类突发情况，提高网络受到攻击后及时止损能力、网络恢复能力、抗攻击能力和反侦查能力。

（三）实现网络恐怖主义风险评估流程标准化

网络恐怖主义风险评估是旨在有效应对恐怖主义风险在网络空间可能会造成的损害后果，通过研判大量网络恐怖主义信息，并基于风险评估技术进行信息处理进而实现预期目标的过程。网络恐怖主义风险是被评估的对象，按照相应的实施流程，利用风险评估技术，完成对网络恐怖主义风险的评估。网络恐怖主义风险评估实施流程可借鉴现有国家标准《信息安全技术 信息安全风险评估方法》的流程和《风险管理 风险评估技术》的评估技术，将网络恐怖主义风险评估实施流程分为五个环节，即准备、识别、分析、评价和报告。其中。42 种风险评估技术主要体现在风险识别、分析和评价环节。为确保网络恐怖主义风险防控的时效性，需要定期进行风险评估，并且可以根据网络恐怖活动变化情况的实际需要增加评估的频率。

一是做好网络恐怖主义风险评估准备。为确保后续风险评估的有效性，需做好网络恐怖主义风险评估准备工作。首先，明确网络恐怖主义风险评估的目标、对象、范围和界限；其次，组建团队协作开展网络恐怖主义风险评估调研活动；再次，确定网络恐怖主义风险评估依据并建立风险评价准则；最后，制定网络恐怖主义风险评估方案。

二是详尽网络恐怖主义风险识别。风险识别是在网络恐怖主义事件发生前，发现、归纳、描述风险要素，创建详细的风险清单的过程。风险要素包括但不限于资产（计算机设备、软件、硬件、数据信息等）、威胁和威胁制造者（恐怖组织的网络活动、恐怖组织、恐怖分子）、脆弱性（现有网络安全软硬件技术安全和管理安全的防护程度）和后果（直接和间接的损失）等。进行网络恐怖主义风险识别时，可选取适宜的风险识别方法，例如头脑风暴法、德尔菲法、检查表法、风险矩阵等，全面系统持续地收集与评估对象相关的信息，整理并制作出详尽的网络恐怖主义风险清单。

三是全面分析网络恐怖主义风险。风险分析是通过分析方法找到导致风险的原因，网络恐怖主义事件发生后可能引发的后果和发生的可能性，以及确定风险的等级。网络恐怖主义风险分析通过定性和定量分析方法，将风险识别出的风险指标细化分为不同级别，如一级、二级、三级、四级。级别越高，网络恐怖主义风险指标越具体。此后，再量化每级指标并赋予权重。例如，用鱼骨图分析法分析导致风险的原因；用人因可靠性分析（HRA）法确定后果程度；用领结图分析法分析发生的可能性；再用风险矩阵法确定风险等级，并给风险等级赋值。

四是科学评价网络恐怖主义风险。风险评价是将风险分析的结果与风险准备阶段预定的风险接受准则相比较，以此评价该网络恐怖主义风险是可接受风险、暂时可接受风险还是完全不可接受风险。风险评价的方法可采用风险矩阵法、根原因分析法和层次分析法等。

五是形成网络恐怖主义风险评估报告。经过网络恐怖主义风险评估活动后可形成风险评估报告，该报告至少一年出具一次，可通过风险评估报告获取本年度全面的网络恐怖主义风险评估情况和下一年度将面临的主要风险预测及相应的防控措施等。如果遇到网络恐怖主义发展新趋势和可能引发新的风险，应对风险评估报告内容进行及时补充修订，不受年度的限制。

网络恐怖主义风险评估能有效应对风险并为决策部门提供信息和分析，风险评估流程可实行标准化定制，提高效率和质量，减轻大量数据带来的烦琐分析过程。网络恐怖主义风险不只是来自网络，更主要的是因恐怖主义带来的风险，制定网络恐怖主义风险评估标准时，要将网上网下环境相结合，将宏观与微观、定性与定量、主观与客观等技术与方法相结合，将技术安全和管理安全相融合，形成网络恐怖主义风险评估流程与技术。建立网络恐怖主义风险评估系统，将标准化理念与风险评估系统相结合，增强风险评估适时性、有效性。可与第三方网络技术公司进行一定程度合作，在确保保密性、安全性的前提下，通过网上网下调研将数据输入网络恐怖主义风险评估系统，利用自动化分析软件实现自动监测，并适时更新技术平台数据，保证数据信息的准确性。可利用现有的漏洞检测工具技术，将自动化风险检测工具应用到网络恐怖主义风险评估系统中，增强风险防控的识别、分析能力，及时应对网络恐怖主义风险带来的隐患问题。

（四）注重网络恐怖主义事件应急培训和演练实战化

根据《中华人民共和国反恐怖主义法》和《国家网络安全事件应急预案》的相关条款，重点目标管理单位需制定反恐怖预案，并结合不同情况、针对不同类型的网络恐怖主义事件进行有区别的规划，制定与此类风险事件相关的应急预案，并定期组织培训和演练。进行网络恐怖主义事件应急演练时，需要清晰划分各部门职责，能第一时间作出响应，组织反恐怖合成作战单位协同配合，维护线上、线下安全，控制网络恐怖主义事件发展态势，这些联动机制离不开实战化应急培训和演练。在制定出网络恐怖主义事件应急预案后，应将培训和演练纳入规划中，反恐怖合成作战单位和相关成员单位参与计划内培训，须针对网络恐怖主义事件开展专业化、高效化、智能化和拟真化演练，各责任单位协同作战，情报实时共享，及时处置网络恐怖主义事件，提高针对网络恐怖主义事件的应急处置水平与应对能力。同时，可补充完善权力与责任体系，政策制定与培训演练相互促进，有利于在面对网络恐怖主义事件时，做到事前权责划分明确、事中流程处置妥当、事后追责总结及时，将网络恐怖主义风险降至最低。

七、以增优高效创新提升网络治理智能化

国务院2017年印发的《新一代人工智能发展规划》，提出了面向2030年我国新一代人工智能发展的指导思想、战略目标、重点任务和保障措施。《新一代人工智能发展规划》提道：“利用人工智能提升公共安全保障能力。促进人工智能在公共安全领域的深度应用，推动构建公共安全智能化监测预警与控制体系。”

人工智能已经被逐步运用于网络犯罪预警、侦查、防控方面。完善人、技、物、管配套的网络安全防护体系，构建人工智能网络安全监测预警机制。加强对人工智能技术发展的预测、研判和跟踪研究，坚持问题导向，准确把握技术和产业发展趋势。增强风险意识，重视风险评估和防控，强化前瞻预防和约束引导，近期重点关注对网络安全的影响，以及对

网络及社会伦理的影响，确保把人工智能发展规制在安全可控范围内。建立健全公开透明的人工智能监管体系，实行设计问责和应用监督并重的双层监管结构，实现对人工智能算法设计、产品研发和成果应用等的全流程监管。促进人工智能行业和企业自律，切实加强管理，加大对数据滥用、侵犯个人隐私、违背道德伦理等行为的惩戒力度。加强人工智能网络安全技术研发，强化人工智能产品和系统对网络安全的防护。构建动态的人工智能研发应用评估评价机制，围绕人工智能设计、产品和系统的复杂性、风险性、不确定性、可解释性、潜在经济影响等问题，开发系统性的测试方法和指标体系，建设跨领域的人工智能测试平台，推动人工智能安全认证，评估人工智能产品和系统的关键性能。促进人工智能在公共安全领域的深度应用，推动构建公共安全智能化监测预警与控制体系。围绕社会综合治理、新型网络犯罪侦查、反恐等迫切需求，研发集成多种探测传感技术、视频图像信息分析识别技术、生物特征识别技术的智能安防与警用产品，建立智能化监测平台。加强对重点公共区域安防设备的智能化改造升级，支持有条件的城市或社区开展基于人工智能的公共安防区域示范，提高打击和预防网络犯罪的能力和水平。

八、提升人民群众网络安全意识

网络空间最大的风险是没有意识到风险的存在，随着人们对数字化工作生活学习的需求愈加多元，关键是要提高人民群众的网络安全风险意识。网络安全意识归根结底是人民群众的网络安全意识。技能防护是对网络安全风险的预防或控制威胁的能力，是人民群众对网络威胁的安全处置能力。人民群众不仅要知道网络安全风险，更需要具备一定的网络技术处置能力。

中国信息安全认证中心提出了一种基于“意识—知识—技能—经验”四维度的网络安全意识模型，如图 6－8 所示：

其中意识主要包括风险意识、合规意识和响应意识，分别表示人们能够认识到可能存在网络安全风险的敏感程度、执行网络安全行为规范的符合程度，以及响应网络安全事件的灵敏程度。从不同角度和维度进行四维度网络安全意识提升，包括但不限于互联网安全、隐私保护、欺诈防范，谨防网络钓鱼、恶意软件、身份盗用、垃圾邮件、网络暴力与骚扰等问题。

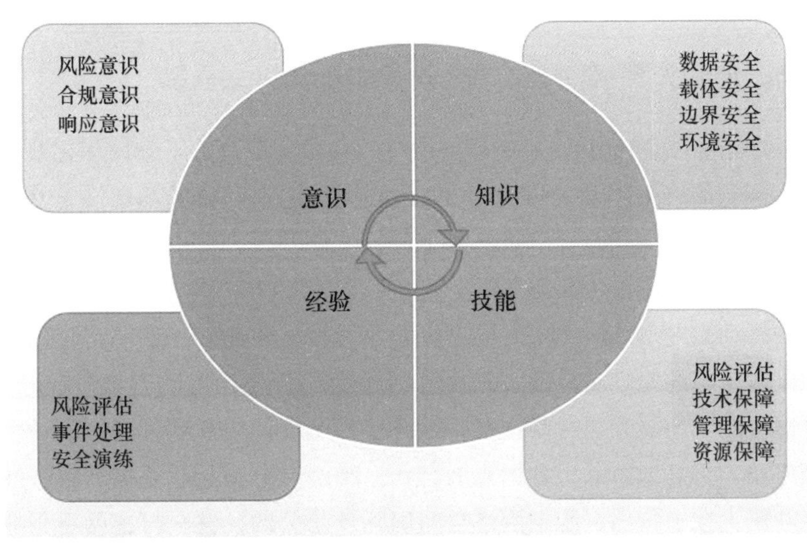

图6－8　四维度网络安全意识模型

我国从2014年开始举办“网络安全宣传周”活动，旨在帮助人民群众更好地了解、感知身边的网络安全风险，以通俗易懂、百姓喜闻乐见的方式，宣传网络安全理念、普及网络安全知识、增强网络安全意识，提高网络安全防护技能，保障用户合法权益，共同维护国家网络安全。每年4月15日为全民国家安全教育日，2023年的主题是“贯彻总体国家安全观，增强全民国家安全意识和素养，夯实以新安全格局保障新发展格局的社会基础”，网络安全作为国家安全的二十大重要安全领域之一，也是宣传的重要领域，通过开展形式多样的宣传活动，如现场讲解、发放宣传单、网络安全知识手册、悬挂横幅、抵制网络谣言倡议书、网络安全倡议书等宣传资料，并结合具体网络金融诈骗案例、常见网络谣言、重点不良信息等向广大网民发出提示提醒，引导广大网民在日常生活中知网、懂网、用网，安全上网、文明上网，识别电信诈骗，保护个人信息，自觉抵制网络谣言，做网络文明新风的传播者和践行者。共同自觉维护国家安全、深入践行网络安全。通过各种媒体网络宣传依法保护数据信息的重要性，树立防范个人信息被非法采集、传播等的思想意识；宣传保护个人网络数据信息的方法，让人们了解并学会安全使用网络；宣传犯罪分子利用诈骗盗取个人网络数据信息进行犯罪的技术手段和方法，提高人们预防和处理此类犯罪的意识和能力；宣传依法对窃取数据信息和个人网络数据信息进行犯罪的打击处罚案例，起到预防、震慑、减少此类犯罪的作用。

九、增强以“一带一路”为支点的国际网络执法合作

2013 年，党的十八届三中全会通过的《中共中央关于全面深化改革若干重大问题的决定》明确提出，“加快同周边国家和区域基础设施互联互通建设，推进丝绸之路经济带、海上丝绸之路建设，形成全方位开放新格局”。2015 年 3 月的《推动共建丝绸之路经济带和 21 世纪海上丝绸之路的愿景与行动》与 2023 年 11 月的《坚定不移推进共建“一带一路”高质量发展走深走实的愿景与行动——共建“一带一路”未来十年发展展望》两份跨度近十年的愿景与行动方案，始终坚持国际网络互联互通，畅通信息丝绸之路，更好地服务于各国开展合作。2015 年，习近平主席在第二届世界互联网大会上指出，制定网络空间国际反恐公约，健全打击网络犯罪司法协助机制，共同维护网络空间和平安全。2016 年的《中国-中南半岛经济走廊倡议书》和《推进“一带一路”建设科技创新合作专项规划》、我国于 2017 年发布的《网络空间国际合作战略》明确，要“健全打击网络犯罪司法协助机制”。2017 年的《关于加强“网上丝绸之路”建设合作促进信息互联互通的谅解备忘录》和澜湄合作第七次外长会联合新闻公报《东盟互联互通总体规划 2025》等文件认为，搭建电信网络数据信息共享服务平台，改善丝绸之路沿线国家网络，实现科学数据资源高速安全传输，才能尽快实现全方位、复合型互联互通网络，共同应对区域恐怖主义、网络犯罪和电信诈骗等跨国犯罪的挑战。中国一带一路网的信息显示，从 2013 年共建“一带一路”倡议提出到 2023 年 11 月的 10 年间，中国已与 156 个国家、32 个国际组织签署 200 多份共建“一带一路”合作文件，包括但不限于国际双边或多边协议、联合声明、谅解备忘录、公告、宣言、大会发言和各种倡议等。检索这些文件的关键词“网络恐怖主义”及与其相关的“网络犯罪”“恐怖主义”“网络空间安全”等，结果显示与网络恐怖主义治理相关文件有 160 多份。这表明了国际社会对网络恐怖主义治理的坚定决心与迫切需求。为加强网络反恐合作，共享网络恐怖主义情报，维护各国利益，净化网络空间，我国于 2017 年颁布的《网络空间国际合作战略》指出：“积极探索建立打击网络恐怖主义机制化对话交流平台，加强打击网络犯罪技术经验交流。”正如《落实中国－东盟面向

和平与繁荣的战略伙伴关系联合宣言的行动计划（2016—2020）》中所规划的，多元化的对话交流平台可以通过增加互访与合作，加强执法和安全对话；促进信息共享、经验和最佳实践交流和能力建设。2023 年 5 月，《中国－中亚峰会西安宣言》中表明：中国、哈萨克斯坦、吉尔吉斯斯坦、塔吉克斯坦、土库曼斯坦、乌兹别克斯坦六国再次强调谴责网络恐怖主义，并要加强重点项目、大型活动安保经验交流，共同应对安全威胁。这是一项长期而艰巨的“打配合”默契考验，各国增加完善沟通交流机制，强化协同合作，为国际社会共同打击网络恐怖主义构建了国际合作执法的良好条件，使共同推动构建网络空间命运共同体迈入新阶段。

第七章　网络空间国际合作

网络空间国际合作，需遵循总体国家安全观，兼顾国内国际两个大局，在网络空间和通过网络空间构建人类命运共同体。习近平总书记强调，网络安全是整体的而不是割裂的，网络安全是动态的而不是静态的，网络安全是开放的而不是封闭的，网络安全是相对的而不是绝对的，网络安全是共同的而不是孤立的。[①] 网络空间国际合作是实现网络安全不可或缺的重要方式。随着全球化与网络化相互叠加、相互促进，网络空间军事化趋势加剧，网络空间安全风险急剧增加，树立正确的网络空间国际合作观对网络安全至关重要。中国一直在行动，以世界互联网大会为平台，提出了构建网络空间命运共同体的“四项原则”与“五点主张”，网络安全成为其中的关键环节。目前，中国发布了《国家网络空间安全战略》与《网络空间国际合作战略》，进一步阐释了中国在网络安全和发展中的核心观点，明确提出了网络空间国际合作的战略路线图，涵盖通过网络空间国际合作实现网络安全的中国态度、中国智慧和中国方案，成为负责任大国参与全球网络空间治理的典范。网络安全国际合作是网络空间国际合作的核心内容，并在国际组织和世界各主要国家的网络治理中得到重要体现。

---

① 《习近平主持召开网络安全和信息化工作座谈会强调 在践行新发展理念上先行一步 让互联网更好造福国家和人民》，中国政府网，2016 年 4 月 19 日，https：//www.gov.cn/xinwen/2016－04/19/content_5065897.htm。

第一节 网络安全的全球化特点

一、全球化与网络化

随着互联网技术的迅速普及与广泛应用，人类社会成为鸡犬相闻的“地球村”。以互联网技术为重要支撑的网络空间为全球化提供了便捷通道。与此同时，百年未有之大变局加速演进，世界动荡变革更加激烈，国家主权、安全和发展利益面临更多不确定的风险。数字经济发展不平衡、规则不健全、秩序不合理等问题日益凸显，全球化与网络化交织，一个安全、稳定、繁荣的网络空间对世界各国和人类社会的重大意义更加凸显，维护网络空间安全成为世界各国的共同责任，构建网络空间命运共同体的理念引发广泛共鸣。这一切正颠覆地改变生存环境与社会秩序。这恰如尼葛洛庞帝在《数字化生存》中的精辟论述：“我们经由计算机网络相连时，国家的许多价值观将会改变，让位于大大小小的电子社区的价值观。我们将拥有数字化的邻居，在这一交往环境中，物理空间变得无关紧要，而时间所扮演的角色也会迥然不同。”①

（一）全球化的特征

全球化意味着国与国、地区与地区之间的联系不断强化和升级，贯穿其中的政治、经济、文化、社会等各种元素日益走向深度融合。作为重大社会发展现象，全球化体现在社会运行的方方面面，拥有经济、政治、文化、科技等多种全球化表现形式。就本质而言，全球化具有社会时空意义，全球化作为“现象级”趋势，本质上是人类不断突破对外认知局限及所处时代技术羁绊的成长历程。全球化以经济全球化为核心，包含各国各地区在政治、文化、科技、安全、价值观等多领域的相互联系和相互影响。在全球化的驱动下，世界各国不可避免地逐渐形成利益共同体，国际社会处于“你中有我、我中有你”的体系之中。

国内外学者有关全球化的解释体系和具体观点存在显著差异，但其学

---

① ［美］尼古拉·尼葛洛庞帝著，胡泳、范海燕译：《数字化生存》，电子工业出版社2017年版，前言，第62页。

术思想具有明显共性，即大多聚焦于全球化带来的愈加严重的不公正现象，但对全球化进程保持乐观态度，认为全球化趋势正在经历“再全球化”时代。当前，百年变局下的全球化进程出现向“再全球化”转型的趋势，一系列逆全球化之举在短期内可能造成局部损害或停滞倒退，但全球化的大趋势不会因此发生根本性逆转。

全球化进程具有不以人的意志为转移的客观现实性，当今世界的全球化推动经济要素、信息技术、人员资源高速流动，形成的社会时空结构具有高度压缩性，其压缩程度与社会时空的规模增长和速度变迁有着紧密关联。

（二）网络化的特征

网络化是指利用通信技术和计算机技术，将不同域点的计算机和电子终端设备互联互通，按照一定网络协议通信以达到所有用户都可共享软件、硬件和数据资源的目的。综合利用网络化技术建立互惠灵活的动态联盟，分化重组现有资源提高行业反应速度与竞争能力，实现资源集成与共享。以物联网、大数据、云计算、5G、人工智能、区块链为代表的新一轮信息技术加速发展，驱动人们的生产生活向数字化、网络化、智能化方向转变。技术发展进步推动传感器性能更优、成本更低，人工智能和机器迭代推动数字经济蓬勃发展。

网络化不仅意味着网络连接互通，还意味着以网络为中心的人、物及服务间的交叉互联。就本质而言，网络化是人与人、人与物及物与物间的互联互通，主要体现各主体间关系。网络化、数字化及智能化的发展推动人类社会步入“互联网+”时代，信息社会、数字社会、智能社会成为网络时代的代名词，反映了随着先进的计算机信息技术及数字化技术发展，社会形态发生的巨大变化。当下，在网络社会大背景下，中国正在全方位布局网络强国战略，通过网络信息化基础设施建设、网络空间战略制定、网络话语权实现、操作系统和中央处理器等核心技术研发、网络安全保护、网络法治建设等方面高质量推进。

（三）全球化与网络化的内在联系与相互影响

作为一个整体性存在，全球化进程内包含着全球网络化，两者是相互促进、不可分割的有机统一体。全球化作为一个大的背景和环境，为网络化提供了广阔的发展空间和创新可能；同样地，网络化作为全球化进程中的最新样态，正推动全球化朝着更加符合人类社会发展目标的方向行稳致远。作为人类社会发展的重要成果，互联网是人类文明向信息时代演进的关键标志。互联网让世界变成了“地球村”，国际社会越来越成为“你中有我、我中有你”的命运共同体。全球信息技术高速发展使得互联网渗透进人类生产生活的方方面面。同时，全球网络空间日益面临着发展和安全方面的风险挑战。应对网络安全挑战需要国际社会抛开制度、意识形态、文化等分歧，以全球视野审视与解决网络安全问题。

网络空间治理呼唤更加公平、合理、有效的解决方案，全球性威胁和挑战需要强有力的全球性应对。网络空间的虚拟性和开放性决定了其本质上应该是自由的，但它的脆弱性和全球性特征又需要在安全理念下建构网络空间。安全是发展的前提，一个安全、稳定、繁荣的网络空间对世界各国都具有重大意义。网络安全是全球性挑战，维护网络安全是国际社会的共同责任。网络空间国家安全化会加剧国家间对抗，影响数字技术和经济的全球化进程。[①] 作为全球最大的发展中国家和网民数量最多的国家，中国顺应信息时代发展趋势，秉持共商共建共享的全球治理观，推动构建网络空间命运共同体，积极倡导开放合作的网络安全理念，不断加强关键信息基础设施保护和数据安全国际合作，有效维护信息技术中立和产业全球化，共同维护网络空间和平与安全。

二、网络安全全球化博弈的特点

国际网络空间战略竞争与博弈日趋激烈。网络空间的政治化与安全化日益凸显，有关网络攻击的国际舆论博弈持续加剧，网络博弈成为地缘政治博弈的新维度。网络攻击与社会危机交叉结合，共同塑造着后疫情时代的网络攻防形势。网络空间各行为体力量对比演化持续进行，重大网络安全事件牵引各国改革网络防御举措。美国政府在延续对华遏制政策基础之上持续推动网络空间地缘政治化，通过“小院高墙”“民主科技联盟”等网络策略维护自身供应链安全、标准制定优势及网络威慑能力，通过政策宣示、进攻性网络行动、左右国际舆论等方式对华开展全方位网络攻击，以期护持美国的全球网络霸权。

（一）网络安全全球化博弈现状感知

网络空间是一个兼具复杂性和动态性的虚拟现实空间。当前，大国围

---

① 鲁传颖：《全球网络安全形势与网络安全治理的路径》，《当代世界》2022 年第 11 期。

绕网络空间的博弈日益激烈，主要集中在理念塑造、资源获取、网络攻防、规则制定等方面，呈现出网络攻防实战化、技术应用竞争化、规则制定阵营化、博弈手段复合化等新态势。近年来，网络空间越来越受到国际社会高度重视，世界各国将网络空间提升到国家战略层面予以考量，纷纷出台国家网络空间战略。随着全球网络空间重要性日趋提升及主权国家对网络空间重要性认知变化，在全球网络空间关键资源的规则制定上，竞争日趋激烈。然而，由于全球网络空间基本制度架构长期缺失，各国发生争端时缺少具有约束力的国际规则规范，网络空间国际争端难以有效解决。

后疫情时代，全球网络安全环境日益复杂严峻，国家间网络冲突此起彼伏，全球网络安全威胁升级，勒索软件、高危漏洞、网络钓鱼、电子邮件攻击等网络风险随处可见。在亚太地区，美国通过美日澳印“四边机制”加强对华遏制和网络威慑，议题涉及网络安全、关键信息基础设施等。在欧洲地区，美欧成立贸易技术委员会旨在防止网络攻击。在政治安全领域，虚假信息宣传已是各国政府普遍面临的政治安全挑战，甚至在很大程度上引发了大国间激烈冲突。作为网络空间具备霸权实力的国家，美国不断开展全球网络监听，针对中、俄等竞争对手开展前置防御、持续交手甚至前沿狩猎。发达国家与发展中国家在网络空间秩序重建、规则建立、权力分配等方面仍存在严重分歧，各方在网络空间治理进程中的博弈进一步加剧，正在重塑网络空间未来秩序。

（二）网络安全全球化博弈特征

当今世界，一场新的全方位综合国力竞争正在全球展开。能不能适应和引领互联网发展，成为决定大国兴衰的关键。世界各大国围绕网络空间发展主导权、制网权的争夺日趋激烈，互联网成为影响世界的重要力量。谁掌握了互联网，谁就把握住了时代主动权；谁轻视互联网，谁就会被时代所抛弃。大国在网络空间的战略竞争使得网络空间的整体安全环境进一步恶化。大国网络博弈持续升温，国际网络空间治理曲折前行，网络安全威胁升级，网络空间竞合进入新的阶段。各国政府对自身安全的关切致使网络空间国际治理机制面临失灵，国际网络安全陷入困境。世界主要国家网络空间力量继续保持增长态势，网络空间规则主导权和话语权争夺更加激烈。大国围绕网络空间规则制定和秩序建立的竞争与冲突更趋白热化，在价值观、制度平台及规则制定等方面面临不同的选择。全球网络空间治理本质上是全球公利与国家私利之间的博弈过程，各大国家行为体对网络空间属性的认知存在分歧，导致它们的治理主张及秩序构建路径截然不同。

网络空间治理进程实质上是大国之间实力的博弈，政府主导的网络治理模式更强调国家在网络空间治理中的主导权和领导权，而非“多利益攸关方”模式所主张的平等参与权。一方面，美国坚持“多利益攸关方”原则，意图在事实上维系对关键资源的单独掌控；另一方面，中国、俄罗斯、印度等国家强调“多边主义”原则，力求实现对关键资源的主权管辖，以制衡乃至对冲美国的霸权优势。大国在网络空间中的冲突日趋激烈，网络空间军事化进一步加剧，网络空间秩序与和平面临严重威胁。国家行为主体侧重于维护全球网络空间中的自身国家利益，而非国家行为主体偏向于追求技术层面的实际利益，导致短时间内难以构建起有效的全球网络空间基本制度架构。

（三）网络安全全球化博弈趋势

网络空间竞争博弈态势进一步凸显，网络空间威胁在烈度、广度和深度上进一步升级，世界主要国家加速网络空间战略布局旨在强化网络安全，网络空间大国围绕规则、技术和标准的博弈将更加激烈。展望未来，全球网络空间仍将是大国博弈竞争的前沿领域，各类网络安全事件和网络威胁仍将高发频发。利用复合手段进行复合博弈是当前大国网络竞争的重要趋势。在国际社会围绕网络安全多个议题的激烈争论和交锋中，自由与监管、霸权与平等逐渐凸显为当今全球网络安全问题的两大核心矛盾，网络空间秩序主导国和新兴国家之间的矛盾，也将逐渐显现。现有秩序体系如果不能容纳网络新兴国家的发展要求或继续偏袒西方网络发达国家，全球网络空间必然面临失序困境。

网络空间大国的激烈博弈使国际合作意愿不断受挫，网络安全、逆全球化等网络空间全球治理议题的复杂性不断加强，而网络空间全球治理机制未能有效建立。各国围绕网络空间国际行为准则的斗争将更加激烈，围绕关键新兴技术国际标准的竞争将进一步凸显，国际网络安全困境进一步加剧，主要表现在国际网络安全内涵演变引发的大国网络安全博弈、网络空间国际治理机制无法有效应对冲突升级、国际网络安全特性引发大国网络空间低烈度对抗，且各国在网络战略博弈、制度困境和冲突对抗方面相互作用。卡斯特在《网络社会的崛起》中指出，“网络空间的开放性和无权威性绘制了一张由网络技术相互联通而没有控制中心的世界地图，它对所有人开放并使传统权力结构不断分散化”①。

三、网络安全与网络空间战争化趋势

全球网络安全问题的国际博弈是新形势下国际关系发展变化的重要表现。在百年未有之大变局加速演进及俄乌冲突影响下，大国在网络空间的博弈将进一步加剧。全球网络安全形势日益复杂严峻，国家政治、经济、文化、社会等在网络空间的合法权益面临严峻挑战。国家关键信息基础设施的信息网络化升级了网络攻击后果，网络安全技术进步使拒止威慑成为各国网络策略优先项。②目前，从网络犯罪和网络恐怖主义到各种复杂的网络攻击和网络威胁层出不穷。对于网络冲突发起国而言，网络空间的技术特征极大提高了进攻效率和胜率；对于网络冲突目标国而言，网络空间的技术特征使网络防御成本相对昂贵且处于被动地位。

（一）网络安全的未来演变方向

开放的网络空间使人们可根据需要和爱好自由进行网络活动，为网络犯罪埋下巨大隐患。匿名的网络空间带来网络信息混杂且不透明，易产生大量负面消息，影响正确舆论导向。脆弱的网络空间使网络攻击日益猖獗，个人数据信息易受严重侵犯甚至危及国家安全。近年来，网络安全威胁升级，具有国家背景的网络攻击愈演愈烈，网络空间军事化和武器化正在发生。受新冠疫情、经济发展及地缘政治因素影响，全球网络安全形势复杂多变，特别是俄乌冲突以来，网络空间对抗冲突持续加剧。在缺乏危机管控和争端解决机制情况下，各国在网络领域的冲突易于升级，并且容易鼓励采取单边行动来进行反制，从而加剧了网络安全困境。美国在其发布的最新版《国家网络空间安全战略》报告中基于网络霸权和进攻性战略思维，广泛提及针对中国的网络攻防内容，严重恶化了两国在网络空间的危机管控及信任构建。想要清楚判定一国的网络技术或行为是进攻还是防御十分困难，一国加强网络防御的行为也可能引发另一国的过度反应，导致网络军备竞赛和意外冲突升级。

---

① ［美］曼纽尔·卡斯特著，夏铸九、王志弘等译：《网络社会的崛起》，社会科学文献出版社 2003 年版，第 1—4 页。

② 蔡翠红：《网络地缘政治：中美关系分析的新视角》，《国际政治研究》2018 年第 1 期。

（二）网络空间战争化趋势分析

在多重网络安全事件影响下，各国陆续改革网络安全战略、扩充网络部队规模、创新装备技术研发、开展联合网络演习，国家级网络大战已经在某些国家和区域上演。美俄在网络空间的争夺日趋激烈，网络博弈的目标和方式更加复杂多样。以色列和伊朗多次进行网络互袭，网络冲突已成为以色列和伊朗的新战线。国家级网络攻击正与私营企业技术融合发展，网络攻击私有化趋势带动网络雇佣军快速扩张。太空军网络力量建设初具锋芒，网络作战部队持续扩充规模。世界主要国家网络空间军事力量持续增长，具有国家背景的黑客组织得到快速发展。网络空间武器化、军事化、实战化的态势显现，网络攻击的政治、经济和军事影响均有所体现，包括选举影响、资金转移、武器加持等。在国家间的冲突和战争中，网络攻击已成为各国可资利用的手段之一。①

未来战争形式以网络战为主体，网络战已具有明显的“四化特征”，即网络战争现实化、网络战场全球化、网络对抗常态化、网络攻心白热化。大国在网络空间军事冲突不断，成为国际安全领域新的不稳定因素。事实上，网络空间正在上演各种网络战，如信息情报战、舆论民意战、网络攻防战等。有些国家已将互联网作为实施渗透、干涉、颠覆他国政权的武器，利用互联网窃取他国军事情报机密、操控舆论方向、挑起动乱事端。网络行动实战化加剧了网络空间整体军事化进程。发起国利用精准打击，针对特定领域、特定装备、特定设施，利用零日漏洞、特种木马病毒等手段实施破坏，以期精准入侵并控制目标系统设施，达到直击对方要害，控制对方核心目标的效果。随着人工智能技术的不断发展和军事应用，网络武器的攻防能力将更加趋同，可能会加剧国家间的不信任。网络空间军事化及网络武器军备竞赛的不断升级增加了网络空间的不稳定性。

（三）警惕网络空间战争化引发的安全风险

网络空间的匿名性、跨国性和去中心化等特点决定了网络攻击溯源难、网络防御碎片化、网络武器易扩散等客观存在，加剧了网络冲突的可能。网络战是对网络空间战略稳定的本质破坏。在网络战方面，网络威慑可以发挥一定作用甚至防止网络战发生，促进网络空间战略稳定。对于网

① 徐龙第：《当前大国网络博弈的态势及应对（2019）》，《信息安全与通信保密》2020 年第 1 期。

络攻击所遭受的威胁和损失，各国应认清其真实本质并谨慎应对，必须客观分析牵扯其中的具体情况，包括攻击者、受害者、目标状况及可能后果等。维护网络安全和战略稳定需要战略远见、战略武器和战略主动权，加强预防措施，做好系统备份和应急预案，准确甄别网络事件后果和性质，加强和提升网络管理水平。对此，更新网络威胁认知和理念、推动网络安全防御体系逐步升级、做好网络攻防预案、增进关键信息基础设施的安全性、完善网络安全漏洞治理及监测体系等尤其重要。

在地区和全球层面，各国应开展多边对话并建立相应的沟通协调机制，有效管控潜在网络军事冲突，进一步降低网络冲突升级的可能性。各国关系改善不会终结恶意行动或从网络空间消除不法行为，但会防止网络空间分歧外溢到其他领域，高频度的低烈度冲突会产生从量变到质变的结果，最终在某一个触发点突破红线，引发激烈冲突进而危害国际安全。因此加强各国的网络安全对话机制，对于网络空间安全稳定十分必要。目前，主要大国对于网络空间冲突所引发的后果仍存在认知上的不确定，网络攻击的外溢效应可能对自身造成更严重伤害，极为谨慎地开展网络攻击行动成为大国制定和实施网络攻防战略的首要考虑。事实上，国际网络冲突客观存在的“攻防制衡”模式为主权国家参与网络空间安全治理与合作提供了理论依据和现实根基。为高度警惕和有效防范网络空间战争化可能引发的安全风险，我国需要在完善管网治网体系、提升网络空间安全攻防能力、增强关键信息基础设施保护、提升网络空间威慑能力、加强网络空间安全国际合作、做强网络空间安全产业链供应链上综合施策。网络武器核查十分困难，网络武器管控同样十分困难，因此，对于网络空间武器扩散的核实和管控需引起高度重视。

第二节　网络安全与网络空间命运共同体

中国提出的“构建网络空间命运共同体”倡议[①]，是人类社会应对网络安全风险的最佳选择。习近平主席指出，“互联网真正让世界变成了地

---

① 《习近平在第二届世界互联网大会开幕式上的讲话（全文）》，新华网，2015年12月16日，http：//www. xinhuanet. com/politics/2015－12/16/c_1117481089. htm。

球村，让国际社会越来越成为你中有我、我中有你的命运共同体”；更进一步，习近平主席提出了“构建网络空间命运共同体”的倡议，其核心内容就是“四项原则”“五点主张”，其中涵盖了网络安全的重要内容，是“构建网络空间命运共同体”的关键环节。以此为遵循，中国接连推出《国家网络空间安全战略》《网络空间国际合作战略》，阐释了中国在网络空间安全与发展中的核心原则与重要观点，成为世界范围内网络安全治理的典范，有助于实现全球网络空间的共同安全，维护各国网络空间主权、安全和发展利益。

一、构建网络空间命运共同体的“四项原则”与“五点主张”

在全球网络安全治理中国范式的探索、形成和发展过程中，世界互联网大会成为中国与世界互联互通、文明互鉴、共同繁荣、网络安全、秩序公平的桥梁。尤其是在第二届世界互联网大会上，习近平提出构建网络空间命运共同体的“四项原则”“五点主张”，具有里程碑意义。

构建网络空间命运共同体的“四项原则”：尊重网络主权，维护安全和平，促进开放合作，构建良好秩序。“五点主张”则包括：一是加快全球网络基础设施建设，促进互联互通。二是打造网上文化交流共享平台，促进交流互鉴。三是推动网络经济创新发展，促进共同繁荣。四是保障网络安全，促进有序发展。五是构建互联网治理体系，促进公平正义。

其中，“四项原则”地位和作用堪比新中国“万隆会议”前提出的和平共处五项原则。如果说“四项原则”是网络空间国际合作的中国主张，“五点主张”则明确了构建网络空间命运共同体的以下五个步骤，充分展示了网络治理中国范式的道义所在的中国方案。其一，促进数字丝绸之路建设，发展空中信息走廊，让更多国家越来越多地互联互通；其二，拓展取长补短的场域，支撑合作共赢的理念，让各种文明更加畅通地交流互鉴；其三，不忘初心，以互联网发展成果造福人民为出发点，让网络便捷生产生活做立足点，让各国人民有更多机会共同富裕；其四，反对绝对安全，倡导共同安全，抵御霸权主义向网络空间蔓延的严峻态势，探索“一带一路”国家网络安全的合作模式，进而维护人类社会网络安全；其五，探索规则共识，推动世界网络空间治理体系的变革，维护休戚与共的网络命运共同体的氛围，形成全球网络空间的公平秩序。

更进一步地，在党的十九大报告中，将“坚持推动构建人类命运共同体”列入新时代中国特色社会主义建设的基本方略，是中国步入世界舞台中心的现实反映和责任担当。习近平主席在第四届世界互联网大会贺信中重申网络空间和平共处“四项原则”和构建网络空间命运共同体“五点主张”，是习近平新时代中国特色社会主义思想的重要内容，具有以下多重重要意义。

其一，“构建网络空间命运共同体”倡议，让世界重新思考网络中国繁荣世界的现实价值和历史意义。习近平主席提出网络强国号召和乌镇峰会“构建网络空间共同体”倡议，代表中国标注了网络空间演进的新历史坐标。经过长期努力，以党的十九大的重要论断为标识，中国特色社会主义进入了新时代，这是我国发展新的历史方位。而这个新时代的一个重要标识和基础，就是中国在世界舞台上日益发挥着形塑世界格局和引领新一轮全球化的作用。中国的发展吸引了世界的目光，越来越多的人真切地看到了坚持走社会主义道路，中国正在朝着民族复兴的宏伟目标阔步前进。

在这个新时代，我们尤其不能忘记的是，习近平总书记 2014 年 2 月 27 日在中央网络安全和信息化领导小组第一次会议上的重要讲话中所发出的建设网络强国的号召，将网络空间国际合作作为网络强国建设的五大支柱之一，这一切正不断成为中国描绘强国蓝图中分量越来越重的组成部分。而“构建网络空间命运共同体”的中国倡议，注定成为人类社会网络空间演进的历史标识。

其二，“构建网络空间命运共同体”倡议回答了网络空间治理的“世界之问”。[①] 从现实社会到网络空间，人类社会的历史在不断演进和能力扩张中曲折前进。当前，世界主要国家都把互联网作为经济发展、技术创新的重点，把互联网作为谋求竞争新优势的战略方向。中国特色社会主义是不断发展着的社会主义，必须正确处理虚实经济的一系列关系和网络空间机遇与挑战，并持续借鉴人类社会发展的先进经验，走出一条独具特色的发展道路。新时代中国共产党人领导全国人民“进行伟大斗争、建设伟大工程、推进伟大事业、实现伟大梦想”，必然包括中国倾力打造的网络空间治理体系，对网络空间时代条件下如何建设、巩固和发展社会主义作出科学回答。

---

① 秦安：《全面认识网络强国战略思想的历史定位、现实方位和未来地位》，腾讯网，2023 年 7 月 18 日，https：//new. qq. com/rain/a/20230718A08J5700。

世界网络空间此前的演进和扩展，就是一部“丛林法则”下“跑马圈地”的无序发展史。如何改变网络空间“丛林法则”下“跑马圈地”的无序发展，回望世界社会主义的发展，可以给我们更多的借鉴。面对历史交给我们的网络空间新问题，如何在中国进入新时代之际，在更高起点谋划“构建网络空间命运共同体”，走出网络空间的无序发展状态，是我们必须直面的现实挑战。

“四项原则”和“五点主张”，彰显中国“不忘初心、继续前进”的和平共处愿景。中国共产党人在网络空间时代不忘初心，又一次提出了让网络空间成为14亿多中国人民乃至世界人民共同福祉的基本遵循。站在历史新起点上的中国，将以更加开放的格局，融入经济全球化、世界多极化、社会信息化、文化多样化的大洪流大趋势之中。

其三，中国特色社会主义进入新时代，“构建网络空间命运共同体”同样进入新时代，为世界贡献“无网而不胜”的力量。“构建网络空间命运共同体”必须直面现实挑战，把握发展机遇。这就要求，在理论上必须深刻反思网络空间“丛林法则”形成的缘由，在认清霸权主义双重标准巨大危害并予以深刻批判的同时，提供自己的解决方案并付诸实践。

我们必须看到，“构建网络空间命运共同体”倡议，既有网络空间和平共处的“四项原则”，也有实现“构建网络空间命运共同体”目标的“五个步骤”。理想和现实之间存在巨大的差距，“构建网络空间命运共同体”的阻力并非仅仅来自网络霸权主义，也来自国际国内利益集团和惯性思维的阻力甚至刻意扭曲。如何打破固有藩篱和惯性思维，走出从利益共同体、责任共同体到命运共同体的递进升华，需要直面挑战、统筹经略，兼顾国内国际两个大局，兼顾利益和责任两种需求，兼顾先进和落后两个阶段，以新理念开启新征程，以新路径推动新变革，开创“构建网络空间命运共同体”的新格局。

中国特色社会主义进入新时代，中国共产党人就应像一粒种子，在网络这块前所未有的沃土上生根、开花、结果。中国特色社会主义的新时代，需要从“支部建到连上”到“支部建到网上”，开启一场网络时代的“新三湾改编”。中国特色社会主义新时代与人类社会发展新时代的重叠，决定了构建网络空间命运共同体的广阔空间，也体现了中国担当和中国力量。

在这个过程中，网络安全国际合作尤为重要。在2018年4月20日召开的全国网络安全和信息化工作会议上，习近平总书记强调，国际网络空间治理应该坚持多边参与、多方参与，发挥政府、国际组织、互联网企业、技术社群、民间机构、公民个人等各种主体作用。既要推动联合国框架内的网络治理，也要更好发挥各类非国家行为体的积极作用。要以“一带一路”建设等为契机，加强同沿线国家特别是发展中国家在网络基础设施建设、数字经济、网络安全等方面的合作，建设21世纪数字丝绸之路。基于网络安全保障的“数字丝绸之路”，成为现代科技赋予共建“一带一路”倡议的时代主题。

二、网络安全与发展的重大立场与核心主张

网络安全作为网络空间国际合作中的重要和关键环节，中国必须亮出自己与“构建网络空间命运共同体”相一致的立场与主张。[①] 2016年12月27日，《国家网络空间安全战略》（以下简称《战略》）发布，阐明了中国关于网络空间发展和安全的重大立场与核心主张，中国正以“胸怀网络世界、强健开放中国、建立有序空间”的格局、道义和力量，提升自身乃至世界网络空间安全水平，通过网络中国繁荣世界的美好愿景，构建人类社会网络空间命运共同体。

中国作为世界网民数量第一的网络大国和经济体量第二的经济大国，实现了网络空间安全的战略配置，成为中国从网络大国走向网络强国的标志性事件和里程碑文献。《战略》分为引言、机遇与挑战、目标、原则、战略任务共五部分，传承了习近平主席关于网络强国建设的系列思想，凝聚了众多专家学者长期研究的重要成果，首次明确了中国网络空间安全战略的基本方针和主要任务，是指导国家网络安全工作的纲领性文件。

一是传承和平理念，胸怀网络世界。《战略》引言开宗明义，从人类社会共同福祉的视角，强调网络空间安全事关人类共同利益，事关世界和平与发展，事关各国国家安全；《战略》聚焦和平发展，从协调“四个全面”“两个一百年”和中华民族伟大复兴的视角，明确网络空间安全的重要保障定位；《战略》强调原则主张，以习近平主席关于推进全球互联网治理体系变革的“四项原则”和构建网络空间命运共同体的“五点主张”

---

① 秦安：《胸怀网络世界、强健开放中国、建立有序空间》，人民网，2016年12月28日，http：//opinion. people. com. cn/n1/2016/1228/c1003 - 28984183. html。

为遵循，明确了中国网络空间“和平共处原则”的战略指导地位。这些中国关于网络空间发展和安全的重大立场，成为世界第一网民大国网络空间安全工作的指导，维护网络空间主权、安全和发展利益的纲领，蕴含着网络中国繁荣世界的至真道义。

二是直面网络现实，认清机遇挑战。《战略》开篇指出，信息技术广泛应用和网络空间兴起发展，极大促进了经济社会繁荣进步，同时也带来了新的安全风险和挑战。《战略》将网络空间作为生产生活新空间，以机遇和挑战并存，机遇大于挑战的乐观态度，阐释了网络空间作为信息传播新渠道、经济发展新引擎、文化繁荣新载体、社会治理新平台、交流合作新纽带、国家主权新疆域带来的重大机遇；分析了网络渗透危害政治安全、网络攻击威胁经济安全、网络有害信息侵蚀文化安全、网络恐怖和违法犯罪破坏社会安全、网络空间的国际竞争方兴未艾等重大挑战。尤为重要的是，《战略》强调网络空间带来的机遇和挑战正在全面改变人们的生产生活方式，深刻影响人类社会历史发展进程，谁也无法独善其身，人类社会、世界各国必须共同面对，别无选择。

三是统筹国际国内，树立明晰目标。《战略》以总体国家安全观为指导，贯彻落实创新、协调、绿色、开放、共享的新发展理念，坚持“积极防御、有效应对”的理念，对“和平、安全、开放、合作、有序”进行了阐释：明确了通过遏制技术滥用、控制军备竞赛和有效防范网络冲突的方式实现和平目的；以控制风险、健全体系、安全可控、稳定运行以及人才培养、意识和信心提升的方式实现安全目的；以标准、政策和市场开放透明、顺畅产品流通和信息传播、弥合数字鸿沟的方式，通过世界各国分享发展机遇、共享发展成果、公平参与网络空间治理实现开放目标；以技术交流、打击网络恐怖和网络犯罪、变革国际互联网治理体系、携手共建网络空间命运共同体实现合作目标；以保障人民权益、保护个人隐私、充分尊重人权、建立法律体系和标准规范实现有序的目标。这些目标及其实现方式，兼顾国内国际两个大局，统筹发展安全两件大事，既为中国谋，更为世界谋，体现了世界各国从利益共同体向命运共同体突围的价值趋向。

四是坚持治理变革，表明坚定原则。《战略》立足安全稳定繁荣的网络空间对各国乃至世界的重大意义，坚持网络中国繁荣世界的理念，表明加强沟通、扩大共识、深化合作，积极推进全球互联网治理体系变革，共同维护网络空间和平安全的中国愿望。以此为基调，在习近平主席第二届世界互联网大会提出“四项原则”“五点主张”的基础上，结合党的十八届四中全会“依法治国”的理念，落实习近平主席关于安全与发展关系的论述，提出了尊重维护网络空间主权、和平利用网络空间、依法治理网络空间、统筹网络安全与发展等四项原则。在主权原则上，明确反对网络霸权、双重标准、利用网络干涉他国内政，以及从事、纵容或支持危害他国国家安全的网络活动；在和平原则上，明确抵制网络空间军备竞赛、防范网络空间冲突，反对控制他国网络和信息系统、收集和窃取他国数据而追求绝对安全；在法治原则上，强调保护网络空间信息依法有序自由流动，保护个人隐私，保护知识产权，明确自由、权利的平衡和网上行为的法律约束；在网络安全发展原则上，重申“没有网络安全就没有国家安全，没有信息化就没有现代化”，强调“网络安全和信息化是一体之两翼、驱动之双轮”。

五是明晰战略任务，强健网络中国。《战略》充分认识网民数量和网络规模世界第一的中国，对于维护全球网络安全乃至世界和平都具有重大意义。从推动互联网造福人类的共同理念出发，坚持总体国家安全观，提出了坚定捍卫网络空间主权、坚决维护国家安全、保护关键信息基础设施、加强网络文化建设、打击网络恐怖和违法犯罪、完善网络治理体系、夯实网络安全基础、提升网络空间防护能力、强化网络空间国际合作九大任务。这既是中国网络强国建设的重中之重，也是世界互联网治理体系变革的关键环节。九大任务的表述体现了“打铁还需自身硬”的中国风骨，蕴含了网络强国建设的主权意识、发展意识、安全意识、文化意识、法治意识、国防意识与合作意识，有利于将中国打造为世界网络空间和平发展的全球典范，进而维护网络空间和平稳定。通过对这些战略任务的稳步推进，中国将通过基于网络空间实现国家治理体系和治理能力现代化，通过依法治理，通过共建“一带一路”倡议等有效的国际合作，推动联合国框架下的全球互联网治理体系变革，以有利于建成和平、安全、开放、合作、有序的网络空间。这不仅将造福14亿多中国人民，而且会让中国成为全球网络空间和平发展的中流砥柱，进而铸就人类社会共同的网络福祉。

三、以“中国智慧”构建网络空间国际合作新格局

习近平总书记强调，当今世界是一个变革的世界，是一个新机遇新挑战层出不穷的世界，是一个国际体系和国际秩序深度调整的世界，是一个

国际力量对比深刻变化并朝着有利于和平与发展方向变化的世界。[①] 中国力量已经崛起成为世界重要的一极，同时中国网络空间的发展也成为全球网络空间发展的重要一环，具有举足轻重的作用，中国的主张将对全球网络空间治理产生巨大的影响。中国实行改革开放40多年，特别是进入互联网时代以来，经济、社会的高速发展使自己走近舞台中心，中国发生的事情往往成为世界的事情，世界也成了中国实现和平崛起的全方位平台。面对网络空间合作共治的全球需求以及多极势力存在影响的复杂局面，处于网络强国建设初级阶段的中国，积极倡导构建和平安全开放合作的网络空间，主张世界各国包容差异，追求共赢，这既是实现中国网络空间持续健康发展，也是促进全球网络空间繁荣开放的正确主张。

目前，中国正在积极推进网络建设，让互联网发展成果惠及14亿多中国人民。中国愿意同世界各国携手努力，本着相互尊重、相互信任的原则，深化国际合作，尊重网络主权，维护网络安全，共同构建和平、安全、开放、合作的网络空间，建立多边、民主、透明的国际互联网治理体系。为此，从网络安全的视角，我们需要从以下几个方面，更加清晰地认识到网络空间国际合作势在必行。

"全球一网"改变了传统地缘的战略纵深，任何国家都不可能独善其身。习近平强调，一个安全稳定繁荣的网络空间，对各国乃至世界和平发展都具有重大的意义，所以如何治理互联网、用好互联网都是各国的关注，各国也在研究这个问题，没有哪个国家能够置身事外。网络空间全球互联的特性，跨越了物理空间的地理界线，给国家间合作带来了巨大的变化。网络空间作为人类实现全球范围内的沟通渠道，全方位地促进了经济全球化、文化多样化和社会信息化，不论人们身处何国、信仰如何、是否愿意，实际上都已经处在一个网络空间命运共同体中，"全球一网"深刻改变了世界传统的政治、经济、文化格局，一国的网络空间安全稳定直接影响全球网络空间的繁荣发展。因此，今天的网络空间承载的不再是一两个国家，也不是某一个网络强国，而是全世界几十亿人口，全球网络空间已经是密不可分的发展共同体、利益共同体、命运共同体，越来越多的人在网络生产生活，互联互通的环境使全世界的人们能直接交流、协作，形成一个虚拟而复杂的庞大群体社会。为了网络社会能够形成安全有序的环

---

① 《习近平谈治国理政》第二卷，外文出版社2017年版，第442页。

境，使所有国家协调步伐、减少隔阂，加强网络空间国际合作成为必然的全球共同需求。

“非对称性”颠覆了传统力量的对比关系，防范网络恐怖主义是网络空间国际合作的现实目标。网络空间一点接入、全球通达，为恐怖分子和组织实施恐怖活动提供了攻击的渠道；同时，网络空间正在日益成为人类社会生产生活不可或缺的一部分，一些信息基础设施已经直接关系国计民生，这使网络攻击的影响更加具有明显的非对称性。网络空间是互联网时代的基础活动空间，基于互联网破坏能力早已跨越了传统认知，成为恐怖主义实施活动的主要战场。网络时代的一个突出特征就是一切皆在网中，网络与实体深度融合，通过网络直接操控终端实体，已成为普遍现象。尤其是随着网络技术的深入发展，关系国家命脉的交通、金融、经济、文化等核心领域都实现了网络化，毋庸置疑，互联网对经济、政治、社会等领域的渗透越来越明显，但其在不断提高效率和传播的同时，也成为网络空间中国家安全的“命门”，深刻地影响着国家安全与发展。此外，网络空间的隐蔽性、无疆性加剧了非对称性效果，颠覆了传统力量的对比关系，使得网络恐怖主义个人或组织就有能力对一个国家发起网络威胁。《孙子兵法》云“知己知彼，百战不殆”。然而在网络空间，更加可怕的就是不知道自己的敌人在哪里。面对无所不在的网络恐怖主义，只有加强网络空间国际合作，才能从根本上应对这种非对称的安全威胁。

“先发优势”带来了网络空间的不均衡态势，遏制网络霸权成为网络空间国际合作的持久战。网络空间发展极不平衡，在时代前进的过程中，一部分国家始终保持技术的领先，后发展国家只能跟在后面按着先进国家的技术规则模仿前进。网络空间的技术领先者从先天上就占据着一定的先发优势，这种优势体现为国家间的能力对比优劣。在互联网领域，发达国家处于优势地位，尤其是像美国这样的，对世界绝大多数国家都具有先发优势，基本上大多数国家的操作系统、核心芯片、数据库都是依赖美国。实际上美国对其他发展中国家的网络空间先发优势远不止于此，在新一代信息技术下，这种先发优势变得更加明显。首先，也是最重要的，是整个基础设施的运行是不对称的，美国具有掌握全世界基础设施运行的能力。其次，全世界的数据都在往它那里流，不论是亚洲、非洲，包括欧洲的数据都被其掌握。这些数据是极其珍贵的战略资源，通过这些数据，美国可以分析某个国家，甚至比这个国家自己都还要更加了解其本身。当前正在发展的新一代技术还会让这种先发优势的差距不断加剧。理论上说，“能力越大，责任越大”，但美国等部分发达国家却凭借其垄断力量，在领先的情况下逆势而为，谋求通过互联网等手段达到继续“领导世界”的目的，试图与世界多极化的发展大趋势相抗衡。面对这种先发优势带来的不均衡态势，发展中国家与网络空间后起国家必须加强网络空间层面的发展与合作，这为遏制网络霸权，打造全球互联网发展新格局指出了一条更为宽阔的道路。

技术颠覆蕴藏着网络威胁的潜在隐患，防止强弱换挡危机的最佳方式是建立网络空间命运共同体。技术决定战术，技术支撑战略。为了追求网络空间的更高更快更好发展，很多国家都在研究网络领域的颠覆性技术，已达到另辟蹊径、对已有传统或主流技术途径产生颠覆性效果，从而掌握网络空间主导权。这种颠覆性技术可能是完全创新的网络新技术，也可能是基于现有技术的跨学科、跨领域的创新型应用。颠覆性技术打破了传统的技术思维和技术发展路线，是对渐进性技术的跨越式发展。当今世界已处在新一轮科技革命的前夜，特别是网络信息领域颠覆性技术大量涌现的时期即将到来。面对这种局面，世界主要国家普遍认识到发展网络颠覆性技术的重要性，将颠覆性技术发展作为大国博弈的战略需要、提升国家科技创新能力的重要途径。然而，颠覆性技术也会带来风险，越是潜力巨大、影响深远，就有可能带来更大的安全隐患和副作用。例如，移动互联网和云计算会带来安全和隐私受到侵犯的问题；通过网络控制的机器和物体可能会受到黑客攻击，给工厂、供应链和运输网络带来新风险。当颠覆性技术造成现有网络空间强弱力量转换时，必然也会带来更多不可控的安全危机，只有整个网络空间构成命运共同体，所有国家就会因为共同的利益而尽量避免这种技术颠覆带来的安全威胁。

有了以上深刻的认识，有必要进一步探索网络空间国际合作的基本策略。客观上，面对纷繁复杂的全球网络空间，需要世界各国在全球网络政治、经济、文化及安全等方面，秉承“和而不同”的中国智慧，主动承担起自身的责任，采取有效务实的合作举措，积极探索构建网络空间国际合作新格局，为建设共享共治、合作共赢的网络空间命运共同体提供基础。可以从以下各个层面，体现网络空间国际合作的中国智慧。

（一）网络政治合作：志合者，不以山海为远

网络空间的出现，人类社会的主导权从制空权、制海权向制网权演

进。正如著名未来学家托夫勒预言，“谁掌握了信息、控制了网络，谁就将拥有整个世界”。但是这种对网络的控制不是排他性的，而是基于合作基础上的共享共治，如果网络的主导失去了其他网络参与者，那么网络也就失去了存在的基础。因此，加强网络政治合作，对于促进网络和平发展具有非常重要的现实意义。志合者，不以山海为远。在互通互联的网络空间，人类社会跨越了山海之远，为了构筑伙伴关系、实现共同发展的宏伟目标走到了一起，为了推动国际关系民主化、推进人类和平与发展的崇高事业走到了一起。求和平、谋发展、促合作、图共赢，是网络空间内世界各国的共同愿望和责任。在网络空间，应当坚持国家不论大小、强弱、贫富一律平等，秉持公道、伸张正义，反对凭借先进技术以大欺小、以强凌弱，反对利用网络资源干涉别国内政，尊重各国人民自主选择的发展道路和奉行的内外政策，着眼维护网络空间共同利益，在涉及国家主权、安全、领土完整等重大核心利益问题上，求同存异、相互理解、相互支持。

（二）网络经济合作：相通则共进，相闭则各退

随着网络空间的进一步发展，世界网络经济的潜力和作用将进一步显现，由此带来的全球经济合作空间也会更为巨大。在网络时代，经济全球化趋势更加明显，“一花独放不是春，百花齐放春满园”。在网络空间中，各国经济相通则共进，相闭则各退，必须顺应时代潮流，顺应网络空间互联互通的本质特性，反对各种形式的保护主义，维护自由、开放、非歧视的多边贸易体制，不搞排他性贸易标准、规则、体系，避免人为地造成全球市场分割和贸易体系分化。网络时代各经济体一荣俱荣、一损俱损，应该争取通过宏观经济政策协调，放大正面联动效应，防止和减少负面外溢效应。世界各国都要对网络经济秉持开放包容、合作共赢精神，不能互相踩脚，甚至互相抵消，充分发挥网络空间更远更大范围的传播联结作用，推动形成网络空间经济合作政策协调、增长联动、利益融合的开放发展格局。

（三）网络文化合作：物之不齐，物之情也

网络促进了不同国家之间文化的对话，各国文化的不同表现在价值观、信仰、思维方式、生活方式以及意识形态的差异。由于文化差异的存在，才有了不同文明对话的需要。当不同文明之间缺乏足够的对话或者对话不对称时，则有可能产生重大的误解乃至冲突。中国对于网络文化的主张，力求通过不同文明间的对话，说明中国的真实情况，加强各国人民间

的理解，促进人类文明的进步和共同繁荣。这正如中国先贤所言“物之不齐，物之情也”。在网络文化的交流合作中，一方面，我们必须坚持以中华文明为根，树立以中华文明温暖世界的网络文化观；另一方面，必须坚持中国社会主义核心价值观，将其用网络化的语言和符号，在网络空间传播，生根、发芽、开花、结果。我们自己始终要认识到“物之不齐，物之情也”的本质规律，始终坚持中国特色社会主义道路与社会主义核心价值观，始终坚持批判教条主义的所谓“普世价值观”。任何人都应当充分认识到，我们正生活在一个相互联系、相互依赖的网络世界中，加强不同文化间合作，是促进网络社会和谐共处的正确出路。

（四）网络安全合作：己所不欲，勿施于人

当今世界，虽然互联网具有高度全球化的特征，但每一个国家在信息领域的主权权益都不应受到侵犯，互联网技术再发展也不能侵犯他国的信息主权。在信息领域没有双重标准，各国都有权维护自己的信息安全，不能一个国家安全而其他国家不安全，一部分国家安全而另一部分国家不安全，更不能牺牲别国安全谋求自身所谓的绝对安全。对于网络安全合作，中国的主张是“己所不欲，勿施于人”，特别对于美国这个网络强国。习近平主席强调，中、美都是网络大国，中国是世界上最大的网络市场，美国有最先进的网络技术，双方都面临着严峻的网络安全挑战，拥有重要共同利益和合作空间，双方理应在相互尊重相互信任的基础上，就网络问题开展建设性对话，打造中美合作亮点，让网络空间更好地造福两国人民和世界人民。在全球化的网络空间，各国和各国人民应该共同享受安全保障。各国要同心协力，妥善应对各种问题和挑战。越是面临全球性挑战，越要合作应对，共同变压力为动力、化危机为生机。面对错综复杂的网络空间安全威胁，单打独斗不行，迷信武力更不行，合作安全、集体安全、共同安全，才是解决问题的正确选择。

第三节　网络安全与网络空间国际合作战略

网络空间谁也无法独善其身，他人的网络安全漏洞，可能就是攻击自己的便捷通道。通过网络空间国际合作，才能实现维护国际网络安全的目的。为此，遵循构建网络空间命运共同体的“四项原则”“五点主张”，在推出《国家网络空间安全战略》之后，2017 年 3 月 1 日，《网络空间国际合作战略》颁布实施，明晰了中国网络空间国际合作的战略路线图，成为世界网民数量第一的大国胸怀网络世界、强健开放中国、建立有序空间的战略宣言。尤为重要的是，《网络空间国际合作战略》中首次明确提出了网络空间力量和网络空间国防力量，形成了中国打造国家网络安全防御体系，执行网络空间和平使命的力量架构。更进一步地，站在网络空间命运共同体的高度，中国网络空间力量和网络国防力量一定是战胜网络空间霸凌、维护网络时代和平发展的中流砥柱。

一、构建网络空间命运共同体

2017 年 3 月 1 日，中国《网络空间国际合作战略》（以下简称《战略》）发布。全文分为序言、机遇与挑战、基本原则、战略目标、行动计划、结束语六部分。[①] 与《国家网络空间安全战略》一脉相承，传承了习近平主席在第二届世界互联网大会演讲的精神实质，具体刻画出了构建网络空间命运共同体的中国方案。整个《战略》展示中国胸怀，凝聚合作力量，既为中国谋，更为世界谋，目的是通过“和平发展、合作共赢、主权平等、普惠共享、共建共治”，构建网络空间命运共同体。《战略》可以概括为网络空间国际合作的中国认识、中国态度、中国原则、中国目标、中国计划和中国愿景。

（一）中国认识

引言部分直接以习近平主席的重要论述开篇，“网络空间是人类共同的活动空间，网络空间前途命运应由世界各国共同掌握。各国应该加强沟通、扩大共识、深化合作，共同构建网络空间命运共同体”。这个开宗明义的论述，涵盖了“三个认识”：一是对网络空间本质的认识，“当今世界，以互联网为代表的信息技术日新月异，引领了社会生产新变革，创造了人类生活新空间，拓展了国家治理新领域，极大提高了人类认识世界、改造世界的能力”。二是对网络空间作用的认识，“作为人类社会的共同财富，互联网让世界变成了‘地球村’。各国在网络空间互联互通，利益交

---

① 秦安：《〈网络空间国际合作战略〉展示中国胸怀、体现务实作风》，人民网，2017 年 3 月 16 日，http：//theory. people. com. cn/n1/2017/0316/c148980 – 29148655. html。

融，休戚与共”。三是对网络空间合作的认识，“维护网络空间和平与安全，促进开放与合作，共同构建网络空间命运共同体，符合国际社会的共同利益，也是国际社会的共同责任”。在此基础上，顺理成章地提出构建网络空间命运共同体的中国方案。

（二）中国态度

机遇与挑战部分，首先在世界多极化、经济全球化、文化多样化深入发展，全球治理体系深刻变革的背景下，认识信息网络革命，并剖析网络空间作为人类社会生产生活的新空间，越来越成为信息传播的新渠道、经济发展的新引擎、文化繁荣的新载体、社会治理的新平台、交流合作的新纽带、国家主权的新疆域。之后从网络空间的安全与稳定成为攸关各国主权、安全和发展利益的全球关切的视角，审视面临的“七大挑战”：互联网领域发展不平衡、规则不健全、秩序不合理等问题日益凸显；国家和地区间的“数字鸿沟”不断拉大；关键信息基础设施存在较大风险隐患；全球互联网基础资源管理体系难以反映大多数国家意愿和利益；网络恐怖主义成为全球公害，网络犯罪呈蔓延之势；滥用信息通信技术干涉别国内政、从事大规模网络监控等活动时有发生。网络空间缺乏普遍有效规范各方行为的国际规则，自身发展受到制约。最后部分表明了中国态度：“面对问题和挑战，任何国家都难以独善其身，国际社会应本着相互尊重、互谅互让的精神，开展对话与合作，以规则为基础实现网络空间全球治理。”

（三）中国原则

基本原则部分，基于“三个基础”，提出以“和平、主权、共治、普惠”作为网络空间国际交流与合作的基本原则。这“三个基础”就是，中国始终是世界和平的建设者、全球发展的贡献者、国际秩序的维护者；中国坚定不移走和平发展道路，坚持正确义利观，推动建立合作共赢的新型国际关系；中国网络空间国际合作以和平发展为主题，以合作共赢为核心。这“三个基础”是一个层层递进的有机整体，进而自然而然推出中国原则：一是和平原则。从坚守稳定繁荣、遵守已有成果、明确基本准则、摒弃固有弊端、应对新的威胁等层面表述。二是主权原则。从《联合国宪章》确立的主权平等，国家网络空间治理的自主等方面阐释。三是共治原则。从多国共建共治、多方参与治理、形成机制规则、实现公平合作四个层面表述。四是普惠原则。既表述网络效益悄然发生的普惠效果，也强调国际合作的普惠潜力，还要善于利用已有合作的普惠价值。“四项原则”中，和平是美好愿景、主权是坚守底线、共治是基本方式、普惠是基本目标，共同构成网络空间国际合作的中国模式。

（四）中国目标

早在第二届世界互联网大会上，习近平主席就强调，我们的目标，就是要让互联网发展成果惠及13亿多中国人民，更好地造福各国人民。这个中国目标，具体可以分解为：一是维护主权与安全，二是构建国际规则体系，三是促进互联网公平治理，四是保护公民合法权益，五是促进数字经济合作，六是打造网上文化交流平台“六大战略目标”。这“六大战略目标”立足中国底线、抓住规则关键、明确合作目标、坚持以人为本、聚焦经济繁荣、扎根文化交流，描绘出通过国际合作构建未来网络空间命运共同体的科学路径：世界各国以网络空间国防力量维护主权安全，建立各方普遍接受的网络空间国际规则，形成公平公正的网络治理体系，进而保护公民合法网络权益、促进数字经济繁荣，进行网上文明交流互鉴。只要实现这些目标，网络空间就可以真正成为人类社会的福祉和精神家园。

尤为重要的是，在维护主权与安全原则中，特别表述了维护主权与安全的国防力量，为中国军队建设提出了明确的战略任务。中国国防和军队现代化建设必须聚焦网络国防，网络国防力量是国家安全、社会稳定、人民幸福的根本保障。《战略》指出，“网络空间国防力量建设是中国国防和军队现代化建设的重要内容，遵循一贯的积极防御军事战略方针。中国将发挥军队在维护国家网络空间主权、安全和发展利益中的重要作用，加快网络空间力量建设，提高网络空间态势感知、网络防御、支援国家网络空间行动和参与国际合作的能力，遏控网络空间重大危机，保障国家网络安全，维护国家安全和社会稳定”。

（五）中国计划

行动计划部分，主要表明中国积极参与网络领域相关国际进程，加强双边、地区及国际对话与合作，增进国际互信，谋求共同发展，携手应对威胁的具体计划：一是倡导和促进网络空间和平与稳定。二是推动构建以规则为基础的网络空间秩序。三是不断拓展网络空间伙伴关系。四是积极推进全球互联网治理体系改革。五是深化打击网络恐怖主义和网络犯罪国际合作。六是倡导对隐私权等公民权益的保护。七是推动数字经济发展和数字红利普惠共享。八是加强全球信息基础设施建设和保护。九是促进网络文化交流互鉴。推出“九大行动计划”，关键在于多层次、多角度、多方面推动国际合作，“以期最终达成各方普遍接受的网络空间国际规则，构建公正合理的全球网络空间治理体系”。这“九大行动计划”，是原则、目标的具体化行动，是在“六大战略目标”的基础上，增加了不断拓展网络空间伙伴关系，即深化打击网络恐怖主义和网络犯罪国际合作、加强全球信息基础设施建设和保护等。相对其他几点，拓展伙伴尤为重要。没有伙伴关系就很难有同心同德的合作，目前网络空间国际合作的聚焦点显然是打击网络恐怖主义和网络犯罪，“全球信息基础设施建设和保护”则是更加需要关注的目标。至此，立足中国底线、抓住规则关键、联络合作伙伴、明确合作目标、打击恐怖犯罪、坚持以人为本、聚焦经济繁荣、保护基础设施、扎根文化交流共同构成了中国网络空间国际合作的行动计划。

（六）中国愿景

结束语部分，特别强调了网络空间国际合作的中国愿景。这个愿景实现则包括“三个背景”：一是时代背景。网络空间国际合作起步于21世纪这个网络和信息化时代，最重要的特征显然就是网络安全和信息化。二是历史背景。中国网络强国宏伟目标根植于新的历史起点。这就是中国“四个全面”战略布局、“两个一百年”奋斗目标和中华民族伟大复兴中国梦。三是角色背景。中国始终是网络空间的建设者、维护者和贡献者。中国网信事业的发展不仅将造福中国人民，也将是对全球互联网安全和发展的贡献。

在这“三个背景”之下，强调实现网络空间国际合作的中国愿景，必须兼顾网络强国的国内部署和国际合作，也就是我们常说的兼顾国际国内两个大局的具体化，即“在推进建设网络强国战略部署的同时，将秉持以合作共赢为核心的新型国际关系理念，致力于与国际社会携起手来，加强沟通交流，深化互利合作，构建合作新伙伴”，进而实现“同心打造人类命运共同体，为建设一个安全、稳定、繁荣的网络空间作出更大贡献”的美好愿景。

二、发挥网络空间力量与网络空间国防力量的作用

2017年3月1日，中国《网络空间国际合作战略》颁布实施，在“六大战略目标”之首，即“维护主权与安全”中明确提出：“网络空间国防

力量建设是中国国防和军队现代化建设的重要内容，遵循一贯的积极防御军事战略方针。中国将发挥军队在维护国家网络空间主权、安全和发展利益中的重要作用，加快网络空间力量建设，提高网络空间态势感知、网络防御、支援国家网络空间行动和参与国际合作的能力，遏控网络空间重大危机，保障国家网络安全，维护国家安全和社会稳定。”这是中国首次在国家战略文本中明确提出网络空间国防力量。尤其值得关注的是，在表述中，将加快网络空间力量建设作为中国网络空间国防力量建设的“六大战略目标”之一。

中国致力于维护网络空间和平安全，以及在国家主权基础上构建公正合理的网络空间国际秩序，并积极推动和巩固在此方面的国际共识。中国坚决反对任何国家借网络干涉别国内政，主张各国有权利和责任维护本国网络安全，通过国家法律和政策保障各方在网络空间的正当合法权益。网络空间加强军备、强化威慑的倾向不利于国际安全与战略互信。中国致力于推动各方切实遵守和平解决争端、不使用或威胁使用武力等国际关系基本准则，建立磋商与调停机制，预防和避免冲突，防止网络空间成为新的战场。

因此，中国以网络空间国防力量建设作为中国国防和军队现代化建设的重要内容，并由此加快网络空间力量建设，提高网络空间态势感知、网络防御、支援国家网络空间行动和参与国际合作的能力“四大能力”，既是对网络安全威胁的高度重视，也是对网络空间国际合作的极端重视，充分体现了构建网络空间命运共同体是中国网络空间国际合作的核心目标，自然也是中国网络空间力量与网络空间国防力量的根本目标。而中国网络空间力量与网络空间国防力量建设的直接目的，则是通过网络安全能力的全面提升，应对网络恐怖主义、网络霸权主义、网络军国主义、网络自由主义和普遍存在的网络犯罪。具体到我国的网络治理领域面临的国内国际环境下的挑战和风险，可以从以下几个方面思考。

（一）美西方利用网络颠覆他国政权

由于领域新、技术专，国家治理体系和治理能力现代化存在诸多不足，难以完全防范网络空间和通过网络空间的信息渗透，再加上美西方的处心积虑，利用网络颠覆他国政权，导致世界多国政府倒台，成为培养美西方利益代言人上台的惯用伎俩。

（二）国际网络恐怖主义威胁持续加大

近年来，恐怖分子越来越多地利用互联网进行宣传、串联、筹资甚至尝试网络攻击。尤其是世界第一网络强国美国的网络武器扩散，使“全球一网”新领域恐怖组织活跃。美国早就严密防范网络“9·11”事件。中国作为世界网民第一的大国，亟待扩展国家反恐警戒线，防范网络恐怖主义甚至网络空间国家恐怖主义蔓延。

（三）网络跨国犯罪严重影响社会稳定和国家安全

目前，网上犯罪猖獗，尤其是电信网络诈骗等率先“互联网+”，并呈国际化跨境作案的态势，给人民群众生活带来极大的伤害。另外，网络淫秽色情污染社会环境，败坏社会风气，危害未成年人健康成长，社会各界对此深恶痛绝。网上的淫秽色情已经成为社会毒瘤，是网络治理的重点领域。

（四）美西方通过制造网络谣言严重影响国家稳定

网络谣言来源复杂、动机各异。但其目的或者结果，就是混淆视听，扰乱社会秩序，导致社会混乱。网络谣言之所以成为社会顽疾，一方面是因为美西方国家为了霸权惯用“国家谣言”，另一方面是因为网络平台的实际管辖权由网站等资本力量掌控。由于数量大、因素多，失控情况严重，亟待在人工智能等先进技术上不断突破。

（五）网络霸权主义和军国主义等重大网络安全威胁不可不防

“网络军国主义”就是利用网络战争实现军国主义目的，其实质就如同美国警惕的“网络珍珠港”。世界不能排除日本军国主义者将来发动一次“网络珍珠港”的可能性，尤其是目前网络霸权主义美国和可能的网络军国主义日本合作紧密，更加值得我们高度警惕。

三、践行网络安全、发展、文明倡议的中国范式

习近平主席指出：“网络空间是人类共同的活动空间，网络空间前途命运应由世界各国共同掌握。各国应该加强沟通、扩大共识、深化合作，共同构建网络空间命运共同体。”[①]《网络空间国际合作战略》（以下简称

① 《习近平出席第二届世界互联网大会开幕式并发表主旨演讲 强调加强沟通，扩大共识，深化合作 共同构建网络空间命运共同体 刘云山主持开幕式并致辞》，新华社，2015 年 12 月 16 日。

《战略》）是中国就网络空间首度发布的国际战略，可以称之为网络空间和平共处的宣言。《战略》以构建网络空间命运共同体的视野，首次强调网络空间力量和网络空间国防力量建设，表明中国态度，坦荡中国胸怀，凝聚合作力量，既为中国谋，更为世界谋，与网络空间霸凌形成了鲜明的对比。这也是习近平提出构建网络空间命运共同体“四项原则”“五点主张”倡议后，得到世界上大多数国家赞许的原因所在。

当前，网络空间越来越成为信息传播的新渠道、生产生活的新空间、经济发展的新引擎、文化繁荣的新载体、社会治理的新平台、交流合作的新纽带、国家主权的新疆域。但与此同时，霸权思维向网络空间迅速蔓延，网络空间军事化进程加速，“网络北约”已经成为事实上的存在。人类社会面临着“构建网络空间命运共同体”和网络空间丛林法则两种截然不同的选择。

中国参与网络空间国际合作的战略目标是：坚定维护中国网络主权、安全和发展利益，保障互联网信息安全有序流动，提升国际互联互通水平，维护网络空间和平安全稳定，推动网络空间国际法治，促进全球数字经济发展，深化网络文化交流互鉴，让互联网发展成果惠及全球，更好造福各国人民。

目标坚定，审时度势，中国在这百年未有之大变局的关键时刻，接连发出安全、发展和文明三大国际倡议，将构建人类命运共同体推进到高质量发展的快车道。构建人类命运共同体成为亟需破解时代之问的金钥匙，而这一理念的落地离不开全球发展、安全、文明三维度的协同推进与制度支撑。“三大倡议”的提出，正是中国应对时代之问、世界之问、历史之问给出的伟大方案。[①] 在中华文明传承的历史长河中，这个中国方案蕴含了中华文明的五个突出的特点，即连续性、创造性、统一性、包容性、和平性。

传承赓续中华文明，中国共产党人正在担当网络空间新时代的历史使命，推动中华民族现代文明“一画开天”，让世界走出“丛林法则”主导的强盗逻辑，进入“构建人类命运共同体”的文明时代。

习近平总书记强调，在五千多年中华文明深厚基础上开辟和发展中国特色社会主义，把马克思主义基本原理同中国具体实际、同中华优秀传统

---

① 习近平：《在文化传承发展座谈会上的讲话》，求是网，2023 年 8 月 31 日，http：//www. qstheory. cn/dukan/qs/2023 －08/31/c_1129834700. htm。

文化相结合是必由之路。①

中国共产党人新时代的“一画开天”，正是这“两个结合”的高质量成果，在百年未有之大变局中，必将引领世界走出“丛林法制”鸿蒙状态，进入人类命运共同体的文明时代。

网络空间是一个不可或缺的重要领域。我们既要看清新空间开辟人类生存新天地，“四项原则”“五点主张”成为网络空间的“和平共处原则”与“行动路线图”，中华文明照耀网络空间新时代；也要看到新阶段启动网信事业高质量，“网络强国 2.0 时代”推动国家治理的“合规导向”进入大国博弈的“能力导向”，网络安全风险不断积聚扩散；还要看到新事业铸就民族复兴强大根基，“数字丝绸之路”和“空中信息走廊”成为中国人民数字立国的“一画开天”，中国基于网络空间国防力量的国际合作，就是在网络空间和通过网络空间实现“一画开天”，让网络空间成为 14 亿多中国人民乃至世界人民的共同福祉。

为此，我们需要站在“数字立国”的历史方位，也就是网络空间新时代中国人民强起来的高度，在网络空间和通过网络空间，对照安全、发展和文明三大倡议的明确目标，以经略中国网络空间为基本范式，全面提升以下“九个力”②，将“一画开天”的丰功伟业，用久久之功，一张蓝图绘到底，不断推动网络空间国际合作，为人类社会提供构建网络空间命运共同体的典范。

（一）领导力是关键

各级党委（党组）要加强组织领导、强化统筹协调，确保党中央关于网信工作决策部署落到实处；各级网信部门要忠于党和人民，勇于担当作为，善于开拓创新，敢于斗争亮剑，甘于拼搏奉献，为推动网信事业高质量发展提供坚强保证。这样形成的“强大领导力”，得到了一次又一次惊涛骇浪的考验，是历史和人民的共同选择。

（二）生产力是目标

其中，尤其要激发蕴含于网络空间数据汪洋之中的“现代生产力”，

---

① 《以“三大倡议”协同构建人类命运共同体》，光明网，2023 年 5 月 17 日，https://theory.gmw.cn/2023-05/17/content_36566095.htm。

② 秦安：《弘扬伏羲文化，需要深度融入共产党“一画开天”的历史伟业》，网易号，2023 年 6 月 25 日，https://www.163.com/dy/article/I82NH81C055348HK.html。

善于在数字化升级、网络化协调、智能化运行的时代浪潮中，以当年“上山下乡”“下海”的历史敏锐性，开启领导干部“学网、懂网、用网”以及全民数字素养和技能提升的历史进程，实施“土地财政”向“数据财政”的升级换挡。

（三）市场力是驱动

要善于以数据与土地、人力、技术和资本等同的流动性和高价值性，以生产力强大驱动作用、聚合能力，始终围绕最富活力和最具潜力的领域，实现市场和战场、生产力和战斗力的转换，以市场的规模和凝聚力，支撑战场的活力和战斗力，推动经济社会的高质量升级。

（四）科技力是源泉

“科学技术是第一生产力”，“信息化为中华民族带来了千载难逢的机遇”，“我们必须敏锐抓住信息化发展的历史机遇”。这个历史机遇的源头在于科技创新，能不能突破“卡脖子”问题，并在基于大规模场景、大数据支撑、大模型驱动的中国式现代化环境中取得足够多的科技领先地位，决定了中华民族的未来。

（五）文化力是纽带

数千年的中华文明与世界各种文明在网络空间交相辉映，但与此同时，自由主义和自我放肆的鱼目混杂、沉渣泛起，再加上国家和组织层面的欺诈和认知战博弈，亟待持续以网络空间主流思想舆论、网络综合治理体系、网络空间法治化和网络空间国际话语权和影响力“四位一体”，通过“数字丝绸之路”，建立中国和世界文化交流、文明互鉴的纽带。

（六）治理力是根本

国家治理体系和治理能力现代化，是改革开放的总目标，是执政为民的根本依托，最直接体现为对 14 亿多中国人民的服务水平，是让人民有更多获得感、幸福感和安全感的底座，也是国家之间博弈最终胜负的决定性、基础性、根本性力量，一直在路上、永远不停歇，并善于在网络空间和通过网络空间不断推进国家治理体系和治理能力现代化，是完成高质量任务的根本依托。

（七）国防力是保障

网络国防的建设，秉承传统的防御性政策，既要避免“低成本、高利润、弱防御”“黑匣子”泛滥，又要直面融合导致“空心化”的威胁，高质量发展面临自身实力提升、市场力量融合、国际能力拓展三大难题，尤其是面对“全球一网”的防御态势，需要改变传统防御理念，以“走出去”提升“防得住”能力。

（八）应变力是保险

出其不意、攻其不备，在网络空间新时代更加凸显。2019 年委内瑞拉电网大面积瘫痪，代表了一种不宣而战的大规模侵略新模式；特朗普对伊朗网络宣战，是网络霸凌的典型事例；而美国和中国台湾地区将网攻作为超越“抢滩登岸”的置顶选项，是对两岸统一严峻的挑战。当前，可以预计和难以预计的种种灾变，都可能是突如其来、猝不及防的网络攻击，只有做好应急应战，才能增强保险程度。

（九）想象力是心之力

随着网络空间的出现，人类社会插上了网络的翅膀，几乎让人们能够“七十二变”，“变脸易容”一键而就，“分身有术”正在实现，如此眼花缭乱之下的世界犹如一个万花筒，守住初心，具备为人民服务的“心之力”，都离不开基于信息网络的想象力，网络强国、数字中国、智慧社会建设，为执政为民插上网络的翅膀，让中华民族的伟大复兴如虎添翼，走出一条有更多获得感、幸福感、安全感的道路。

中国共产党人正带领 14 亿多人民，开创人类文明的命运共同体新阶段，期待世界有更多的同志、同伴和同行者，聚合力量走出“丛林中野兽”混杂“院子里流氓”的霸凌时代，让时代之光照耀人类文明之路。

第四节　网络安全国际合作

一、世界互联网大会

2014 年，在人类全面进入网络时代之际，作为全世界最大的发展中国家和拥有最大网民群体的国家，中国适时为世界互联网发展搭建了一个具有广泛代表性的交流平台——世界互联网大会，并将中国浙江乌镇作为其永久会址。2023 年 11 月 8 日，以“建设包容、普惠、有韧性的数字世界——携手构建网络空间命运共同体”为主题的第十届世界互联网大会乌镇峰会在乌镇开幕，习近平主席发表视频致辞并提出“三个倡导”，分别是：倡导发展优先，构建更加普惠繁荣的网络空间；倡导安危与共，构建更加和平安全的网络空间；倡导文明互鉴，构建更加平等包容的网络空间。[①]

世界互联网大会既是中国与世界互联互通的国际平台，也是国际互联网安全共享共治的中国平台。自2014年起，世界互联网大会乌镇峰会已连续成功举办了九年。水乡乌镇每年都会吸引来自约80个国家和地区的千余名代表到访。每届大会一般通过演讲、沙龙、展览相结合的方式举行，各国政要、国际组织代表、企业高管、网络精英、专家学者等就国际互联网治理、移动互联网、互联网新媒体、跨境电子商务、网络安全、打击网络恐怖主义等事宜进行交流，共同为国际互联网发展贡献智慧和力量。目前，该平台已经成为全世界互联网安全领域交流思想、探索规律、凝聚共识、让网络空间命运共同体更具生机活力的重要平台。世界互联网大会一贯以“携手构建网络空间命运共同体”为主题，秉持开放、平等、互信、共赢理念，推动网络空间国际合作向更加包容、平衡、共赢的方向发展。

世界互联网大会不但是在中国举办的世界互联网盛会，也是全球网络界领军人物共商大计的具有广泛代表性的开放平台。大会通过举办会议论坛、发布互联网发展白皮书[②]、创办“互联网之光”博览会、举行“直通乌镇”全球互联网大赛、发布“携手构建网络空间命运共同体精品案例”、展示世界互联网领先科技成果等形成了“1+4”功能架构，在增进理念共识、加强对话交流、促进产业发展、助推科技创新等方面取得丰硕成果。一是《携手构建网络空间命运共同体概念文件》《携手构建网络空间命运共同体行动倡议》《网络主权：理论与实践》《携手构建网络空间命运共同体实践案例集》等重要成果陆续发布；二是“神威·太湖之光”超级计算机、IBM Watson 2016、微软 Azure Sphere 等多项前沿科技成果首次在大会上面向全球发布；三是每年参加“互联网之光”博览会的国内外企业和参访人数不断增加，“互联网之光”新展馆供不应求；四是2019年开始举办的“直通乌镇”全球互联网大赛每年都会吸引千余个项目参加。世界互联

① 《习近平向2023年世界互联网大会乌镇峰会开幕式发表视频致辞》，求是网，2023年11月9日，http：//www.qstheory.cn/yaowen/2023-11/08/c_1129963938.htm。

② 叶水茂：《第四届互联网大会首次发布蓝皮书》，《新闻世界》2017年第12期。

网大会已经成为全球互联网共享共治和数字经济交流合作的高端平台。①

2022 年 7 月 12 日，世界互联网大会国际组织正式由全球移动通信系统协会、中国国家计算机网络应急技术处理协调中心、中国互联网络信息中心、阿里巴巴（中国）有限公司、深圳市腾讯计算机系统有限公司、浙江之江实验室六家单位共同发起成立，总部设于中国北京。世界互联网大会国际组织是致力于全球互联网发展治理、与国际各方共同搭建的全球互联网高端对话平台。自大会成立以来，广泛吸引了来自英国、法国、德国、美国、澳大利亚、韩国、日本、印度等 24 个国家和地区的 120 余位会员，包括国际组织、互联网领军企业、行业组织、科研机构及多位“互联网之父”级的权威学者等，覆盖亚洲、非洲、欧洲、北美洲、南美洲、大洋洲 6 大洲。② 这一平台始于中国，属于世界，是互联网大家庭共同的平台。在世界互联网大会升级为国际组织后，其作为交流平台的作用日益提升。全球互联网发展的亲历者、推动者、引领者，将在此平台基础上为网络安全国际合作贡献更多的智慧成果。

二、上海合作组织的网络安全合作

上海合作组织（以下简称“上合组织”）成立于 2001 年 6 月 15 日，创始成员国为中国、俄罗斯、哈萨克斯坦、吉尔吉斯斯坦、塔吉克斯坦、乌兹别克斯坦。2017 年，上合组织阿斯塔纳峰会签署了关于给予印度和巴基斯坦成员国地位的决议，上合组织成员国由 6 个增至 8 个。

为有效开展网络安全合作，上合组织在实践过程中不断凝聚和深化合作共识。2005 年，成员国元首便率先提出要防范信息恐怖主义，这是上合组织正式文件中第一次出现网络安全相关议题，除了政治安全、军事安全之外，非传统安全也开始得到重视。2006 年，上合组织成员国元首共同签署《上海合作组织成员国元首关于国际信息安全的声明》，明确提出维护信息安全，承诺将在上合组织框架内共同努力应对有关军事政治、犯罪和恐怖主义性质的信息安全威胁。根据这一声明，上合组织决定建立国际信息安全专家组，吸收秘书处、地区反恐怖机构执委会代表参加，以制定国

---

① 蓝金茨：《世界互联网大会历年亮点速览》，《信息化建设》2021 年第 9 期。

② 《世界互联网大会国际组织会员工作取得三方面积极成果》，光明网，2023 年 10 月 21 日，https：//m. gmw. cn/2023 - 10/21/content_36908631. htm。

际信息安全行动计划，探索在上合组织框架内合作解决国际信息安全问题的各种途径和方法。2009 年，上合组织成员国元首共同签署了对成员国信息安全合作具有指导意义的基础性文件《上海合作组织成员国保障国际信息安全的政府间合作协议》，这个协议确定了在上合组织框架内开展信息安全合作的手段和途径，提出从双边、多边和国际三个层面，提高打击网络恐怖主义、网络犯罪和保障信息安全的综合能力。随着网络安全领域的合作不断深入，上合组织成员国先后签署和发布系列合作成果，包括 2010 年的《上海合作组织成员国政府间合作打击犯罪协定》，2015 年的《信息安全国际行为准则》《关于利用莫斯科地区情报联络中心案件数据库执法平台渠道全天候联络站开展信息互助的规程》，2020 年的《关于打击利用互联网等渠道传播恐怖主义、分裂主义和极端主义思想的声明》等，这些不断完善的合作机制和制度，包括在通信和信息技术领域全方位的互利合作，为上合组织网络信息安全合作提供了必要抓手和法律保障，也为国际信息安全合作贡献了“上合智慧”和“上合方案”。[①]

除了国际信息安全专家组以外，上海合作组织秘书处、地区反恐怖机构都是帮助提高成员国网络安全执法合作能力的重要机构，它们共同推进了相关工作的开展。地区反恐怖机构是上合组织开展国际信息安全合作的主要依托，自 2004 年成立以来一直致力于促进打击“三股势力”的国际协调与合作，在应对信息安全威胁、帮助关闭涉恐网站、遏制网络恐怖主义蔓延等方面取得了一系列重要成果。

未来，在网络信息安全合作领域塑造和培育网络空间命运共同体意识、加大信息安全机制和制度建设、积极参与更大范围的全球信息安全合作，将会成为上合组织在维护地区安全稳定方面的重要发力点。

三、联合国的网络安全合作

作为世界上最重要的国际组织，联合国是各国开展网络空间安全合作的重要平台，捍卫以联合国为核心的国际体系和以国际法为基础的国际秩序也成为各国人民共同的呼声。随着网络通信技术对国际安全潜在威胁的攀升，网络战争、网络犯罪、数字恐怖主义逐渐成为联合国框架下国际合

---

① 王海燕：《上海合作组织信息安全合作的机制建设与挑战》，《中国信息安全》2021 年第 8 期。

作的重点内容，从 20 世纪末起，各国就开始呼吁加快推动联合国框架下网络安全合作进程，并形成了一定的工作成果。

（一）UNGGE 机制

联合国信息安全政府专家组（UN Group of Governmental Experts on Information Security，UNGGE）是联合国网络安全双轨进程的重要机制之一。自 1998 年联大通过首个从国际安全角度看信息通信领域发展的决议以来，联合国迄今为止共成立了六届专家组，专家组通常根据地域公平原则，由 15—25 个国家的代表组成，深入讨论网络领域的主要威胁和挑战，并就制定有关国际规则提出具体建议，其成果对网络空间国际合作有着重要的推动作用。

总的来说，UNGGE 网络安全合作进程并非一帆风顺。在 2009 年之前，由于美国态度较为消极，网络空间国际合作规则的谈判和制定陷入相对停滞的状态。在 2009 年至 2015 年，各国在联合国框架内逐渐达成一些共识，比较有代表性的是在 2010 年、2013 年和 2015 年分别形成了三份共识报告。2010 年的第一份共识报告就明确指出，信息安全风险已经成为 21 世纪最严峻的挑战之一，越来越多国家将使用信息通信技术作为战略情报工具，给世界经济发展以及国家和国际安全造成很大损害，并呼吁各国应进一步加强对话与合作，讨论建立信息通信技术的相关规则，为网络空间安全规则的发展奠定基础；第二份 UNGGE 报告首次提出“负责任国家行为的规范、规则和原则”在应对网络空间风险方面的重要性，并列出了非常具体的 10 条工作建议，对包括《联合国宪章》在内的国际法可适用于网络领域进行确认，“和平网络空间”的目标也第一次出现在联合国的进程中，不过，对于“国际法如何适用于信息通信技术领域”的问题，各方仍存在较大分歧；[①] 2015 年 7 月 22 日，第四届 UNGGE 在前两次报告基础上又推进一步，在信息通信技术领域对人道原则、必要性原则、相称原则和区分原则等既定的国际法律原则的适用问题进行了阐述，报告还提出“自愿非约束的国家负责任行为规范、规则和原则”供联合国成员国审议。

（二）UNOEWG 机制

2015 年至 2019 年，随着网络空间国际规则逐渐触及较为核心的问题，

---

① 戴丽娜、郑乐锋：《联合国网络安全规则进程的新进展及其变革与前景》，《国外社会科学前沿》2020 年第 4 期。

大国之间的分歧越发明显。2017 年，第五届 UNGGE 无果而终，网络空间国际规则制定进程陷入僵局，关于 UNGGE 机制的代表性不足问题也受到质疑。鉴于 UNGGE 未能继续达成协议，俄罗斯和美国分别向联合国大会第一委员会提出关于建立新机制的建议。2018 年 12 月，联合国大会以 109 票赞成、45 票反对、16 票弃权通过了俄罗斯提出的第 73/27 号决议草案，决定设立开放成员工作组（Open-ended Working Group，OEWG）。首届 OEWG 举行了三次正式会议以及多轮非正式磋商，最终于 2021 年 3 月成功达成共识报告（A/75/816），网络空间国际规则取得新的进展。

OEWG 确认了网络空间国际规则的"负责任国家行为规范"。与 GGE 不同，OEWG 是由联合国全体成员共同组成，更具代表性。OEWG 的共识报告很多内容参照了 UNGGE 的相关规定，有利于网络空间国际合作既有共识的再确认。OEWG 在网络空间供应链安全问题上取得重要进展的特点比较突出，包括促进全球信息技术产品供应链的开放、完整、稳定与安全，各国应制定全面、连续、客观、公正的供应链安全风险评估机制，建立供应链安全的全球规则和标准并确保各国能够平等参与竞争与创新等。① 新的一届 OEWG 于 2021 年成立并将履职至 2025 年。回顾联合国推动网络安全合作的进程，国际规则谈判受国际政治环境和国际关系的变动影响较大，特别是在地区冲突不断增加的大背景下，未来 OEWG 是否可以达成实质性成果尚未可知。我们不仅需要时刻关注 UNGGE 和 UNOEWG 的进展，而且应当积极推动后续进程，争取在联合国框架下持续有效推进网络安全国际合作进程。

（三）其他合作机制

信息社会世界峰会（WSIS）是由联合国大会在 2001 年 12 月 21 日通过第 56/183 号决议批准的网络空间国际合作机制，目标是建设以人为本、具有包容性和面向发展的信息社会，特点之一在于广泛接纳包括政府、非政府组织、私营部门和民间团体等利益攸关方的共同参与。2009 年，WSIS 相关活动集群更名为 WSIS 论坛。随着时间的推移，WSIS 论坛已被证明是利益相关方共同行动、实现性别平等、信息交流、知识创造、分享最佳实践等跨领域承诺的有效机制，有助于在网络空间领域实现可持续发展的

---

① 黄志雄：《网络空间负责任国家行为规范：源起、影响和应对》，《当代法学》2019 年第 1 期。

目标。

互联网管理（IGF）作为一个多利益相关方组成的国际论坛，也经常开展关于互联网管理公共政策的国际对话活动。作为网络空间领域国际交流的重要平台，从2006年起，IGF论坛每年依照所制定的职责，在联合国秘书长的主持下召开。各利益相关方在论坛中共同交流和分享网络空间治理的实践经验，促进了国际社会在利用互联网机遇和应对风险挑战方面的合作，有助于国际社会达成最大限度的共识。

联合国毒品与犯罪问题办公室（UNODC）本职是协助各国政府应对走私非法药物、武器、自然资源、假冒伪劣商品和人口贩运等跨国犯罪威胁。近年来，该组织在应对和打击网络犯罪方面发挥着越来越大的作用。2019年12月，联合国大会通过成立特设委员会的决议并开始起草有关“打击将信息和通信技术用于犯罪目的”的国际公约（《联合国打击网络犯罪公约》），并由UNODC的条约事务司有组织犯罪和非法贩运处担任该公约的特设委员会秘书处。目前，特设委员会已经就序言、国际合作条款、预防措施、成员国之间的技术协助、实施机制和拟议国际公约形式等问题举行了六轮谈判。《联合国打击网络犯罪公约》是联合国在网络领域主持制定的第一个公约，也是目前唯一以达成具有法律约束力的国际公约为目标的政府间合作公约，对网络空间国际规则的发展具有重要意义。

第八章　网络安全治理面临的新挑战

2016年4月19日，习近平总书记在网络安全和信息化工作座谈会上强调，“网络安全为人民，网络安全靠人民，维护网络安全是全社会共同责任，需要政府、企业、社会组织、广大网民共同参与，共筑网络安全防线”。“网络安全为人民，网络安全靠人民”可以说是新时代网络安全工作的群众路线。网络安全为人民，指出了网络安全工作的目标；网络安全靠人民，指出了网络安全工作的主体力量。正确理解和用好网络安全群众路线对解决当前我国网络安全面临的新挑战有着重要意义。

基于网络安全治理面临的新挑战，本章聚焦网络安全治理涉及的核心技术、主要行业与全新领域的新发展、新趋势，从维护保障总体国家安全的视角，纵论5G、区块链技术、人工智能、无人机、无人驾驶、物联网、卫星系统以及元宇宙与网络安全治理，解决全面提升国家网络安全整体水平面临的新问题新挑战，探索并形成国家安全学之网络安全学科方向建设新的前沿领域。

第一节　网络安全治理与5G技术

5G是新一代移动通信技术，为4G系统后的演进。5G的性能目标是高数据速率、减少延迟、节省能源、降低成本、提高系统容量和大规模设备连接。

一、5G技术网络空间安全的影响

5G技术无疑是一把“双刃剑”，在方便人们生活、变革思维模式及推动社会进步的同时，5G 时代的到来也将给网络空间安全带来诸多挑战和影响。

（一）国家层面

5G 不仅提高了通信效率，而且将同各行各业深入融合，为社会经济发展提供关键支撑。如 5G 可以同人工智能、云计算等新技术融合发展，推动生产组织方式、资源配置效率、管理服务模式的深刻变革，创造数字经济新价值体系。因此，5G 真正的价值在于和其他行业的结合，其对经济产生的影响更是不可估量。

5G 将激化大国在网络空间领域的竞赛。5G 引发的技术进步和信息革命将加强大国之间的不安全感，加深安全困境，导致大国在高技术领域的竞争日益激烈，并将强化大国在网络空间领域的军备竞赛。目前，一些国家已经将 5G 技术运用到军事研究中，并可能在不远的将来实现成果落地和转化。

5G 将拓展网络空间的新战场。现代战争早已突破陆海空传统战争空间，网络空间越发受到各国政府的重视。5G 技术带来的万物互联和一体化融合技术将极大地提升作战武器的效能和战场的智能化程度，从而变革网络空间的竞争模式，进而拓展网络空间的新战场。

5G 技术的推广和落地将为恐怖主义组织提供新的技术支持，降低极端分子发动恐怖袭击的难度、加大恐怖袭击带来的危害程度，并为网络恐怖主义提供新的土壤。在 5G 时代，网络将不仅成为恐怖分子传播极端思想、招募组织成员、募集财政收入的工具，并可能成为其发动恐怖袭击的载体。

（二）社会层面

5G 技术引发的万物互联使可接入终端的数量达到数百亿甚至上千亿之多，这将极大提升网络防御的难度，并使排查网络入侵的源头变得十分困难，从而对网络空间安全构成极大威胁。此外，网络空间一旦遭受非法恶意入侵，将会产生牵一发而动全身的多米诺骨牌效应，从而导致更为巨大的财产损失和安全威胁。

（三）企业层面

互联网时代背景下，依靠网络而生的新兴行业得到发展，给电子商务行业创造了巨大的发展空间。为了保证电子商务行业稳定发展，必须保证 5G 网络安全运行。如果电子商务行业在运用 5G 网络传输运营数据的过程中，不能保证信息传输的安全性，会给电子商务行业造成较大经济损失，不利于电子商务行业的发展。加之，电商务行业在发展过程中，会进行大量的信息交流，需要保证信息储蓄的安全性，避免出现信息丢失的情况。

（四）个人层面

5G 和 4G 网络技术相比，最为明显的优势就是网络传输速率更高，传输时延更低，功耗也相对更低。超高的数据传输以及无感知时延会给人带来全新的应用体验。

5G 时代，低时延将提升终端的反应速度，减少交通事故，从而使无人驾驶技术得到极大提升和广泛应用。5G 时代，远距离医疗将成为现实，增强的移动宽带将使跨洋高清视频手术成为可能。此外，5G 与智能家居结合带来的影响更是让人惊叹不已，患者无须去医院，通过虚拟技术便可进行 B 超检测或者手术。

在 4G 网络时代，用户隐私安全问题就一直存在，而随着 5G 网络时代的到来，用户与其他用户之间的访问更加频繁，连接数量也更多，用户隐私安全问题更难以保障。与此同时，5G 网络依靠高频段实现信息传输，虽然高频段具有波长短、能量高的优势，但是同时由于波长较短，信号覆盖范围受到限制，就需要更加密集的基站提供信号传输支持，但是基站的增加使得用户被精准定位，如果有不法分子运用运营商定位数据，则会造成用户隐私泄漏问题。在网络时代，用户隐私逐渐变得透明，一旦被不法分子利用，将会对个人和全社会造成严重的危害损失。

二、5G 的网络空间安全保障技术

（一）电磁信息空间安全保障

电磁信息安全的内涵和外延不断延伸，其研究内容也在不断扩大和深化。随着技术的发展，电磁信息安全逐渐由传统的以电磁域为主扩展到声光电磁信号综合安全防护，由防被动窃听发展到主动电磁攻击。

5G 技术的发展会大幅提升社会信息化进程，同时也对电磁安全提出了新的挑战。首先，移动通信本身就是无线应用，电磁信号发射是其存在的基点，保障其工作信道畅通是必需的；其次，5G 信道的开通将对临近信道的雷达、卫星通信正常工作产生不可避免的影响；再次，基于 5G 出现的一系列智能应用，如自动驾驶、远程医疗等，其抗干扰能力直接关系民生安全，其自身产生的干扰对其他系统的干扰也不可忽视；最后，社会活动信息化程度出现加速提升趋势，必然带来信息设备和系统的激增，由电磁信息泄露引发的失泄密威胁和隐患也必然大幅度增加。

以上这些影响将给当前乃至未来的电磁信息安全防护带来巨大的压力，同时也带来巨大的发展机遇，今后的电磁信息安全防护必然朝定制化、综合化、体系化方向发展。

当然，有这些信息安全压力，就会衍生出革新发展的动力。借鉴世界一些国家的发展思路和经验做法，通常情况下，主要从“保信息”“保运行”“防破坏”入手：采用电磁加固信息终端、屏蔽机柜、屏蔽帐篷等产品，防电磁泄漏；配置无线检测器、手机干扰器、环境电磁信号持续监测系统等，防信息技术窃密；为起重机等大型工程机械配置电磁防护模块，防工业生产系统干扰；为信息网络设备配置抗电磁脉冲和防雷的滤波器等，确保其在电磁攻击时不被摧毁。

（二）公共物理空间安全保障

1. 物理空间安全的含义与意义

物理空间信息安全指的是信息空间所关联的物理世界的安全。信息是对客观世界实际存在信号的综合。将这些信号用传感器进行采集，然后进行处理转换为各种信息设备可以理解、存储和处理的形式。物理空间信息安全不仅需要保证用于支撑计算机和网络空间的信息传输、存储及处理的物理通道的安全，更重要的是对在物理空间所采集的源信息进行内容层面的保护，以从根源上避免信息的泄露与破坏。随着互联网、移动互联网等信息技术以及半导体技术的不断发展，其基础性的工作都得到了不断深化和发展。传统的物理安全与现代的物理空间安全相比，其核心都是出于关注设备、介质等信息作为载体的安全拓展。

物理空间安全技术在工业控制系统的概念上尤为重要，工业空间技术安全的研究是对内延伸的研究，完美地融合了系统自身的信息安全问题。工业控制系统所控制的关键集成设施是相互依存的，所以工业控制系统信息安全研究的外延是工业空间安全系统之间的安全。与国外相比，国内在物理空间信息安全技术的领域研究并没有国外的研究具有针对性，在物理隔离安全上的研究极为分散。

2. 物理空间安全面对的威胁及应对方法

（1）攻击手段多元化

物理空间的内容之中包含着诸多的形式，已不仅限于传统形式之中的信息存储，还涵盖电磁、声、光等多种物理信号，并且依托于网络技术优势，呈现出多样性和复杂性的特点。然而，物理空间的多元化挑战着传统的防御方法，因为它打破了传统的网络隔离，如电磁、声音、光等物理信号成为获取涉密信息的新途径，同时也增加了检测和防御的难度。为了有效应对这些威胁，需要采取新的防御策略。首先，要充分利用网络的隔离性特点，利用网络自身的病毒检测和防御机制来应对传统网络攻击手段，如病毒和木马。其次，针对物理空间的威胁，需要加强对电磁、声音、光等物理信号的监测和防御。这包括利用先进的技术来识别和阻止物理信号的传输，同时加强对物理空间的访问控制和监控，以确保敏感信息不被泄露。最后，需要加强对网络和物理空间安全的整体管理，采取综合性的安全策略，包括加密通信、定期漏洞扫描、安全培训等措施，以确保整个系统的安全性和稳定性。

（2）攻击目标精准化

网络和信息系统之中的系统规模有着诸多不一样的地方。因为信息网络的规模问题，被动式的信息难以获取较多的数据进而产生多种类型的数据的存储问题。被动式的问题信息能够给我们诸多准确的信息，并且新型的信息技术能够处理端口的终端问题。通过终端能够将中间点延伸，通过在计算机中植入相应的恶意软件，使得信息更加准确和提升攻击的效率。

（3）攻击行为隐蔽化

物理空间窃密技术有较高的隐蔽性。一是攻击目标隐蔽，针对信息设备的硬件植入一般在设备出厂或运输途中进行，在设备正式投入使用前就已完成，这些植入的恶意软硬件一般不影响设备的正常功能，很难通过常规方法进行检测。二是攻击时间隐蔽，由于结合了新型的网络及通信技术，攻击者可远程控制攻击发起时间。三是攻击过程隐蔽，为逃避无线信号检测，大部分信息传输过程采用隐蔽传输技术，如利用公众通信网传输技术等。现有的场所无线信号检测设备尚不具有对这些新兴通信技术的检测能力。

（三）虚拟网络空间安全保障

1. 5G 的安全问题

5G 实现了万物互联，也就是在不同场景中实现了人、物与网络的有效融合，不过在网络和现实空间连接期间也会存在安全问题，这就需要通过用户和网络双向认证、安全可视性、信令信息机密性、服务请求的不可否认性、用户数据机密性实现对数据的保护。此外，还需要在丰富的场景以及特殊需求服务下设计全新的5G网络架构，由此控制网络资源。Nomadic网络的应用能够发挥出良好动态特性优势，提升5G移动通信网络的容灾能力。Nomadic网络具有良好的动态性和兼容性特点，因此在网域中移动很容易被控制，一旦受到威胁，Nomadic网络会出现破坏，影响网络的正常运行。当前需要思考的主要安全问题，就是如何确保Nomadic网络不会受到非法的攻击和控制，保护好Nomadic网络的安全性和稳定性。

2. 5G无线通信技术的网络安全对策

（1）依托云网融合提高安全可靠性

由于5G无线通信技术的特点，5G无线更适用需要超高速（eMBB，增强型移动带宽）、低时延（uRLLC，超高可靠超低时延通信）、海量连接（mMTC，海量机器类通信）的业务场景。末梢终端在5G信号接入后，依托云网融合的稳定性提高数据安全性。比如中国电信推出的云堤，可以实现近源流量清洗。

（2）建立安全架构

在未来通信行业不断发展的过程中，5G无线通信技术是非常重要的组成部分，影响力较大。同时，在5G网络环境的运行过程中，因开放程度较高，所以很容易导致网络受到非法攻击。因此，为了更好地保障5G无线通信技术网络的安全性，就需要针对5G无线通信技术采取综合性的维护措施，逐步建立起完整的安全架构。通过站在全新的角度进行分析，便能够有效减少对网络安全产生的威胁性，有效提升广大用户的隐私保护力度。此外，还需要通过进行4G基础升级，不断开展技术革新和设备换代工作，这样才能够为5G无线通信技术正常运行提供坚实的保障。

（3）NFV（网络功能虚拟化）技术

通过将5G网络合理引入虚拟化技术，便能够统一管理相关的软硬件基础设施，重新配置各项网络资源。其中，通过对NFV技术进行合理部署，便能够让一些功能网中的虚拟功能网元形式直接部署在云化的基础上，避免对专有的通信硬件平台产生依赖性，这样便能够借助软件真正实现网络的功能。同时，为了有效提升5G网络的安全潜力，优化网络安全策略实施的可编排性，则需要将虚拟化系统的优势充分凸显出来，切实保证虚拟化平台的安全性。NFV在应用的过程中还能够有效增强5G通信的网络安全，但也在一定程度上为5G网络埋下了安全隐患，这样黑客便会将攻击虚拟化技术作为重要的管理层目标。一旦将其攻破，则会对整个虚拟机造成非常严重的影响。因此，在将该技术引入5G无线通信技术中后，便需要采取多元化的系统级防护，将非法攻击所带来的安全威胁阻挡在外，以此保证5G通信技术更加安全稳定地运行。

（4）网络切片

5G无线通信技术在应用过程中，网络切片的隔离机制直接关系应用的安全性。其核心功能是防止不同网络切片之间的资源相互干扰，防止非法访问导致切片信息资源泄露。因此，在5G网络应用中，必须按需部署网络切片，以提供个性化的安全服务。然而，尽管网络切片给用户带来了便利，但也带来了新的安全问题和挑战。其中包括各切片之间的安全隔离，以及如何安全地部署和管理虚拟网络。只有解决了这些问题，才能让用户放心使用5G通信网络，确保云端数据资源的安全，促进5G网络持续健康发展。

（5）建立高效的加密算法

为了保障5G无线通信技术的网络安全，需要充分考虑5G无线通信技术的特殊性，切实保证算法的高效性和加密性。同时，因5G无线通信技术在应用的时候具有低延时性的特点，所以在不断传输的过程中很容易出现高密度的特点，从而诱发网络安全漏洞。通过全方面评价5G无线通信技术应用的实际情况，采取流密码体制，加强轻量级的加密算法，便能够更好地保障5G无线通信技术的加密效果。在维护网络安全的过程中，加密算法是非常重要的一种手段。通过立足于不同的角度进行分析，需要借助逆向思维来完成，提前分析出不法分子将会采取何种攻击形式和破译方法，以有效针对性提升加密算法的性能。

（6）加强安全管理机制

通过全面分析影响5G无线通信技术运行的因素，根据实际情况构建完善的安全管理机制，妥善解决5G无线通信技术运行中出现的各类问题。尤其是在当前网络通信技术的发展过程中，信道租用的应用范围不断扩大，广大用户除了能够自由利用云系统进行计算或者是进行资源储存外，还可以根据自身的实际需求租用无线信道，以此保证广大用户的数据安全性和隐私。同时，为了更好地保证5G无线通信技术中信道租用的安全性，需要根据实际情况制定信道租用安全管理机制，并站在科学的角度为各项技术的应用提供参考。

第二节 网络安全治理与区块链技术

一、区块链的概念、分类与结构

（一）区块链

狭义区块链是按照时间顺序，将数据区块以顺序相连的方式组合成链式数据结构，并以密码学方式保证的不可篡改和不可伪造的分布式账本。广义区块链技术是利用块链式数据结构验证与存储数据，利用分布式节点共识算法生成和更新数据，利用密码学的方式保证数据传输和访问的安全、利用由自动化脚本代码组成的智能合约，编程和操作数据的全新的分布式基础架构与计算范式。

通俗来讲，区块链就是一个又一个区块组成的链条。每一个区块中保存了一定的信息，它们按照各自产生的时间顺序连接成链条。这个链条被保存在所有的服务器中，只要整个系统中有一台服务器可以工作，整条区块链就是安全的。这些服务器在区块链系统中被称为节点，它们为整个区块链系统提供存储空间和算力支持。如果要修改区块链中的信息，必须征得半数以上节点的同意并修改所有节点中的信息，而这些节点通常掌握在不同的主体手中，因此篡改区块链中的信息是一件极其困难的事。

相比于传统的网络，区块链具有两大核心特点：一是数据难以篡改，二是去中心化。基于这两个特点，区块链所记录的信息更加真实可靠，可以帮助解决人与人之间互不信任的问题。

（二）区块链分类

1. 公有区块链（Public Block Chains）

世界上任何个体或者团体都可以发送交易，且交易能够获得该区块链的有效确认，任何人都可以参与其共识过程。公有区块链是最早的区块链，也是应用最广泛的区块链，各大比特币系列的虚拟数字货币均基于公有区块链，世界上有且仅有一条该币种对应的区块链。

2. 联盟区块链（Consortium Block Chains）

由某个群体内部指定多个预选的节点为记账人，每个块的生成由所有的预选节点共同决定（预选节点参与共识过程），其他接入节点可以参与交易，但不过问记账过程（本质上还是托管记账，只是变成分布式记账，预选节点的多少，如何决定每个区块的记账者成为该区块链的主要风险点），其他任何人可以通过该区块链开放的 API 进行限定查询。

3. 私有区块链（Private Block Chains）

仅使用区块链的总账技术进行记账，可以是一个公司，也可以是个人，独享该区块链的写入权限，本链与其他的分布式存储方案没有太大区别。传统金融都是想实验尝试私有区块链，而公有区块链的应用，如比特币已经工业化，私有区块链的应用产品还在摸索当中。

（三）区块链的层次结构

一般来说，区块链系统是由数据层、网络层、共识层、激励层、合约层和应用层六个部分组成的。如图 8－1 所示，各层相互配合以实现去中心化的信任机制。其中，数据层、网络层、共识层是构建区块链系统的必要元素，缺少任何一层都不能称之为真正意义上的区块链。

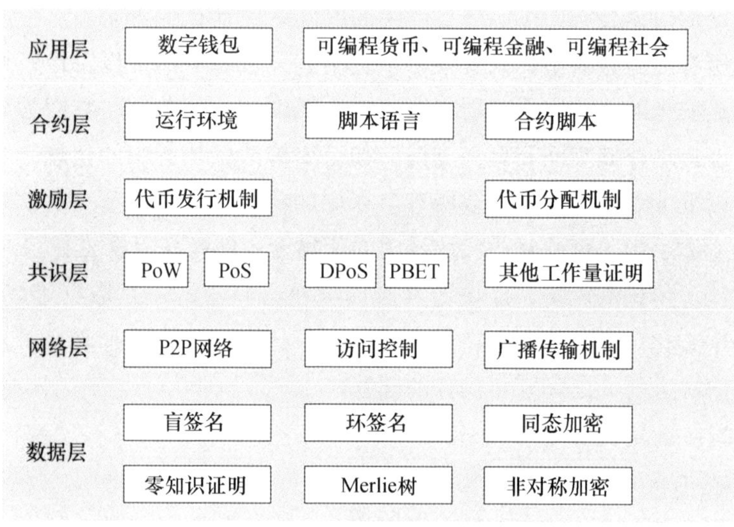

图 8－1　区块链的层次结构

二、区块链对网络空间安全的影响

（一）区块链数据安全威胁

区块链之所以能够在以数字货币为代表的应用领域中大放异彩，同时也能够得到其他应用领域的广泛关注，是由于区块链系统具有去中心化、可追溯、不可篡改、不可伪造、不可否认和可编程等特点。然而，区块链在安全和隐私方面的挑战仍然制约着区块链的快速发展。

1. 区块链安全评估与技术挑战

区块链是集信息安全与隐私保护于一体的新型技术，其相应的安全评估检测方法还处于发展过程中，这些技术（包括共识算法、激励机制、智能合约等）在某些关键环境下存在一定的安全隐患，并且已有的安全检测手段还无法完全应用到区块链中。例如，共识协议中的攻击问题：在 PoW 中存在的问题是集中 51% 算力攻击的问题，即攻击者若获得了整个区块链网络的 51% 算力，就有控制整个区块网络的能力，其中也包括篡改和伪造。在比特币应用中，上述提到的 51% 的攻击问题带来的后果是攻击者可以实现双重支付（Double Spending），于是提出了 PoS 协议来替换 PoW 协议，上述协议的替换有效避免了某种程度上 51% 算力攻击的问题，然而新的问题会随之产生。现有的攻击问题有 Nothing at Stake（无利害关系），此问题会导致共识节点不计成本地对区块链进行分叉处理，这样会造成区块链网络中不断地产生很多分叉。漏洞检测是安全问题的一个重要方面，从漏洞检测的角度出发，区块链无法提供有效的代码漏洞检测。例如，在以太坊中，虽然提供了一些模板和测试环境以方便开发者开发智能合约，但由于智能合约逻辑的复杂性和分布式运行的特性，智能合约在代码的编写和密码模块的利用上不可避免地让黑客有可乘之机。同时，网络架构的不一致性使得传统的入侵检测技术无法直接适用到区块链系统中，这也是导致区块链上各种安全问题无法解决的重要缘由之一。量子计算机、人工智能、大数据分析等计算机技术的快速发展同样给区块链带来了安全威胁。尤其是量子计算机的出现会对区块链的安全性造成巨大冲击，量子计算机一旦产生，任意大整数的快速分解从理论上就变得极其容易，破解长度为 1024 位的非对称加密密钥只需要很短的时间，一些传统的计算性理论假设不再成立。例如，基于数论的困难假设不再是密码学上的“困难”问题。2019 年 10 月 24 日，科技公司巨头谷歌的量子计算机研究团队在 *Nature* 发表论文，此论文正式向世界宣告量子计算机已被成功研发，该计算机可以有效解决当前计算机不能解决的难题，量子计算机只用 3 分 20 秒就可以完成当前第一超算需要耗时 10000 年的实验，这也表明基于传统非对称密码学的区块链技术在安全性上面临挑战。

2. 区块链的安全监管难题

匿名性、去中心化、防篡改性、自治化等特点虽然是区块链的技术标签，但与此同时也给区块链系统的安全监管带来了一系列难题。

（1）匿名性与追溯困难

区块链的匿名性使得区块链网络系统中发生的漏洞利用等安全事件以及骗取数字货币等网络犯罪的溯源难度增加。当非授权用户利用区块链技术进行违法犯罪活动或者对系统实施攻击使得系统变得不安全时，系统很难追踪并从系统中移除恶意用户和攻击者。例如勒索病毒，黑客利用操作系统漏洞将用户的文件进行加密处理，需要用户发送一定量的比特币来获取解密密钥。虽然比特币地址在用户交易的过程中是公开的，但其较高的匿名性使我们无法找到现实中的非法参与者。

（2）去中心化与安全监管难题

区块链的去中心化特性导致攻击者可以在更多方面进行攻击，使得系统的安全监管的难度增大。基于区块链的分布式存储模式，数据存储在不同的节点而不是集中式的服务器，且使用广播的通信方式来实现点对点通信，不需要通过可信的集中服务器或平台，因此用户交易过程中很难获取监管数据，监管的技术接口也难以实现。

（3）防篡改特性与信息传播困扰

区块链的防篡改特性为恶意信息的传播提供庇护，使对数据内容的监管变得异常困难。具体来说，攻击者通过交易的方式向区块链中写入一些非法信息，利用区块链自身的同步机制实现非法信息的迅速传播，由于防篡改特性使这些非法信息难以被删除，加大了互联网监管的难度。

（4）数据安全责任边界不清晰

在实际应用中，节点通常指的是区块链平台、应用系统、数据所有者等实体，区块链中的这些实体互不信任，这会导致在出现安全问题时，难以划清安全责任界限。

（二）区块链隐私泄露威胁

1. 身份信息泄露

公有链没有准入机制，任何节点（包括攻击者节点）都可加入网络中进行数据维护，监听区块链网络节点之间传输的数据。因此，当攻击者想要推测出某个交易者的身份信息时，首先分析获取到的交易数据，其次通过给出的背景知识，将二者结合得到最终的交易参与者的真实身份，上述攻击可以成功的原因在于区块链上交易数据是可以关联的。通过交易的关联性关系，攻击者可以削弱区块链地址的匿名性，甚至暴露用户的真实身份。例如，爱丽丝在某个区块链交易平台上购买了一个比特币，它利用信用卡来进行支付，由于在美国2000美元以上的交易都需要实名，因此实名制使得攻击者可以通过交易的地址、金额和时间等相关数据从支付地址关联到实际支付人，从而达到获取交易者身份信息的目的。

数据的公开透明既是区块链技术的优势，也是区块链技术的劣势，它记录的敏感信息得不到保护，通过从区块链网络中提取有价值的敏感数据，联合不同网络和平台下的用户数据，即使用户的交易费用通过比特币进行支付，也无法保证其隐私的安全性。通过利用区块链浏览器，与比特币相关的每笔交易信息都是公开可查询的，包括资金流向（发送地址、接收地址）、交易金额、交易时间等。虽然用户使用的是匿名地址，无法直接利用交易地址查询到交易者真实的个人信息，但要查询到用户的真实信息还是有迹可循的。根据现有的研究表明，即使通过隐私保护的方法实现身份隐私，但是利用数据挖掘等手段对比特币交易信息统计分析，同时结合一些现实非比特币的交易记录，能够确认出40%的比特币用户的真实信息。因此，简单地通过比特币的地址来实现用户交易的匿名性，这种匿名体制是不完善的，确切地说，这是一种伪匿名性。

2. 交易数据泄露

在区块链与其他具体应用相结合的情形中，会涉及大量高度隐私的数据。例如，在金融业务场景中，用户与银行之间的交易记录或者银行之间的相互交易记录都是极其敏感的数据，属于银行的核心数据，因此不论是用户还是银行，都不希望彼此之间的交易记录被其他非授权用户查看。此外，在医疗场景中，多个医院组成的联盟链可以有效促进数据的共享、有利于病情的诊断，但是个人病情同样属于极度隐私的数据，患者并不想将个人的医疗数据公开地放置在区块链环境中。由此可以看出，若想要区块链技术及其应用覆盖到其他的应用场景，隐私泄露应该是最先需要解决的问题。

提升硬件性能是一种兼顾隐私保护与性能的解决方法。例如，可以采用具有隐私保护功能的硬件设备 Intel SGX 同时保障效率。SGX 是由英特尔公司开发的，旨在为商用计算机上进行的安全敏感计算提供完整性和机密性的指令集扩展，SGX 的核心技术是封装，即通过提供硬件安全的强制性保障将合法的运行软件封装在 Enclave 中，为软件执行提供可信的环境，防止恶意者的攻击以及软件的越权访问，但此技术并不能对所有的攻击都进行识别和隔离，只能保证 Enclave 中运行的数据机密性和完整性。

通过密码协议来增强区块链的隐私性保护也是研究的热门方向，包括使用零知识证明、安全多方计算等技术来解决链上交易公开透明的问题。目前针对区块链隐私保护机制的研究按照层级来划分，主要包括网络层、数据层以及应用层三方面的隐私保护。

二、基于区块链的网络攻击防御技术

（一）区块链数据层攻击

1. 数据层攻击

数据层、网络层和共识层是区块链技术体系中最基础、最必要的三个层级，而数据是其中最重要的一层，主要涉及区块链的数据结构、数字签名、哈希函数等密码学工具。这些密码学工具在保护区块链数据隐私的同时，其固有的碰撞攻击（Collision Attack）、后门攻击（Backdoor Attack）等安全问题也给区块链数据隐私带来一定的威胁。此外，攻击者也可能通过交易延展性攻击（Transaction Malleability Attack）和恶意信息攻击（Malicious Information Attack）破坏交易秩序和区块链网络环境。因此，区块链数据层面临的安全威胁主要包含数据隐私窃取和恶意数据攻击。

2. 防御策略与方法

区块链本质上是一组多源异构的数据，数据层是区块链体系中最基础、最重要的一层，其安全性从根本上决定着区块链网络的安全性。

从隐私保护的角度来看，密码学工具在保证区块链网络数据安全性的同时，其自身面临的安全威胁也为区块链数据层造成诸多安全隐患。尽管当前区块链技术体系中使用的密码学工具被认为是安全的，只要能在开发过程中确保使用无后门的密码算法，即可保证区块链网络的安全性，然而从长远来看，现有密码学工具的安全性势必受到以量子计算为代表的新一代计算技术的冲击。攻击者如果使用量子计算机对大整数进行分解得到私钥，而区块链结构更新的速度要慢很多，仅需要短短几分钟，用户的账户就会被盗取。因此，只有在适当的时间节点替换更安全、更高效的密码学工具才能保证区块链的稳健性和安全性。

（二）区块链网络层攻击

1. 网络层攻击

网络层是区块链技术体系中最基础的层级，主要包含 P2P 网络组网方式、消息传播协议等元素，赋予了区块链去中心化、不可删除、不可篡改的技术特性。区块链网络层面临的安全威胁主要是针对 P2P 网络的恶意攻击，攻击者可能通过漏洞植入、路由劫持、资源占用等方式扰乱区块链网络的正常运行，也有可能利用交易延迟攻击（Transaction Delay Attack）来破坏区块链网络交易环境。

2. 防御策略与方法

网络层攻击的主要目标是区块链底层的 P2P 网络，它为区块链提供了防止单点攻击较强容错性、较好兼容性与可扩展性等优势。但攻击者可以通过扰乱用户之间的通信达到不同的攻击目的。根据攻击方式的特征，区块链网络层攻击可以分为信息窃取类攻击、网络路由劫持类攻击和恶意资源占用类攻击。

（1）信息窃取类攻击

信息窃取类攻击主要包括客户端代码漏洞和窃听攻击。在针对客户端代码漏洞的攻击场景中，攻击者利用的漏洞可能是预先恶意植入的“后门”，也可能是开发人员编写错误导致的。理论上无法完全杜绝类似的漏洞，所以开发商应在软件安全开发生命周期内通过 Fuzzing、代码审计逆向漏洞分析、反逆向工程等技术，对客户端的安全性进行评估，以缓解类似漏洞带给用户的安全威胁。

（2）网络路由劫持类攻击

网络路由劫持类攻击主要包括日蚀攻击（Eclipse Attack）、BGP 劫持攻击和分割攻击，它们的攻击原理相似，攻击目标分别为单个节点、节点集合和 P2P 网络。攻击者通过改变节点的网络视图，将目标节点集合从区块链网络中隔离出来，从而达到控制区块链网络的目的。

为了预防日蚀攻击，德国区块链研究员多米尼克·莱茨（Dominic Letz）提出共识信誉机制 BlockQuick。BlockQuick 中的网络节点在接受新产生的区块时，会对矿工的加密签名进行验证，并将该矿工的身份与共识信誉表中已知矿工的身份进行比对。最终，当共识得分大于 50% 时，网络节点才会接受该区块；否则，节点拒绝该区块，察觉出攻击者的日蚀攻击行为。而在 BGP 劫持攻击和分割攻击场景中，攻击者主要通过 BGP 路由劫持实现网络视图分割。针对路由劫持问题，研究人员提出了自动实时检测与缓解系统（Automatic and Real - Time dEtection and MItigation System, ARTEMIS），可能几分钟内即可帮助服务提供商解决 BGP 劫持问题，使得实时的公共 BGP 监控服务成为可能。

（3）恶意资源占用类攻击

拒绝服务攻击、DDoS 攻击属于通过恶意资源占用实现的拒绝服务攻击，目前已经存在很多有效的防御工具，如拒绝服务防火墙、DDoS 防火墙和交易延迟攻击属于社会工程学层面，解决此类攻击只能通过不断完善激励制度和奖惩制度、优化网络环境等社会工程学手段。

（三）区块链共识层攻击

1. 共识层攻击

共识层是区块链技术体系的核心架构，其中的共识算法可以保证全网节点在去信任化的场景中对分布式账本数据达成共识，为区块链的去中心化、去信任化提供保障。共识层面临的安全威胁主要是攻击者可以通过各种手段阻止全网节点达成正确的共识。在授权共识机制中，各节点对共识过程的影响相同，所以易遭受女巫攻击（Sybil Attack）；而在非授权共识机制中，各对等节点利用自身所持资源（如算力、权益）竞争记账权，进而达成共识。投入的资源越多，成功率越高，因此易遭受 51% 攻击。攻击者可能出于利益目的，通过贿赂攻击（The Bribing Attack）、币龄累计攻击（Coin Age Accumulation Attack）等方式非法获取大量资源，从而发起 51% 攻击以实现代币双花、历史修复、期货卖空、自私挖矿等目的。此外，攻击者还可以通过无利害关系攻击（Nothing at Stake Attack）、预计算攻击（Pre - computation Attack）等方式影响全网共识进程，进而获利。

2. 防御策略与方法

从宏观的角度来看，区块链共识层攻击的基本原理是攻击者凭借较大的资源优势，阻止区块链全网节点达成正确的共识，进而主导区块链的发展方向，以实现妨碍网络运行、货币双花、最大获利等实际目的。

授权共识机制中，攻击者需持有超过全网三分之一的节点才有可能阻止区块链网络达成正确的共识，即攻击者操纵了多个节点身份，发起了女巫攻击。在女巫攻击的场景中，攻击者可能通过伪造等手段获取多个节点身份，也可能通过胁迫、腐化等手段控制多个节点，其他节点无法检测、判断出攻击者持有节点身份的数量及其之间的内部关系。因此，阻止女巫攻击的关键在于阻止攻击者获取多重身份，可以考虑以下几种策略：

（1）采用节点身份验证机制，通过身份验证防止攻击者伪造节点身份

目前部分私有链采用了 PoA 共识机制，如 Aura4、Clique6 等，该机制通过随机密钥分发与基于公钥体制的认证方式，使得攻击者无法在区块链网络中伪造多个身份，在一定程度上缓解了女巫攻击。

（2）采用高成本的多身份申请机制，通过提高身份伪造成本缓解女巫攻击

尽管节点身份验证机制可以阻止攻击者伪造身份，但在实际中这种方式无法满足诚实节点对多节点身份的正常需求。因此，可以考虑引入首次申请身份免费、多次申请成本指数式升高的身份申请机制。随着身份个数的增加，攻击者的攻击成本将呈指数级增长，可以在满足节点对多身份正常需求的同时，增加攻击者实施女巫攻击的成本，在一定程度上缓解女巫攻击带来的安全威胁。

理论上，女巫攻击也可以出现在非授权的共识场景中，但由于非授权共识算法中的节点通过自身持有的“筹码”竞争记账权，多重身份伪造意味着攻击者“筹码”的分流，但“筹码”总量不会发生变化，而攻击者实施女巫攻击不但不能提高自己获得记账权的成功率，反而有可能导致其成功率降低，所以不会对非授权共识机制的共识过程产生实质性影响。

在克隆攻击场景中，攻击者成功实施克隆攻击的前提是通过网络层的 BGP（边界网关协议）持攻击分割攻击实现网络分割，所以网络层中的防御策略可以从源头预防克隆攻击。此外，也可以采用心跳机制对节点的行为进行限制和预测。克隆攻击的原理是攻击者利用 BGP 劫持产生网络分区，且控制各分区之间的信息交流，使分区之间无法正常通信。诚实的节点不知道分区的存在，就会被攻击者利用。为了预防这种情况的发生，每一轮的记账人可以在打包区块之前分别向其他各节点发送问询心跳信息，来检测其是否在线。一旦节点收到问询心跳信息，就立刻向记账人发送应答心跳信息。如果记账人没有收到二分之一以上节点返回的应答心跳信息，则说明此时区块链系统可能正在遭受克隆攻击或网络出现故障，说明此时的 PoA 系统不可信，即刻暂停区块并采取相应措施。由于攻击者此时控制着网络路由，因此问询心跳信息和应答心跳信息都应该加入时间戳和身份标识等数据来防止攻击者重放。虽然将心跳机制加入 PoA 系统无法从根本上避免 BGP 劫持，但能够在一定程度上检测并缓解克隆攻击带来的危

害，避免损失。

（四）区块链合约层攻击

1. 合约层攻击

合约层是区块链实现点对点可信交互的重要保障，主要包括智能合约的各类脚本代码算法机制等，是区块链 2.0 的重要标志。合约层面临的安全威胁可以分为智能合约漏洞和合约虚拟机漏洞。智能合约漏洞通常是由开发者的不规范编程或攻击者恶意漏洞植入导致的，而合约虚拟机漏洞则是由不合理的代码应用和设计导致的。

2. 防御策略与方法

区块链合约层攻击的基本原理是攻击者利用智能合约的代码漏洞、调用逻辑漏洞、合约虚拟机的运行漏洞尝试通过非正常的合约调用，以实现非法获利、破坏区块链网络的目的。

智能合约实质上是由开发者编写并部署在区块链上的一段代码，其中的漏洞可能是由于开发人员编写的代码不符合标准导致的，如整数溢出漏洞、时间戳依赖性、调用深度限制等；也可能是攻击者（开发者）恶意植入的，如重入攻击。因此，在智能合约编写过程中开发人员需考虑以下几方面内容：

第一，简化智能合约的设计，牺牲一部分图灵完备性换取安全性；

第二，严格执行智能合约代码审查；

第三，养成良好的编程习惯。

此外，合约虚拟机中存在的逃逸漏洞、逻辑漏洞、资源滥用漏洞可能导致智能合约的异常运行，攻击者可以在发现这些漏洞后，在与其他用户订立智能合约时利用这些漏洞编写有利于自己的智能合约代码，使智能合约失去公平性。因此，区块链网络在引入智能合约虚拟机时，应对虚拟机进行系统的代码审计，分析评估其安全性，并将其可能存在的安全漏洞披露出来。而用户在部署智能合约时，除了对合约代码进行常规审计外，也要根据目标合约虚拟机披露的漏洞对代码进行审计，做好双向的智能合约运行环境评估。

（五）区块链应用层攻击

1. 应用层攻击

应用层是区块链技术的应用载体，为各种业务场景提供了解决方案，可分为挖矿和区块链交易两类场景。在挖矿场景中，攻击者可能通过漏洞植入、网络渗透、地址篡改等方式攻击矿机系统，从而非法获利。“聪明”的矿工也可能利用挖矿机制的漏洞，通过算力伪造攻击（Computational Forgery Attack）、扣块攻击（Block Withholding Attack）及丢弃攻击（Drop Attack）等方式谋求最大化的收益。在区块链交易场景中，攻击者可能利用撞库攻击（Credential Stuffing Attack）、零日漏洞攻击（Zero - Day Vulnerability Attack）、API 接口攻击（Application Programming Interface，API Attack）等方式非法获取交易平台中用户的隐私信息，也可能通过钓鱼攻击、木马劫持攻击等方式获取用户账户的隐私和资产。

2. 防御策略与方法

相比区块链其他层级，应用层攻击的场景更加具体、复杂，所以攻击者的手段也十分多样。因此，区块链应用层面临的安全问题应从实际的服务场景出发，设计合适的防御策略和相关技术。在挖矿场景中，攻击者采用的攻击方式大多具备社会工程学攻击特性，即攻击者会根据矿机漏洞、挖矿机制漏洞采取趋利的挖矿行为，通过损害矿池或其他矿工利益实现自身利益的最大化。

（1）针对矿机的系统漏洞，可以尝试以下防御策略：

第一，开发阶段。开发人员应在开发阶段设定软件安全开发生命周期，建立安全漏洞管理机制。在成品销售前对矿机系统进行代码审计、黑盒测试挖掘潜在安全漏洞，并在开发周期内对安全漏洞所在的源代码进行修改，避免漏洞的产生。成品交付后，应建立运维管理和应急响应中心制度，对产品运行期间新发现的漏洞进行及时修补。

第二，部署阶段。矿工应该在原有的软件防护基础上增加辅助的安全检测技术（如入侵检测、防火墙、蜜罐技术等），合理地进行服务器配置，采用最小权限原则，进一步预防网络渗透攻击和地址篡改攻击。

（2）在区块链交易场景中，攻击者的最终目的都是通过直接或间接手段获取用户节点的账户信息，进而盗取用户资产，主要存在交易平台和用户账户两个攻击目标。为了保证交易平台中用户的账户隐私，交易平台应采取以下措施：

第一，引入密码安全等级分析机制。系统可以在用户设置账户密码时，实施当前密码的安全评级，限制账户密码长度和字符种类，避免用户使用弱口令，从而预防弱口令攻击。

第二，交易平台应在用户登录账号时进行人机识别，在一定程度上缓解撞库攻击。而用户也应该注意避免多网站的密码通用问题，可以考虑对账户进行安全等级评估，相同安全等级的账户采用相同的密码，这样既可以缓解撞库攻击，也可以避免账户密码过多给用户带来的密码管理问题。

第三，通过限制目标账户的登录频率和限制单节点的访问请求频率，从被访问端和访问端两个方向限制攻击者的攻击能力，可以有效预防穷举攻击。通过增加图片验证码或人机交互验证，预防攻击者自动化穷举攻击。

第四，启用 API 接口调用认证机制，合理管理交易平台 API 接口，妥善保管 APIkey，预防 API 接口攻击。

第五，提高开发工程师安全素养，在一些敏感的系统里单独实现一些额外的认证机制，避免单点登录漏洞。

第三节　网络安全治理与人工智能

人工智能是一种通过计算机程序模拟人类智能的技术，由一系列算法、模型和技术组成，其中包括机器学习、深度学习、自然语言处理、计算机视觉等。人工智能可以应用于各种领域，如自动驾驶、医疗诊断、机器人、语音识别、图像处理等。人工智能的核心问题包括建构能够跟人类似甚至超卓的推理、知识、计划、学习、交流、感知、移动 、移物、使用工具和操控机械的能力等。

自 20 世纪 50 年代首次提出人工智能这一概念后，随着计算机技术的不断进步，人工智能概念的范围也逐渐扩大，计算机图像识别、数据挖掘、深度学习等技术也相继被纳入人工智能的范畴。近些年，在算力提升、数据积累等因素的共同作用下，人工智能技术的应用范围不断扩大，应用门槛也逐步降低，引起了世界主要国家和集团的高度重视。2017 年，中国印发了《新一代人工智能发展规划》，提出要在 2030 年使“中国人工智能理论、技术与应用总体达到世界领先水平，成为世界主要人工智能创新中心”。2019 年，美国发布《2018 年国防部人工智能战略概要》，提出要将人工智能作为未来关键的军事技术进行研究，并于同年发布了新的《国家人工智能研究与发展战略计划》。欧盟、俄罗斯、日本、印度等也相继发布其在人工智能领域的规划和目标。人工智能已经成为大国竞争的新领域，各国政府都在积极推动人工智能技术在各领域的应用。与此同时，人工智能的各类问题也引起了研究者们的重视，特别是人工智能伦理、人工智能军事化、人工智能对政府治理的影响等议题尤为突出，已经有研究者将人工智能列为未来几十年中人类面临的最大挑战之一。随着人工智能在网络安全领域应用的逐步加深，越来越多的研究者也开始重视人工智能对于网络安全的影响。

一、人工智能的网络安全风险

人工智能带来的安全挑战体现在网络安全领域，其“双刃剑”属性十分明显。安全研究专家认为，网络世界中的薄弱环节会因为人工智能的出现而不断被放大，早在多年前就已经有黑客利用人工智能技术进行网络犯罪活动。如作为热衷于新技术并舍得投入的黑灰产业，已经开始了对人工智能的利用。人工智能领域的人脸识别技术，同样可以被用来破解图片验证码，甚至被用来收集特定目标信息，实现精准钓鱼攻击。2023 年就有“刷脸支付”被成功破解的报道。人工智能的自动化也被应用于很多被广泛使用的恶意软件，这些软件带有诸多自动化功能，使用者不需要懂得任何黑客技术，只需要点击鼠标便可实现攻击。除此之外，人工智能自身也存在安全风险，如针对算法的欺骗、机器学习所使用的数据污染、模型安全风险，代码安全风险等。

（一）人工智能助力网络攻击

网络攻击（Cyber Attacks）是指针对计算机信息系统、基础设施、计算机网络或个人计算机设备的，任何类型的进攻动作。对于计算机和计算机网络来说，破坏、揭露、修改、使软件或服务失去功能、在没有得到授权的情况下偷取或访问任何一台计算机的数据，都会被视为对计算机和计算机网络中的攻击。人工智能使得网络攻击更加强大，一方面，可将参与网络攻击的任务自动化和规模化，用较低成本获取高收益；另一方面，可以自动分析攻击目标的安全防御机制，针对薄弱环节定制攻击从而绕过安全机制，提高攻击的成功率。

以洛克希德·马丁公司于 2011 年提出的网络杀伤链（Cyber Kill Chain）模型（将攻击过程划分为侦查跟踪、武器构建、载荷投递、漏洞利用、安装植入、命令与控制、目标达成七个阶段）作为参考，描述人工智能在网络攻击中的应用研究情况，如表 8 - 1 所示，可以看到黑客在网络杀伤链模型的各个攻击阶段都尝试使用人工智能技术进行优化以期获得最大收益。

表 8－1　人工智能在网络攻击中的应用研究情况

序号	应用研究	网络杀伤链模型（网络攻击生命周期）						
		侦查跟踪	武器构建	载荷投递	漏洞利用	安装植入	命令与控制	目标达成
1	恶意代码免杀		√		√			
2	基于生成对抗网络框架 IDSGAN 生成恶意流量			√				
3	智能口令猜解			√				
4	新型文本验证码求解器			√				
5	自动化高级鱼叉式钓鱼		√					
6	网络钓鱼电子邮件生成		√					
7	DeepLocker 新型恶意软件						√	
8	DeepExploit 全自动渗透测试工具	√			√		√	√
9	基于深度学习 DeepDGA 算法					√		
10	基于人工智能的漏洞扫描工具	√						

利用人工智能开展的网络攻击方式包括但不限于：定制绕过杀毒软件的恶意代码或者通信流量；智能口令猜解；攻破验证码技术实现未经授权访问；鱼叉式网络钓鱼；对攻击目标的精准定位与打击；自动化渗透测试等。

（二）针对人工智能自身安全问题的攻击

随着人工智能的广泛应用，由于技术不成熟及恶意应用导致的安全风险逐渐暴露，包括深度学习框架中的软件实现漏洞、恶意对抗样本生成、训练数据投毒及数据强依赖等。黑客可通过找到人工智能系统弱点以绕过防御进行攻击，导致人工智能所驱动的系统出现混乱，形成漏判或者误判，甚至导致系统崩溃或被劫持。人工智能的自身安全问题，主要体现在训练数据、开发框架、算法、模型及承载人工智能系统的软硬件设备等方面，具体如下。

1. 数据安全

数据集的质量（如数据的规模、均衡性及准确性等）对人工智能算法的应用至关重要，影响着人工智能算法的执行结果。不好的数据集会使得人工智能算法模型无效或者出现不安全的结果。较为常见的安全问题为数据投毒攻击，通过训练数据污染导致人工智能决策错误。

2. 框架安全

深度学习框架及其依赖的第三方库存有较多安全隐患，导致基于框架实现的人工智能算法在运行时出错。

3. 算法安全

深度神经网络虽然在很多领域取得很好的效果，但是其取得好效果的原因及其算法中隐藏层的含义、神经元参数的含义等尚不清楚，缺乏可解释性，容易造成算法运行错误，产生对抗性样本攻击、植入算法后门等攻击行为。

4. 模型安全

模型作为人工智能应用的核心，成为攻击者关注的重点目标。攻击者向目标模型发送大量预测查询，利用模型输出窃取模型结构、参数、训练及测试数据等隐私敏感数据，进一步训练与目标模型相同或类似模型；采用逆向等传统安全技术把模型文件直接还原；攻击者利用开源模型向其注入恶意行为后再次对外发布分享等。

5. 软硬件安全

除上述安全问题外，承载人工智能应用的（数据采集存储、应用运行等相关）软硬件设备面临着传统安全风险，存在的漏洞容易被攻击者利用。

攻击者可以针对上述人工智能自身存在安全问题发起攻击，其中较为常见的攻击为对抗样本攻击，攻击者在输入数据上添加少量精心构造的人类无法识别的“扰动”，就可以干扰人工智能的推理过程，使得模型输出错误的预测结果，达到逃避检测的攻击效果。此外，对抗样本攻击具有很强的迁移能力，针对特定模型攻击的对抗样本对其他不同模型的攻击同样有效。

二、人工智能的网络安全防护与应用

（一）人工智能的网络安全防护

随着数据量及算力不断提升，未来人工智能应用场景不断增多，人工智能自身安全问题成为其发展的瓶颈，人工智能自身安全的重要性不言而喻。针对人工智能自身在训练数据、开发框架、算法、模型及软硬件设备等方面的安全问题，目前较为常用的防护手段有：

1. 数据安全

分析异常数据与正常数据的差异，过滤异常数据；基于统计学方法检测训练数据集中的异常值；采用多个独立模型集成分析，不同模型使用不同的数据集进行训练，降低数据投毒攻击的影响等。

2. 框架安全

通过代码审计、模糊测试等技术挖掘开发框架中存在的安全漏洞并进行修复；借助白帽子、安全研究团队等社区力量发现安全问题，降低框架平台的安全风险。

3. 算法安全

在数据收集阶段，对输入数据进行预处理，消除对抗样本中存在的对抗性扰动。在模型训练阶段，使用对抗样本和良性样本对神经网络进行对抗训练，以防御对抗样本攻击；增强算法的可解释性，明确算法的决策逻辑、内部工作机制、决策过程及依据等。在模型使用阶段，通过数据特征层差异或模型预测结果差异进行对抗样本检测；对输入数据进行变形转化等重构处理，在保留语义前提下破坏攻击者的对抗扰动等。

4. 模型安全

在数据收集阶段，加强数据收集粒度来增强训练数据中环境因素的多样性，增强模型对多变环境的适应性。在模型训练阶段，使模型学习到不易被扰动的特征或者降低对该类特征的依赖程度，提高模型鲁棒性；将训练数据划分为多个集合分别训练独立模型，多个模型投票共同训练使用的模型，防止训练数据泄露；对数据/模型训练步骤加噪或对模型结构进行有目的性的调整，降低模型输出结果对训练数据或模型的敏感性，保护模型数据隐私；将水印嵌入模型文件，避免模型被窃取；通过模型剪枝删除模型中与正常分类无关的神经元，减少后门神经元起作用的可能性，或通过使用干净数据集对模型进行微调消除模型中的后门。在模型使用阶段，对输入数据进行预处理，降低后门攻击可能性；在模型运行过程中引入随机性（输入/参数/输出），使得攻击者无法获得模型的准确信息；混淆模型输出和模型参数更新等交互数据中包含的有效信息，减少模型信息可读性；采用访问控制策略（身份验证、访问次数等）限定对模型系统的访问，防止模型信息泄露；对模型文件进行校验或验证，发现其中存在的安全问题。

5. 软硬件安全

对模型相关数据在通信过程或者存储时进行加密，确保敏感数据不泄露；对软硬件设备进行安全检测，及时发现恶意行为；记录模型运行过程中的输入输出数据及核心数据的操作记录等，支撑系统决策并在出现问题时回溯查证。

（二）人工智能的网络安全应用

保证网络系统的安全稳定是计算机网络技术应用中的主要目标。随着人工智能技术的应用，与传统人工操作形式的安全防御系统相比，计算机网络安全防御系统的效率实现了显著提升。基于人工智能技术的网络安全防护手段已经出现，下面介绍几种较为常见的人工智能网络安全防护手段①：

1. 人工智能杀毒引擎技术

人工智能杀毒引擎技术是一种使用机器学习和人工智能算法来检测和识别恶意软件（例如病毒、木马、间谍软件、广告软件等）的技术。它是传统杀毒技术的一种补充和扩展，旨在提高恶意软件检测的准确性和效率。该技术能够通过分析恶意软件的行为模式、文件属性、代码结构、API 调用等特征来识别恶意软件。通常使用的算法包括支持向量机、随机森林、神经网络等。这些算法能够根据已知的恶意软件和正常软件样本进行训练，建立模型并对新的样本进行分类和识别。人工智能杀毒软件引擎从大量病毒数据资料中总结出的智慧计算，具有自主掌握和发掘病毒规律的技术能力，无需不断更新特征库，就能免疫 90% 有余的加壳和变体病毒，具备避免病毒发生率高、查杀效果快的优势；

2. EDR（终端检测和响应）和 NDR（网络检测和响应）协同联动技术

EDR 和 NDR 是两种安全领域的技术，它们通常被用于企业网络的安全防御和威胁检测。EDR 方案主要是应对更有效的端点防护和监测潜在问题的需要。EDR 软件一般会记录一些端点和网络安全问题，把相关资料存储在端点自身和中央数据库中，并利用已有的攻击指导器、行为分析和机器学习方法的资料库进行检索，进一步发掘网络系统中早期问题和内在风

---

① 邹聪：《基于人工智能技术的网络安全防护探究》，《办公自动化》2022 年第 24 期。

险，并迅速作出反应；NDR 方法则主要是用来开发新型的智能网络安全防火墙，该网络安全防火墙不但能实现包过滤，还能监测客户网络来访目的，并利用云端服务器资料的驱动与云地资料的联系，协助互联网使用者精确地命中外部危险，从而使危险迅速瓦解。EDR 和 NDR 的协同联动技术可以实现两种技术之间的信息共享和联动响应。具体来说，EDR 和 NDR 可以通过共享检测到的威胁信息，从而提高整个网络的安全防御能力。例如，当 EDR 检测到一台终端设备感染了恶意软件时，可以通过 NDR 系统及时发现其他受到感染的终端设备，以及控制恶意软件的服务器，从而进行快速响应并阻止恶意软件继续传播和攻击。将 EDR 与 NDR 协同连接，可对云端环境服务一键求助，全程自主发现和处理环境安全问题。

3. 用户和实体行为分析技术

用户与实体的行为数据分析是利用机器学习技术来发现高级威胁，并进行智能化模型，对使用者与实体进行关联数据分析，以及时发现异常的使用行为和应用异常情况，使危险的监测工作变得更加精准、高效。而使用者和实物行为分析科技则可监测到这些模式，并将它们确定为必须进行研究的复杂性行动。同样，使用者和实体行为分析科技对于持续渗透尝试、好奇风险等特殊行动，也具有很强的辨识与阻止功能。

4. 人工智能防火墙技术

人工智能防火墙技术是一种基于人工智能算法的网络安全防御技术，使用机器学习算法和深度学习技术对网络流量进行分析和判断，从而检测和阻止恶意攻击。作为近年安全防御领域盛行的新兴技术，人工智能防火墙以神经网络、专家制度和大数据挖掘等人工智能技术为内核架构，可高效地预测恶意网络攻击，同时利用神经网络和专家制度科技剖析互联网上恶意攻击者的家族特性，并通过大数据挖掘方式计算常见的互联网上恶意攻击者种类，预知其进化倾向，从而达到防火墙的提前防范功效。传统的防火墙通常使用规则或签名来识别和阻止恶意流量，但这些方法通常不能有效应对零日漏洞攻击和未知攻击，因为规则和签名都是基于已知的攻击模式。而人工智能防火墙技术则可以通过分析和学习网络流量的特征，自动识别恶意流量，并及时采取相应的防御措施。

5. 入侵检测技术

基于人工智能技术发展而来的入侵检测技术本身体现出良好的应用效果，很多网络用户在应用的计算机系统中已安装入侵检测技术软件，使传统人工智能技术的应用范围得到相应的拓展和丰富。将其用于网络安全防护方面，已体现出更加良好的优势，能对网络信息进行更加准确的监测，使网络中的信息类型能快速获取，有效地降低在网络信息系统发展过程中存在的中毒概率。

6. 对垃圾邮件的监测以及阻断

通过人工智能技术对网络安全作出相应的保护，并利用智能软件对垃圾邮件数量做出准确的评估和大数据分析，并作出相应的监测，及时阻断垃圾文件的传输，为用户提供更加良好的智能化安全防护效果。①

7. 专家系统

目前，专家系统在知识库及推理机方面的应用十分广泛，应用该技术可模拟人类专家的思维方式对某个领域的知识进行推理、分析，并提出专业化的回答。不过由于专家系统无法超出现有知识范围做出推理，因此，知识库容易对专家系统的推理结果产生直接影响。在网络安全管理中应用专家系统，能够为制定网络空间安全防御策略提供更专业的知识支持。随着科学技术的发展，专家系统的不断升级、更新，其功能也越来越丰富，先进的专家系统能够灵活应用于不同的统计学方法，对用户行为进行分析，进一步对用户的行为进行监控，有效识别非法入侵行为。②

8. 利用人工智能技术创建网络安全态势感知系统

网络安全态势感知是根据网络安全大数据体系、使用人工智能技术进行获取的动态性、整体性的网络安全风险体系，将安全能力的真正实践作为目标，站在全局层次上对计算机网络安全系统进行审计，涵盖病毒的有效识别、分析、处理与决策等数个不同的板块。近年来，网络安全态势感知系统作为一种创新性的网络安全防护技术逐渐兴起，在不同领域中展示出了自身的价值。在人工智能技术体系中，自动推理的模块可以归类、关联与融合处理不同的数据信息，对安全风险数据信息展开关联性的安全态势分析工作，运用数据处理的方式对网络安全情况进行评估，形成了网络安全态势感知系统。在创建与使用时，会产生大量信息安全事件，借助人

① 吕焦盛：《网络安全管理中人工智能技术的应用》，《科技创新与生产力》2022年第9期。

② 王欢欢：《基于人工智能技术的网络安全防护研究》，《无线互联科技》2022年第14期。

工智能技术深入挖掘这些事件，可以向网络安全工程师展示多元化主题的图形化统计报告，促使管理人员清楚了解网络体系的真实运行状态。在企事业单位、校园等体系的网络安全管理工作中运用人工智能技术，能够创建出整体性与动态性兼顾的网络安全态势感知体系，助力网络安全管理工作者及时有效地发现病毒，使得网络安全防护工作变得更为有效。如今，国内各大网络安全企业正在积极探索与开发网络安全感知体系，促使人工智能技术在整个计算机网络安全系统中彰显出自身的价值。

第四节　网络安全治理与无人机

无人机技术是指通过无线电遥控或自主飞行的方式，实现无人机飞行和操作的技术。无人机也被称为无人驾驶飞行器（Unmanned Aerial Vehicle，UAV）。随着科技不断发展，无人机技术趋于成熟，其体积小、飞行灵活、操作简易、适应性强等特点，使无人机于物流运输、农业种植、灾难救援等应用场景占据一席之地。同时，随着5G技术的发展，高速率、高可靠性、低时延等特点能够为无人机提供实时高清图像回传，保证通信网络的稳定，拓展无人机飞控距离限制，进一步拓宽无人机的应用场景。然而，近年来，无人机逐渐凸显的安全问题也成为公众关注的焦点。无论是地面基站与无人机之间的通信链路，还是无人机自身传感器，都存在一定安全隐患，如图8－2所示，一旦被不法分子利用，将可能造成信息泄露、经济损失。

一、无人机面临的网络安全风险

（一）传感器攻击威胁

无人机的传感器从物理域采集环境数据反馈给无人机控制系统，辅助无人机下达控制指令。当传感器被攻击时，将采集错误的数据，控制系统将无法作出正确的决策，致使无人机的飞行失控或执行任务失败。

1. 干扰陀螺仪攻击

陀螺仪提供无人机飞行姿态信息，以保持无人机平衡。微机械陀螺仪利用共振原理把角速率转换成一个被感测物体的位移。攻击者利用外部声波使无人机的陀螺仪发生共振，从而扰乱无人机的平稳飞行。韩国先进科

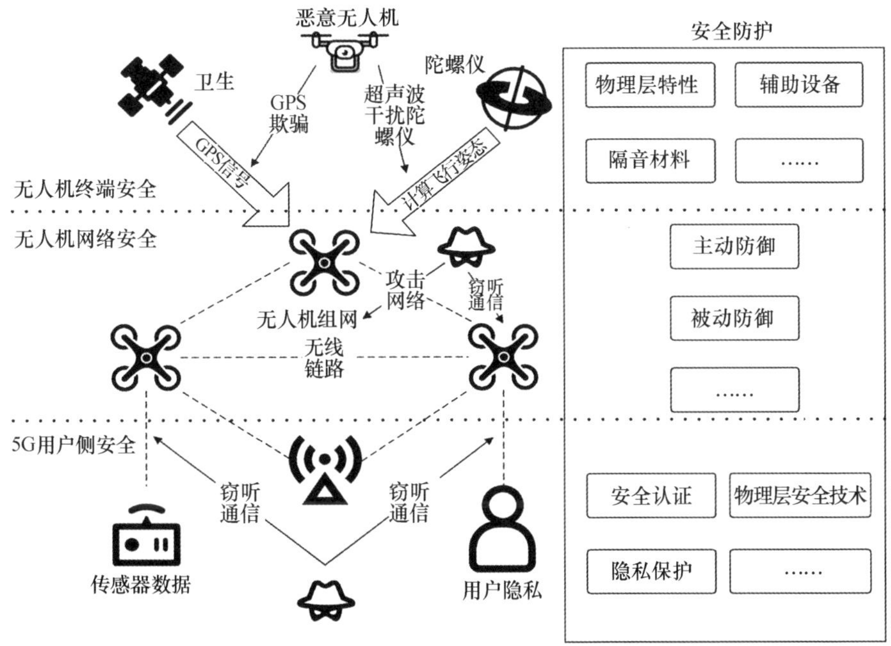

图 8-2　无人机网络安全分析

学技术研究院研究人员给无人机接上一个扬声器，控制扬声器发声。当扬声器发出与陀螺仪匹配的噪声时，正常飞行的无人机会失控坠落。

2. 电机浪涌攻击

电机浪涌攻击是一种短程爆发式攻击手段。攻击者通过篡改单个变量，在短时间内给系统注入可产生影响的最大偏差值，企图对攻击目标产生尽可能大的伤害。例如，攻击者使用浪涌攻击篡改控制器的控制输入，无人机的执行电机通常会出现超限运转或者近乎停转的情况，使得无人机出现激烈的簸动甚至直接坠毁。

（二）定位系统攻击威胁

GPS 是无人机一个重要的传感器，负责为无人机提供准确的位置信息。针对无人机 GPS 模块的攻击可造成无人机失控。例如，攻击者发送与 GPS 同频率的干扰信号，可使无人机 GPS 模块无法接收到正常 GPS 信号。攻击者还可以发送大功率伪造 GPS 信号，使无人机 GPS 模块接收到伪造 GPS 信号，破解出错误的位置信息。又如 GPS 欺骗攻击，攻击者掌握公开发布的 GPS 系统信号定义、通信链路、通信协议等信息后，根据攻击目标可计算出每个 GPS 信息发送位置、时间从而伪造出有特定指向的 GPS 信号，通过大功率发射，可欺骗无人机选择接收强度更高的欺骗信号，从而达到欺骗攻击的目的。

（三）通信网络攻击威胁

无人机通信和网络直接暴露在无线空间中，很容易被攻击者利用而发起信号干扰、无线网络欺骗攻击和拒绝服务攻击等。

1. 信号干扰

无人机网络通信具有节点高速移动、信道切换频繁、通信能量受限的特点，网络拓扑快速变化，无线通信链路随时切换。干扰器通过发射足够大功率的干扰信号即可覆盖正常通信，使得网络通信质量下降，通信双方连接中断，导致任务失败或无人机失控。

2. 信息欺骗

信息欺骗有以下几种形式：

第一，链路劫持。攻击者截获传感器回送给控制器的实时数据信息将其篡改为恶意信息，再将其发送给控制器。控制器解析恶意数据后会影响数据融合的正确性和完整性，可能导致无人机的合法控制权被直接剥夺。

第二，女巫攻击。这种攻击中，一个恶意的无人机节点通过创建大量的虚假身份充当网络中多架无人机。由于网络中其他合法的无人机节点接收到恶意节点的虚假信息误以为接收到多架合法无人机节点的正确信息，可能会根据虚假信息作出决策。

第三，虫洞攻击。虫洞攻击通过在两个恶意节点之间搭建一条“隧道”，其中一个攻击节点记录该节点流经数据和位置信息，然后通过隧道将这些数据信息传递到另一个攻击节点。由于这条隧道中传输的数据比合法节点传输的数据更多，因此根据路由算法会有更多的数据流量分配给这条隧道，从而由这条虫洞隧道控制了网络中的大部分路由，此时攻击者可以轻松获取网络中的大多数数据。

3. 拒绝服务

无人机地空信息通信经常会用到以无线局域网技术为底层的通信，在网络层也会使用到 TCP/UDP 协议等常见协议。攻击者可针对网络层固有的缺陷发起泛洪式拒绝服务攻击，阻断无人机正常通信，或导致飞行控制系统瘫痪。

（四）无人机软件攻击威胁

无人机的基础软件、飞控软件等都存在一定的软件安全漏洞，可被黑客利用攻击无人机系统。利用飞控系统漏洞，攻击者可以通过该漏洞进入无人机系统，在控制端安装后门程序，利用程序监听无人机传感器的数据采集或者进行远程操控。

二、无人机网络安全的解决方案

为保证无人机网络安全，针对无人机的防御方案应满足以下两点：其一，防止攻击者窃取网络数据或于网络中传播虚假信息，破坏数据完整性与真实性；其二，及时发现恶意节点伪造身份并发动网络攻击。针对方案：第一，数据加密等主动防御方案可确保传输过程的消息完整性和不可否认性，并降低数据被窃取和注入风险；第二，通常采用被动防御，在攻击发生时，针对网络数据的异常进行检测，如针对无人机节点自身的信任管理方案，可有效检测恶意节点。

（一）主动防御方案

基于密码学的数据加密可抵御数据窃取和无人机身份伪造，常用于路由协议设计和身份认证。为保证网络通信的安全可靠，通常从三个方面对信息进行保护：信息的完整性、私密性和不可否认性。通过在信息后附加消息认证码（MAC）保证信息的完整性；利用数字签名技术确保信息的不可否认性；为保证数据通信的私密性，可在消息发送前进行链路加密，并于接收节点处解密，同时依次使用下一条链路的密钥进行加密，保证消息在链路上是以密文形式传播。

主动防御方案主要有以下两类：

1. Wi-Fi 安全解决方案

大部分无人机使用预设的有线等效保密（Wired Equivalent Privacy，WEP）协议应用 Wi-Fi。WEP 协议使用的是对称密钥加密算法，加密和解密使用相同的密钥。当设备通过 WEP 协议连接到无线网络时，会使用一个预共享密钥进行身份验证，然后使用该密钥对传输的数据进行加密。但是，由于 WEP 协议的加密算法弱点被公开，因此它的安全性很容易受到黑客攻击和破解。为了防止恶意连接，应采用 Wi-Fi 保护访问（Wi-Fi Protected Access，WPA）协议。WPA 协议引入了新的加密方法和认证协议以及更安全的加密算法，使用预共享密钥验证身份，提高无人机的安全性。

2. 安全路由协议

安全路由协议主要用于保护无人机集群网络的安全。与传统计算机网络类似，多无人机网络由路由协议支持，用于转发数据包和发送命令。安全路由协议的目的是在路由和转发过程中抵抗攻击威胁，如黑洞攻击、虫洞攻击等。现有的无人机安全路由协议主要是识别新出现的无人机，检查节点是否正常转发数据，以保证网络的稳定性。

（二）被动防御方案

1. 入侵检测系统

入侵检测系统（Intrusion Detection Systems，IDS）是一种识别恶意行为的安全机制。入侵检测系统虽然不能直接抵抗攻击，但可以及早发现攻击，及时减少损失。由于无人机自身的局限性，针对无人机系统的入侵检测系统需要考虑能源经济性、计算效率、轻量化和实时检测四个因素。特别是将基于规则的检测技术和基于异常的检测技术相结合，根据无人机的行为将其分为正常、可疑、异常和恶意四种类型。入侵检测系统可以根据无人机用户的具体流量，对攻击进行分析，有效地帮助无人机用户在不同的应用场景下发现可能的攻击。因此，入侵检测系统对保障无人机系统的可用性和可靠性起着重要的作用。

2. 身份验证

为了避免非法用户滥用设备，必须对无人机访问进行认证。用户在操作无人机之前，必须在断开连接后及时提供有效的身份验证。反认证攻击利用 WiFi 协议中的认证缺陷来夺取无人机的控制权。因此，为了避免恶意反认证攻击，需验证无人机数据源的资格，阻止攻击者伪造数据包或直接加入一个无人机群破坏其网络结构。除了对无人机本身进行身份验证，对传输数据进行身份验证也可以用作一种安全措施。通过验证数据的完整性，避免数据重放攻击和篡改，可以保证信息的完整性。

第五节　网络安全治理与无人驾驶

无人驾驶，又称自动驾驶，是一种利用计算机视觉、感知、定位、决策和控制等技术，让车辆自主地完成导航、避障、路径规划、行驶控制等任务，实现无人操作的交通工具。它不需要人类驾驶员的直接控制，可以通过自动驾驶软件和传感器来感知周围环境，并作出相应的决策和行动。无人驾驶致力于将“机器 - 环境 - 人”之间的交互简化为“机器 - 环境”之间的交互，以减少人力投入、降低成本，同时减少因疲劳驾驶、酒驾毒驾等人为因素导致的安全问题。

一、无人驾驶面临的网络安全风险

无人驾驶是人工智能技术应用的重要领域。目前，无人驾驶技术作为一项前沿技术，面临以下一系列的网络安全风险。

（一）车端安全风险隐患凸显

一是车载软硬件存在安全隐患。当前，汽车电子电气架构正由分布式向域控集中式架构、整车集中式架构不断发展，步入软件定义时代。当前，汽车整体架构代码量已超过1亿行，预计实现L5级完全自动驾驶所需代码量近10亿行，远高于计算机操作系统等复杂系统。伴随代码量的激增，软件自身安全缺陷隐患随之增长，不仅影响电控系统运行等功能安全，也可能影响网络安全。首先，车载智能网关、远程通信单元（T - BOX）、电子控制单元（ECU）等车载联网设备目前尚缺乏较高等级的安全校验机制和安全防护能力，近年来陆续披露出一些安全漏洞隐患。其次，车载网络存在安全隐患，很多车载网络协议缺乏安全设计，车内数据传输主要根据功能进行编码，按照ID进行标定和接收过滤，部分仅提供循环冗余校验，缺乏重要数据加密、访问认证等防护措施，导致车载网络容易受到嗅探、窃取、伪造、篡改、重放等攻击威胁，难以保障车载网络的安全性。

（二）车联网平台服务面临的攻击威胁加剧

近年来，汽车远程服务、在线升级平台、车辆调度平台等业务服务快速发展，用户的规模逐步扩大，日渐成为网络攻击的重要目标。由于用户可通过车联网平台进行信息交互、远程操作，一旦遭受网络攻击控制，可被利用实施对车辆的远程操控，造成严重后果。Upstream Security发布的报告显示，2010年至2020年的633起汽车网络安全事件中，通过服务平台和App实施的网络攻击事件合计占比达42.84%，高于通过车钥匙的26.62%、通过OBD诊断接口的8.36%等。2020年，福特汽车App、特斯拉汽车服务平台等被披露存在安全缺陷和隐患，可被利用获取远程服务平台的访问或控制权，进而对相关车辆实施远程控制。

随着自动驾驶水平不断提升，汽车系统设计工程越来越庞大和复杂，质量控制变得越来越难，可被利用的设计缺陷可能越来越多。自动驾驶的发展伴随着软件代码的剧增，其软件代码可超过 1 亿行，代码数量远超过现代的操作系统或波音 757 等的代码数量。每千行代码的缺陷数是评估软件质量指标的重要参数，据统计，每 1000 行软件代码存在 5—20 个错误。软件缺陷中很大一部分是可以被攻击者利用的漏洞，这些程序漏洞可能导致该软件系统的完整性、可用性或机密性受损。另外，各种方式的联网为乘客体验带来了明显的优势，但它同时也打开了智能网联汽车的各种攻击入口。

二、无人驾驶网络安全保障

无人驾驶车辆在道路上行驶时需要依靠车载系统和传感器进行自主决策以及将数据上传云端进行大数据决策，在此过程中，网络安全保障关系着车内乘客和其他道路使用者的生命财产安全。因此，应当对无人驾驶网络安全保障密切关注。

（一）数据加密

无人驾驶汽车为人服务时，系统需要对用户进行身份认证以确定其是否有权访问资源，在进行数据传输前也要确认数据接收方的身份是否真实可信。而数据加密是保护乘车用户和系统管理员认证口令的最有效手段之一，可以有效防止非授权用户的搭线窃听和入网，阻止因恶意软件攻击破坏信息造成对车载系统决策合理性的威胁。对于乘车用户，若想降低自己遭受黑客攻击的风险，设置严谨复杂的认证信息很有必要，同时也要注意对认证信息的保护。无人驾驶内部系统也要建立监督和提醒机制，保持对破译认证口令工具的收集和更新，定期运行这些工具以尝试破译用户的口令，若出现破译成功的情况则说明乘车用户的认证口令存在被黑客入侵的危险，要及时通知用户并反复提醒直到口令更改。数据信息在无人驾驶内部网络传输的过程中要关注通信安全。数据加密作为保障通信安全的基本技术之一，其多样的加密算法为无人驾驶所需的海量信息提供了代价小而可靠度高的安全保障。

（二）网关防毒

无人驾驶汽车以提供舒适服务为宗旨，配备联网服务以提供娱乐是其基础功能之一。网关防毒可以从外层保护网络，不论是无人驾驶的内部专用网络还是车辆为服务功能配备的广域网，都需要控制好网络入口。对于无人驾驶网络服务器这种数据吞吐量非常大的服务器，使用软件型防毒网关在面临海量数据传输时就会大量消耗服务器资源，造成服务器无法及时对外提供服务。然而无人驾驶网络的数据传输需要快速、即时，数据传输过慢，信息就可能失去时效性，甚至影响到正常行车。使用硬件型防毒网关能有效避免这些问题，因为它架设在服务器外层，是独立于服务器的，所以即使对大量数据的病毒进行过滤，也不会占用无人驾驶网络服务器的任何资源，稳定性也更高，可以保证无人驾驶所需的信息得到快速有效传输。无人驾驶技术的网关防毒可以用基于安全隔离网闸的方式实现。无人驾驶网络必须保证既要高度安全又要与外界网络保持联系，安全隔离网闸可以通过网闸隔离硬件实现内网和外网在链路层断开并方便切换，同时能更有效地防止内部信息泄露和外部黑客、病毒的入侵，在保证安全的前提下降低管理和使用难度。对每一辆无人驾驶汽车建立信息孤岛，每个信息孤岛再配备防病毒模块，使用高速电子开关，便能在不同终端间快速交换信息的同时实现对病毒的检测和清除。

（三）入侵检测

入侵检测系统是一种用于检测计算机网络或系统中的安全漏洞和攻击行为的安全解决方案。入侵检测系统通过监测网络流量和系统日志等信息来检测异常行为，如未经授权的访问、恶意软件、DoS 攻击、数据窃取等，并向安全管理员发出警报。入侵检测系统可以配合防火墙用于监控和阻止非法入侵。作为防火墙之后的第二道安全闸门，入侵检测系统可以提升无人驾驶网络安全基础架构的完整性。生产企业可以将每一辆无人驾驶汽车都作为入侵检测系统的一部分，因为每一辆车都是一个终端，都可以用来检测入侵和攻击，并帮助系统实时升级以应对不断出现的新的黑客攻击手段。基于无人驾驶网络的检测手段运用于每个车辆终端共享的网段，更能适用于数量庞大且要求较高侦测速度的车辆终端，所以车辆检测与内网检测互补，能保证主机系统更精确地监控网络活动，同时网络模型更有效地覆盖主机系统审计的盲区。许多试图入侵无人驾驶网络系统的黑客的常用手段之一就是通过冒充合法用户进行非法网络服务访问来绕过网络检查系统，所以入侵检测要能够分辨自我用户和非自我用户（冒充的合法用户）。对乘车用户进行基于行为的检测，先要建立系统或用户“正常行为”的特征模型，选取的特征量要准确体现系统或用户的行为特征并保证模型最优。针对无人驾驶功能使用的特点，乘客的出行习惯如行车区域和状态、内网接入时间和地点、入口和接入认证方式都可为特征量提供参考。应合理设定阈值，根据乘客行车情况和信息更改定期调整以适应乘客的新需求，防止行为检测偏差影响用户体验。若当前系统或用户的行为与正常行为的偏离超过阈值，就先判定为入侵，转交应对入侵行为的部门做进一步处理。

（四）定期更新软件

随着技术的发展和黑客攻击手段的不断升级，智能驾驶系统中的软件存在着安全漏洞的风险。软件更新可以及时修复漏洞，保障智能驾驶系统的安全性，避免黑客攻击和远程控制等风险。同时，更新防火墙以及入侵检测系统，可以加强软件的安全机制，提高软件的安全性能和抗攻击能力。例如，加强安全验证、加密传输、访问控制等安全机制，提高车辆的安全性能。

第六节　网络安全治理与物联网

物联网是一种通过互联网连接和控制各种实体物品的技术和概念。物联网使得各种设备和物品能够相互连接，共享数据，实现自动化控制和协同工作，从而提高效率、降低成本、创造新的商业模式和价值。这些设备和物品可以是各种传感器、智能手机、家用电器、车辆、工业机器等。物联网技术包括传感器数据采集、设备连接、数据处理、通信协议、安全性等多个方面。它的应用范围非常广泛，包括智慧城市、智能家居、智能制造、智能交通、物流管理等领域。而物联网安全指的是针对物联网系统和设备的安全保护措施，旨在防止物联网系统和设备受到各种安全威胁和攻击，保障物联网系统和设备的信息安全和运行安全。

一、物联网安全风险

（一）感知层安全风险

物联网感知层是指物联网系统中最底层的传感器和执行器层，它是整个物联网系统中最重要的一层。感知层中的设备通常分布在广泛的区域内，因此这些设备容易受到各种安全威胁。它主要通过射频识别（Radio Frequency

Identification Devices，RFID）、各类传感器、二维识别码、图像捕捉设施、激光扫描仪、全球定位系统、移动智能终端设备等来实现对物体信息的采集、处理和传输等多种功能，以满足各种不同类型行业应用的需求。

基于物联网所采用的技术本身，RFID 面临的安全威胁、无线传感网所面临的安全威胁和移动智能终端所面临的安全威胁是物联网感知层面临的三大主要威胁来源。

1. RFID 的安全威胁

（1）RFID 标签的安全问题

标签受生产成本的限制，自身往往缺乏必要的安全模块，所以它很容易受到来自外界的干扰和攻击。对于较复杂的电子标签，如果仅仅采用简单的加密机制，其很容易被复制、篡改和仿冒，最终将导致数据的丢失和异常。

（2）通信信道的安全性问题

标签与读写器之间的空中接口和读写器到后台系统的计算机网络都包含在 RFID 的通信信道中，由于 RFID 无线信道采用的是无线开放信道，攻击者可以通过读写器捕获数据和干扰数据的正常传输，这样则使标签与读写器之间正常的数据通信很难进行。当然，也可以合法节点的名义发送经篡改或伪造后的数据。

2. WSN 的安全威胁

（1）针对物理层的攻击

物理层的安全隐患通常来源于 WSN 传感器本身和所处的环境。因为环境开放，入侵者很容易接近 WSN 节点，可以直接损毁掉这些物理节点，通过破坏网络设施或者捕获、仿冒节点来对敏感数据或者有价值的机密数据进行偷窃和篡改。这样一来，整个 WSN 都将面临致命的安全威胁。

（2）针对无线通信系统的攻击

无线传感网络主要采用无线通信方式，攻击者可以找到无线信道的脆弱性，对无线信道中传输的数据进行收听、拦截、篡改、仿冒、重放，从而可以获取用户节点的敏感信息或者导致信息的错误传输，破坏无线传感网的正常使用和运行，给整个网络带来严重的安全问题。

3. 移动智能终端的安全威胁

（1）恶意病毒和木马

用户在不知情的情况下，通过被安装恶意软件，导致敏感数据的丢失、智能终端系统瘫痪和个人隐私泄露等严重的安全问题。

（2）僵尸网络

节点在无感的情况下，感染了僵尸病毒，或者被感染的主机控制，将造成节点应用系统变慢甚至瘫痪，机密数据或个人隐私泄露，也会导致资源被滥用等安全威胁。

（3）资源耗尽及 DoS 攻击

攻击者向物联网终端持续发送垃圾信息，会耗尽终端电量和用户带宽资源，会使系统变慢甚至无法继续工作。

（4）操作系统缺陷

众所周知，Android 操作系统存在大量的安全漏洞，这些漏洞会被攻击者恶意利用，从而导致一系列的安全问题。

（二）网络层安全风险

物联网网络层是物联网系统中的一个组成部分，负责将各个感知层设备和应用层设备连接起来，形成一个统一的网络，实现物联网设备之间的通信和数据交换。物联网网络层通常包括物联网边缘网关、物联网云平台等多个组件，这些组件构成了物联网系统的核心。

物联网网络层的主要功能包括设备连接、数据传输、设备管理、安全管理等方面。通过物联网网络层，物联网系统可以实现设备之间的远程管理和控制，从而提高设备的效率和智能化水平。

网络层主要实现物联网信息的转发和传送，包括网络拓扑组成、网络路由协议等。利用路由协议与网络拓扑的脆弱性，攻击者可对网络层实施攻击。

由于组成物联网的网络类型、介质千差万别，包括有线传输的光纤网、无线传输的数据链网、陆地移动通信的手机网、全方位一体化所使用的卫星通信网等，因此，必然会出现异构网络的跨网认证等各类安全问题。和互联网一样，物联网的网络层也可能遭受恶意攻击，包括拒绝服务攻击、异步攻击、中间人重放攻击、合谋攻击等各类攻击。大体可分为以下两类：

1. 物联网接入安全

物联网为实现不同类型传感器信息的快速传递与共享，采用了移动互联网、有线网、Wi-Fi、WiMAX 等多种网络接入技术，以保证节点漫游和服务的无缝衔接，但网络的异构性使不同网络之间通信时可能会出现安全认证、访问控制等安全问题。跨异构网络攻击，就是针对上述物联网实现多种传统网络融合时，由于没有统一的跨异构网络安全体系标准，利用不同网络间标准、协议的差异性，专门实施的身份假冒、恶意代码攻击、伪装欺骗等网络攻击技术。

2. 信息传输安全

物联网信息传输主要依赖于传统网络技术，网络层典型的攻击技术主要包括邻居发现协议攻击、虫洞攻击、黑洞攻击等。邻居发现协议攻击利用 IPv6 中邻居发现协议，使得目标攻击节点能够为其提供路由连接，导致目标节点无法获得正确的网络拓扑感知，达到目标节点过载或阻断网络的目的，如洪泛攻击。

（三）应用层安全风险

物联网应用层是利用云计算、大数据、模糊识别等智能计算和数据分析技术，根据实际行业应用需要，分层次地处理来自底层感知和传输过来的海量数据信息，最大限度地为人类的生活和生产服务。其具体的应用服务包括智能交通、智能医疗、智能家居、智能物流、智能电力等行业特征明显的应用。但是，这些支撑平台需要建立起一个高效、可靠和可信的应用服务，以及相应的安全策略或相对独立的安全架构。

物联网技术与行业信息化需求相结合，产生广泛的智能化应用，包括智能制造、智慧农业、智能家居、智能电网、智能交通和车联网、智能节能环保、智慧医疗和健康养老等，因此物联网应用层的安全问题主要来自各类新业务及应用的相关业务平台。物联网的各种应用数据分布存储在云计算平台、大数据挖掘与分析平台，以及各业务支撑平台中进行计算和分析，其云端海量数据处理和各类应用服务的提供使得云端易成为攻击目标，容易导致数据泄露、恶意代码攻击等安全问题，操作系统、平台组件和服务程序自身漏洞和设计缺陷易导致未授权的访问、数据破坏和泄露，数据结构的复杂性将带来数据处理和融合的安全风险，存在破坏数据融合的攻击、篡改数据的重编程的攻击、错乱定位服务的攻击、破坏隐藏位置目标的攻击等。此外，在物联网应用层，各类应用业务会涉及大量公民个人隐私、企业业务信息甚至国家安全等诸多方面的数据，存在隐私泄露的风险。

1. 用户的敏感信息泄露

某些特定行业和特定应用在用户无感的情况下通常会收集用户大量的

隐私数据，如通讯录、短彩信信息、用户的健康状况、年龄、出行线路、银行卡号及消费习惯等信息。攻击者通过篡改、伪造用户的信息，往往以合法身份进行非法交易和动作；因此，在物联网的大规模应用过程中，保护用户的隐私安全将是应用层推广使用的重点。

2. M2M 模式的安全问题

目前，国内已经开始 M2M 模式的物联网试点，比如厦门和宁波等城市，智慧城市、智能交通和智能家居先期已开始大规模使用。但尴尬的是，目前各子系统的建设并没有统一技术标准和安全措施。这就使 M2M 的大规模推广应用面临各种网络互联成为一个大的网络平台的融合问题以及相应的安全问题。

二、物联网安全措施

（一）感知层安全措施

对于感知层的各种攻击威胁，可以通过采取各种相应的主动和被动的防御措施。主动防御主要是在受到网络威胁之前根据各种可能的攻击对节点采取预防措施。例如，通过加密发送的数据，对接收的数据包执行相应的解密认证、完整性验证等。一系列的严格的审查来鉴别数据包的真伪然后采取进一步的应对措施。被动防御主要是在节点受到攻击时，可以采取一些非常规的手段如关闭该节点的方式回避攻击，来减少攻击带来的影响。同时，要不时进行相应攻击行为的检测，当攻击停止时恢复该节点。

（二）网络层安全措施

可采取措施：一是加强跨域认证和跨网认证管理，对用户访问节点资源的权限进行严格的多等级认证和访问控制。二是通过使用点到点、端到端的加密机制，防止外来攻击对信息传输进行干扰和截取，保证信息的安全传输。三是使用专为物联网定制的特殊防火墙能制定安全的访问控制策略，通过隔离不同类型的网络保证网络层的安全。

可采取技术：一是 IPSec。为保护传输层中不同形式的 IP 网络数据，通常采用 IPSec 技术。IPSec 主要通过鉴别报头协议、封装安全载荷协议、密钥管理与交换协议三个基本协议实现 IP 网络数据的原发方鉴别、数据完整性、机密性保护。二是防火墙。防火墙主要是对物联网中的通信、数据流进行访问控制、内容过滤、地址转换。当数据在物联网内部进行传递时，防火墙依据所制定的安全策略对所有传输数据流的安全策略以及授权性进行检测，只有当数据符合所指定的安全策略且取得授权时才能进行访问，以保护物联网数据传输安全。三是数字证书。可选择第三方证书授权中心签发的加密数字证书对需要传输的信息进行加解密或签名认证，防止信息在传输过程中被篡改或伪造，保证信息在物联网中的传输安全。四是身份识别。通过身份识别技术，如指纹、面容、虹膜等进行身份识别，采用访问控制机制确定访问权限，实现安全保护。

（三）应用层安全措施

当大量数据被传输到应用层进行使用时，除对数据进行必要的处理之外，还必须考虑数据的安全使用、隐私泄露以及节点终端安全等问题。

一是在数据智能化处理的基础上使用合适的数据库访问控制策略。当不同用户访问同一数据时，应根据其安全级别或身份限制其权限和操作，有效保证数据的安全性和隐私性，如手机定位应用、健康信息、用户身份信息等。

二是加强不同应用场景的认证机制和加密机制。

三是采用加密技术、散列技术等保证数据在传输、处理和存储过程中的安全性，在物联网应用中应考虑系统的性能及容量，避免出现性能瓶颈，在上线运行前，应进行各类性能及压力测试。

四是应用层需要建立一套安全预警、检测、评估和处理的管理平台，以应对复杂多变的安全隐患。

第七节　网络安全治理与卫星通信网络

卫星通信系统是一种利用人造卫星作为中继器来传输信息的通信系统。它的基本原理是通过地面站向卫星发送信号，卫星接收信号后再将信号转发到另一地面站或用户终端。这种通信方式具有覆盖范围广、传输速度快、传输距离远等优点，可以满足在广阔的海洋、沙漠、高山等人迹罕至的地区以及一些交通不便的地方的通信需求。

在我国社会经济飞速发展的背景下，卫星通信网络应用范围不断扩大，卫星通信网络在使用过程中，容易受到多种外界因素的影响，出现众多安全问题。卫星通信网络是信息传输的主要方式之一，一旦其在使用过程中出现安全隐患与威胁，将严重影响社会生产生活，造成严重损失。随着我国社会的发展和进步，卫星在通信系统中的应用越发普遍，其作用与地位也越发重要，如果出现卫星安全问题，将会导致整个通信系统的正常运行受到直接影响，甚至还会诱发通信系统无法运行，造成严重的损失。因此，本节对卫星通信网络的安全威胁与防范对策进行分析研究，有着重要的价值和现实意义。

一、卫星互联网面临的网络安全风险

（一）卫星协议引入风险

卫星互联网在引入 IP 协议的同时，也将 IP 开放性、简单性导致的安全问题引入宽带卫星网络中来。网络外部人员可以通过卫星网络绕过防火墙，对专用网络进行非授权的访问。此外，宽带卫星网络的安全技术相对比较滞后，目前涉及这一领域的研究与成熟的安全产品并不多见，可抵御安全威胁的手段也不丰富。由 TCP/IP 安全漏洞引起的地面互联网安全问题在宽带卫星网络中悉数存在，而为克服卫星网络长时延、误码率相对高等固有特性所带来的 TCP/IP 协议吞吐量降低、传输效率下降问题而研究的各种 TCP/IP 适用性和性能增强方法，例如 TCP 欺骗、TCP 窥探、选择性否定确认和 HTTP 加速等，也引发了卫星网络安全研究的新问题。针对卫星的特殊情况，IPSec 等安全技术在卫星实际应用中并不十分受欢迎，主要是由于卫星通信要克服地面网络所没有的包括距离延迟、干扰、丢包等问题。这导致卫星通信网络的安全技术会产生额外的开销和实际应用的困难。卫星网络传输的信息容易被窃取、篡改和插入；卫星网络容易受到 DoS 攻击和干扰。对于融合互联网的宽带卫星网络，网络攻击者可以通过地面互联网对卫星终端实施攻击，体现了卫星网络融合互联网的边界模糊所带来的安全风险。

（二）数据的完整性和真实性威胁

数据可能在地面段或者在传向或传出卫星时被损坏，甚至在卫星上被损坏。软件缺陷或者漏洞、未授权软件的使用、主动试图改变/修改数据等都可能导致数据的完整性和真实性威胁。

数据包括通信信息和通信指令。如果通信指令被非法修改，通信卫星没有做出适当的响应或者做了错误的响应，这种情况有可能使系统遭受灾难性的损失。

（三）信息侦听威胁

数据在射频（Radio Frequency）通信链路上传输，极易通过监听该链路的传输频段的方式被侦听。由于地面到卫星的上行链路使用大孔径的天线和窄电波宽带，而卫星到地面的下行链路采用低功率、窄电波宽带进行通信，所以下行链路遭受侦听威胁的可能性相对普通的无线链路又低一些。

（四）身份假冒威胁

对实体真实身份的认证是访问控制策略中至关重要的一项。在实施了访问控制策略的系统中，特定的实体被许可执行特定的动作，而其他的实体则不可以。身份假冒便是将自己伪装成已授权的地面终端或卫星，以达到获取特定权限的目的。

（五）恶意重放威胁

该威胁是卫星通信链路特有的威胁。例如，如果将窃听到的通信指令，隔一段时间后重新发送给初始的目的设备，这些指令可能会被重新执行一遍。诸如此类，以达到欺骗甚至破坏卫星通信系统的目的。

（六）软件威胁

有缺陷的软件和恶意软件都可能导致软件威胁。程序员在编程过程中引入的逻辑或实现错误等软件缺陷可能成为系统的脆弱点而使系统存在潜在的威胁。系统操作人员不正确的系统配置可能潜藏着安全漏洞。用户安装的未经授权或未经审查的软件可能隐含漏洞、病毒和间谍软件，给系统带来威胁。

二、卫星互联网网络安全保障

（一）星载光交换技术

在全球5G技术如火如荼发展的同时，6G技术悄然来临。由于信息网络对人类活动支撑由传统地面通信网络主导的“平面网络”向地面/空间混合构成的“立体网络”发展和延伸，6G技术亟须构建跨地域、跨空域、跨海域的卫星互联网。愿景中的卫星互联网主要架构可分为三部分：由各种轨道通信卫星构成的天基网络、由飞行器构成的空基网络以及传统地基网络（包括蜂窝无线网络、卫星地面站、移动卫星终端以及地面的数据与处理中心等），提供地面互联网所不具备的能力（大覆盖率、低时延、人口稀少地区服务、无地理障碍等），实现真正意义上的全球无缝覆盖。

构建不依赖地面网络的全球覆盖的卫星互联网，实现波束间信息交互，星载交换技术是关键 5%。星载交换系统中的业务主要是网状业务，由卫星直接进行信号处理和交换，所有用户间的通信只有一跳，也就摆脱了对地面站的依赖。在非静止轨道（Non - GeoStationary Orbit，NGSO）卫星星座中，采用星载交换技术和星间链路可实现不依赖地面网络的全球覆盖天基组网。考虑到我国建立海外信关站所面临的限制，星载交换是我国卫星互联网建设中的关键技术。

（二）基于人工智能的路由

卫星互联网的路由策略，一般可以建模为优化模型，但其往往为多目标优化问题，随着卫星网络规模的增加，其计算复杂度也随之增高，路由空间的搜索难度进一步加大。当对更多要素进行考量时，如优化目标既包括 QoS 要求，又要考虑卫星网络链路状态时变、干扰等因素时，会进一步加大路由的难度。传统的路由设计方案通常是基于网络流量特征的人工建模，并在此基础上有针对性地设计路由策略。然而，当前网络流量具有复杂的时空分布波动性，人工建模难度极大。例如，许多基于模型的网络路由优化研究都是针对特定网络场景或者特定假设的流量模型进行求解，其方法由于假设本身带来的误差以及模型与真实网络的区别，导致研究所提出的方案难以在真实网络场景中取得较好的路由效果。而机器学习等人工智能技术通常可以自动提取网络流量特征，并且不依赖人类专家经验生成相应网络策略，在解决网络路由 NP 难问题上相对于传统方案开辟了新的道路，因此基于人工智能的路由生成是具有前景的卫星互联网路由技术研究方向。

（三）卫星与 5G/6G

地面移动通信标准从第三代起，在标准制定的过程中就开始尝试将卫星网络统筹考虑，但远未达到天地融合的地步，天地网络依然相对独立地发展。近些年，随着卫星互联网的迅速发展，天地融合的趋势也越发明显。作为新一代移动通信系统的 5G 网络，其从体系架构上具有更高的开放性，被誉为由网络构成的网络，为卫星网与地面网的融合提供了技术基础。6G 作为下一代网络，各主要机构正在开展系统定义、关键技术验证等工作，而天地一体融合发展作为未来 6G 网络的一个重要特征已经获得了广泛的共识，因此卫星网络与地面 5G/6G 网络的互联互通性是必然要求。常规低轨卫星网基于虚拟拓扑的路由机制在与地面路由机制融合时的难度较大，因为前者是利用卫星标识和星间连接关系生成路由信息，在与基于 IP 路由的地面网络融合时，需要两种路由机制配合，且需要前者能根据当前地面用户连接情况及时地更新星上路由的存储信息，这会产生相当大的星上维护开销，加剧星上资源压力。由于卫星高速移动使卫星网络与地面网络之间连接关系不断变化，传统 IP 逻辑编址机制中改变接入卫星会导致终端 IP 地址改变，触发绑定更新，频繁的绑定更新会消耗大量星上通信资源。这些都对天地一体化网络的路由设计提出了极高的要求，同时使天地全域路由成为新的研究方向。

（四）卫星通信中的信息加密技术

1. DES 码算法

DES 码算法将替代法和换位法巧妙结合，这样可以多次进行迭代加密，它包括 64 位信息单元。DES 码的长度总共为 56 位，包括 48 位的标准密钥和 8 位的奇偶校验位。一般来说，为了匹配数据块的大小，密钥的长度被扩展成 8 个字节 64 位信息，这样当明文转换成密文的时候就会产生 7×1016种 56 位密钥量，因此具有非常高的安全性。DES 码算法具有十分广泛的应用，如美国的某金融系统采用的就是 DES 码算法。

2. 公开密钥体系

公开密钥体系也叫作非对称密钥体系，也就是说每个人都有一对唯一对应的密钥，即公开密钥和私人密钥。其中公开密钥对外公开，而私人密钥私自保存，如果我们用其中一把密钥加密，那么只能用另一把密钥解密。公开密钥是对外公开的，所以如果想给私人密钥持有者发送信息，我们都能够取得公钥。如果信息用公钥加密，发送给私钥的持有者，即使受到阻拦或者窃取，攻击者由于没有私钥，根本无法获取加密后的信息，因此可以保证信息的安全。公开密钥体系相对于传统密钥体系安全性更高、更便于保管。然而公开密钥体系也存在一定的缺点，比如相较于传统密钥体系，它的算法更加复杂，密钥加密速度更慢，而且成本也更高。

第八节　网络安全治理与元宇宙

元宇宙（Metaverse）一词于1992年出现于科幻小说《雪崩》，元宇宙的概念源头又可追溯至1981年，美国数学家、计算机专家弗诺·文奇在《真名实姓》一书中描述：通过脑机接口技术可以进入虚拟空间，在这个空间中的人能够获得真实的感官体验。区块链技术滋生了元宇宙建设的可能性，脸书顺势转型为专注虚拟现实的元宇宙公司Meta，促使元宇宙成为引爆社会关注的热点。当前，元宇宙仍然是立足于未来的概念，元宇宙的建设处于基础技术阶段。元宇宙标志着互联网变革的节点，互联网将从既有的平面信息单一供给向沉浸式、全仿真的整体形态供给转变，网络空间将升级为立体式、可感知、与现实主体相交融的具身空间。

一、元宇宙带来的网络安全风险

元宇宙构建了虚拟现实高度交融的新社会结构，会带来传统安全风险与非传统安全风险的叠加及演变，影响公众安全感的因素增多，元宇宙可能发生各种风险。

（一）伦理与隐私风险

元宇宙在处理人与人、人与化身、人与机器、人与现实世界、人与虚拟空间的关系时可能产生复杂的伦理、道德与法律问题。首先，元宇宙不是避世之地，无法实现所有人的公平和包容，各种资源仍然需要以物质来交换，那么，与现实社会一致，占有更多现实物质资源的人可以换取更好的元宇宙享受，现实世界的弱势群体无法负担元宇宙高昂的入场成本。其次，人们在现实世界的真实身份受到社会环境制约，而在虚拟世界可以创设一个或多个新的符号化身份，如果虚拟身份的设定不受规则约束，有可能暴露人性中的丑恶面，导致不可估量的伦理与道德危机。

（二）资本控制与金融运作风险

资本强大的助推力量促进元宇宙的兴起，在元宇宙中存在与现实世界交融的资本控制。例如，元宇宙平台举办虚拟世界的艺术节、时装周，宣传虚拟土地资源的稀缺性，促进虚拟财产交易，鼓励用户以数字财产展示其在虚拟世界的社会地位，区块链和虚拟货币目前在中国受到严格的规制与监管，但不排除数字资产能够在真实世界变现。数字资产本就由现实资产转化而来，先将现实资产进行数字量化表现，再以数字资产购买其他虚拟物品，如果数据载体受到破坏将可能导致数字资产的灭失。元宇宙的发展需要经济支持，元宇宙时代的数字资产与经济系统可能给现实世界经济带来冲击。货币是国家调控经济的重要手段，在元宇宙，传统的国家法定货币面临与加密货币的竞争，而加密货币具有抵抗通货膨胀、数字化交易自由等优势，可能导致加密货币向现有货币体系发起挑战，逐渐替代法定货币；元宇宙中多种加密货币时刻在人们的资产配置中被重组，良币驱逐劣币，只有好的数字货币才能被市场保留。元宇宙的数字经济可能会对全球经济、金融产生多方位影响，可能会冲击现有的财富分配秩序，加剧真实世界的贫富分化，生产条件的差异化分配将引起“信息穷人”与“信息富人”的分化，并延续至现实世界“信息贫困”和“知识贫困”的发生。因此，数字货币存在运作风险，无法全部覆盖元宇宙经济与社会发展的需要。

（三）新型网络空间的犯罪风险

元宇宙将人类从现实物理世界带入数字化的虚拟世界，现实世界的传统犯罪类型在元宇宙仍然会存在，甚至因为空间与行为的虚实交错，导致对犯罪行为的界定与处置更为复杂。例如，现实世界的本人在虚拟世界的化身是否会拥有生命、健康、自由、名誉等权利，是否与本人的相一致；虚拟空间的数字化资产具有价值、可以流通、交易留痕的特点，数字财产是否可以被侵犯，侵犯虚拟财产的行为应当被如何处置；元宇宙有社会秩序，严重违背、妨害元宇宙秩序的行为应当被怎样处理。元宇宙中仍然会存在侵犯他人生命、自由、财产的与现实世界类似的传统犯罪行为，因此，即使在元宇宙实现无政府、去中心化，仍然需要有人类文明普遍认可的判定与惩罚犯罪机制。

（四）元宇宙虚拟王国的政治风险

元宇宙融合了区块链、大数据等新兴和传统信息技术，面临的网络安全问题也更加突出。元宇宙平台将会海量收集用户数据，包括人们的生物特征、行为模式到神经活动模式，随着虚拟现实应用越来越普及，元宇宙会以新的方式探寻人们的隐私。在元宇宙中，由于生物识别与用户的关联性，一旦被泄露将永久遭受损失，使用户陷入各种风险中，应持续出台围绕大数据在细分场景应用下的信息安全监管细则。

二、元宇宙时代的网络安全治理

面对智能社会的加速到来，我们将不得不适应在虚拟数字社会和现实物理社会的双重空间内交叉进行学习、工作、社交、娱乐等活动的局面。面对智能社会中生活秩序的重塑以及社会风险的叠加，运用单一的法律或伦理等手段展开风险治理的周全性、可行性、有效性将面临挑战。对此，莱斯格就指出，对于智能社会中网络空间的规制而言，我们应当建构起多元规制体系，探索形成将社会规范、法律、市场和架构相统一的多元规制框架。在借鉴相关学者研究的基础上本书认为，对于元宇宙社会风险的治理，我们应当遵循系统化原则和多元共治理念，以“公权力—平台权力—私权利”相平衡的权力制约思路为指引，沿着元宇宙空间的内部运行控制和外部影响控制相结合的双重路径，探索出“伦理—法律—技术”共治的风险治理方案，从而破解元宇宙社会风险的系统性、复杂性、交叉性难题，保障元宇宙能够朝着稳定、可预期的方向良性发展。

（一）伦理方案

在元宇宙社区内设立伦理审查机构从而对元宇宙的运行展开伦理审查。由于元宇宙和现实世界的隔离性，相比外在监管的方式而言，在元宇宙内部设立相关伦理审查机构对于及时发现、全面预防和有效应对相关伦理风险具有积极意义。在伦理审查机构主体的构成上，可以事先建立包括政府机构代表、元宇宙相关平台代表、社会组织代表和民众代表组成的统一伦理审查委员会，而后再根据不同元宇宙类型增加相关专业技术代表、元宇宙社区成员代表，从而保障审查机构的专业性和代表性。在职能上，伦理审查机构既需要负责制定符合不同类型元宇宙特质的基础伦理准则，还需要审查元宇宙平台的管理规则、技术应用规范、交易规则、社区自治规则等技术和秩序规范是否契合基本伦理要求。对于审查启动的方式而言，应当通过清单列举的方式确立起关键内容的备案审查制度。此外，伦理审查机构还应当主动开展日常巡视审查，积极接受元宇宙用户、相关机构提出的审查申请，对有争议或可能引发社会风险的相关技术的应用、内容的设计以及决议的形成等展开伦理审查。

（二）法治方案

法治方案是防范元宇宙平台权力异化、维护用户正当权益、推动元宇宙朝向有序化、规范化发展的重要保障。由于现实世界是元宇宙的母体，元宇宙的主要发起者和建设者都是现实社会中的人或组织，因而通过立法、政府规制、权力制约等方式规范元宇宙的发起者、建设者的行为，从而避免元宇宙社会风险的产生，是法治方案的主要目标。元宇宙的出现引发了诸多新的法律问题，对于这些问题亟须通过立法的方式予以明确，如此，才能将元宇宙的发展纳入法治的确定性轨道之中，有效避免因规则缝隙而引发的社会风险。从立法方式上来说，一些问题可以通过融入数字平台立法规制的进程之中予以解决：如元宇宙相关数据的归属和保护就可以在数据立法进程中予以规定；元宇宙平台铸币权问题可以在虚拟货币定位和规制的立法中予以明确。还有一些专属于元宇宙引发的立法问题，则可以采取类型立法、地方立法、实验立法等方式展开规制，待元宇宙发展定型以及相关立法成熟之后，再制定统一的法律规制方案。如对于元宇宙最重要组成部分的去中心化自治组织的法律规制问题，美国的怀俄明州就通过制定《怀俄明州分布式自治组织法案》的方式，将去中心化自治组织（Decentralized Autonomous Organization，DAO）定义为有限责任公司，从而确定了这一组织的法律地位，保障了这一组织的顺利运转以及相关纠纷的顺利解决。

（三）技术方案

随着技术应用对社会行为、社会关系的影响日益深刻，技术哲学出现了价值论转向，技术不再单单是中立性的生产工具，其开始负载起更多的社会调整、风险治理、价值导向功能。对于元宇宙这一信息技术汇集而成的平台而言，通过技术设计和技术应用的方式，以落实相关伦理、法律治理方案，提升元宇宙社会风险应对方案的内嵌性和可行性无疑十分必要。因而，我们应当充分重视代码在元宇宙社会风险治理中的作用，树立代码即法律的观念，积极将伦理准则和法律规则转译为代码，从而以代码规制代码，以源头控制和过程控制的方式化解元宇宙可能产生的社会风险。依赖数字技术架构而成的元宇宙实质上是一个代码构成的世界，无论是平台垄断利益的获得、对用户自主性的操控，还是“平台＋”和用户歧视意图的实现，往往都由代码架构完成。对此，我们可以采取代码内嵌的方式，借助算法和自动化决策等新技术，实时评估相关代码的运行可能给社会带来的风险，从而穿透元宇宙相关决策形式上的自动性和同等对待性，直指相关决策行为背后的垄断、操控、歧视等意图，进而参与、干涉和改变主体的决策过程，及时干预可能引发风险的行为。